空间的社会逻辑

空间的社会逻辑

THE SOCIAL LOGIC OF SPACE

[英]比尔·希利尔　朱利安妮·汉森　著

杨 滔 封 晨 盛 强 王浩锋 庞天宇 古恒宇 译

中国建筑工业出版社

著作权合同登记图字：01-2019-1335 号

图书在版编目（CIP）数据

空间的社会逻辑/（英）比尔·希利尔，（英）朱利安妮·汉森著；杨滔等译. —北京：中国建筑工业出版社，2019.6（2025.6 重印）
书名原文：The Social Logic of Space
ISBN 978-7-112-23765-4

Ⅰ.①空… Ⅱ.①比…②朱…③杨… Ⅲ.①城市空间－空间规划－研究 Ⅳ.① TU984.11

中国版本图书馆 CIP 数据核字（2019）第 095851 号

This is a Simplified Chinese translation of the following title published by Cambridge University Press:

The Social Logic of Space / Bill Hillier, Julienne Hanson, 9780521367844
Copyright © Cambridge University Press 1984

This Simplified Chinese translation for the People's Republic of China (excluding Hong Kong, Macau and Taiwan) is published by arrangement with the Press Syndicate of the University of Cambridge, Cambridge, United Kingdom.
此版本根据剑桥大学出版社版本翻译

Chinese Translation Copyright © 2019 China Architecture & Building Press

本书经 Cambridge University Press 正式授权我社翻译、出版、发行本书中文版

责任编辑：率　琦　董苏华
责任校对：李美娜

空间的社会逻辑

[英]比尔·希利尔　朱利安妮·汉森　著
杨　滔　封　晨　盛　强　王浩锋　庞天宇　古恒宇　译

*
中国建筑工业出版社出版、发行（北京海淀三里河路 9 号）
各地新华书店、建筑书店经销
北京雅盈中佳图文设计公司制版
建工社（河北）印刷有限公司印刷
*
开本：787×1092 毫米　1/16　印张：18　字数：317 千字
2019 年 7 月第一版　2025 年 6 月第四次印刷
定价：88.00 元
ISBN 978-7-112-23765-4
　　　　（33968）
版权所有　翻印必究
如有印装质量问题，可寄本社退换
（邮政编码 100037）

人类活动与其说是制造工具，不如说是对空间与时间的驯化，即一种有关人性的空间与时间的营造。

——安德烈·勒罗伊-吉尔汗（André Leroi-Gourhan）《姿势与语言》

谨赠予我们的学生

目 录

PREFACE to the Chinese Translation

It is 35 years since The Social Logic of Space was published by Cambridge University Press, and since then, it has seen space syntax, the field the book founded, become an established discipline, with hundreds and thousands of papers, an academic journal, a world symposium every second year, and an annual Chinese symposium. Through these developments, the book has been influential not only in architecture and but also in fields where space is an academic and theoretical issue, such as archaeology, anthropology, museology, human geography, and many others. It has also generated an approach to architectural and urban design and master planning which is being increasingly used by leading architects.

The book originated in a very practical way with what we might call the 'architect's question' : what will happen if I design space this way? This everyday question implies some kind of architectural determinism, and lies within the broader question of the relation between space and society. For many at the time, the 'failure of modernism' was evidence there was no such relation. For others it was evidence that there a relation, but that it had not been understood. There could not be 'failure', if there was no relation, and doubting architectural determinism *in toto* was equivalent to saying that whatever the architect does spatially it makes no difference. So how then to proceed?

The problem was to describe space in such a way as to relate it to society, and to describe society so as to relate it to space. The Social Logic of Space begins by developing a system of concepts through which this problem could be addressed : the 'inverted genotype'- the idea that abstract information governing space could be held and transmitted through the real world of objects ; 'description retrieval' as the mechanism by which this information could be accessed ; the 'discrete system'—whose constituents are spatially independent of each other ; 'morphic languages' made up of patterns in which, unlike natural languages, syntax is more important than semantics; the 'restricted random process'—the idea of probabilistic rules governing an otherwise random spatial process with an emergent structure of some kind. The 'beady ring' settlement form, and how it was generated was the motivating example. The book outlines how this system of ideas was developed from structuralism, theoretical biology, catastrophe theory, Durkheimian sociology, and, most of all, from information theory.

Once it was formulated, it was clear that the beady ring was one of a number of processes with less or more complex rules, requiring shorter or longer strings of symbols to describe. From this came the idea of short and long models, first discussed in the book as p- and g-, or phenotype and genotype models, with the beady ring process identified as the paradigmatic short model. More important, short and long models could describe both spatial and social processes, allowing a role for randomness and expressing the degree of order in encounters. This brought to light a fundamental socio-spatial dynamic: that spatial integration, other things being equal, is associated with short social models, because space generates informal encounter, while spatial segregation leads to long, so more formal, social models to create encounter over distance. A parallel formulation can be made for social distance: that social distance is, in the nature of things, associated with long models, and social integration with short.

It is not possible to make any kind of useful summary of the large number of studies, particularly urban studies, generated by The Social Logic of Space and its nearly 7000 citations, through the field of space syntax. But perhaps it is worth remarking that the methodology of linear analysis of settlement space, first set out in chapter 3, and now based on the segments between junctions, is being used to model whole countries, and even continents, and derive useful information from their analyses. It is being argued that it is only a matter of time before a world model of settlement space is developed. In a practical, as well as theoretical sense then, The Social Logic of Space remains the foundation of space syntax, and it is a great pleasure to me that it has now been translated into Chinese. I hope it will both help to create a new insight into China's remarkable urban history, and contribute to its continuation.

Bill hillier
15th April, 2019

中文版序

    自从剑桥大学出版社发行《空间的社会逻辑》以来，已经过了35个春秋。从那时起，该书就奠定了空间句法的基石，使其成为一门学科，并衍生出众多的论文、一本学术刊物、每两年一次的国际会议以及每年的中国会议。通过这些发展，该书不仅影响了建筑界，而且影响了其他关注空间的学术和理论领域，例如考古学、人类学、博物学、人文地理等。同时，它也为建筑设计、城市设计以及总体规划提供了一种方法论，被越来越多的知名建筑师所采用。

    该书源于非常实践性的方式，也许可称之为"建筑师的问题"：如果按此设计空间，其后果将如何？该日常性的问题暗示着某种建筑决定论，并纳入更为广泛的问题，针对空间与社会之间的联系。当时很多人认为"现代主义的失败"就是明证，这种联系并不存在。而对于其他一些人，这种联系是存在的，只是无法理解。如果这种联系不存在，也就无所谓"失败"。对于建筑决定论的怀疑，完全等同于不管建筑师在空间上做什么，都不会产生任何效果。那么，这将何去何从？

    问题是如何描述空间，使其与社会相联系；同时如何描述社会，使其与空间相联系。为了回答上述问题，《空间的社会逻辑》开篇就提出了一系列的概念，如"倒置的基因型"，即通过真实世界的物体去存储并传递用于管控空间的抽象信息；"描述性检索"，即通过这种机制去获得上述的信息；"离散系统"，即其中的要素在空间上彼此独立；"形式语言"，即由形态模式构成的语言，与自然语言不一样，其中句法比语义更为重要；"有限制的随机过程"，即概率规则管理着随机的空间过程，由此某种结构将涌现出来。"珠环"形式的聚居地及其形成的机制是研究的出发点。该书勾画了上述系列想法是如何源于结构主义、理论性生物学、突变论以及涂尔干的社会学等；最为重要的是这些想法如何来自信息理论。

    一旦上述系列想法形成之后，很显然"珠环"构成机制是众多过程之一，大致具有复杂的规则，需要采用较短或较长的符号串去描述。

从这儿，短模型和长模型的概念得以发展出来，在该书中首先被视为
p 模型和 g 模型，即显型和基因型的模型；珠环构成过程被视为短模
型的范式。更为重要的是，短模型和长模型可用于描述空间和社会进
程，并允许随机性，表现为人们相遇的某种程度的秩序。这就发展出
了社会空间的基本动态性，即空间整合或与之类似的其他事件与较短
的社会模型有关，因为空间促进了非正式的相遇，而空间隔离导致更
为正式的、较长的社会模型，实现超越空间距离的相遇。对于社会距
离也可形成类似的诠释方式：社会距离在本质上与长模型相关，而社
会整合与短模型相关。

　　对于《空间的社会逻辑》所引发的大量研究，特别是城市研究，
很难去做任何有用的总结，因为在空间句法领域内，该书被引用了近
7000 次。然而也许值得一提的是针对聚居地空间的线形分析方法，最
先在第三章中提出来。目前基于两两交叉口之间的线段，可用于模拟
整个国家乃至洲域，从而获得有效的分析信息。可认为，只要时间足
够多，全世界的聚居地的空间模型都可被建立起来。不管从实践角度，
还是从理论角度，《空间的社会逻辑》是空间句法的开创之作。我感
到非常高兴，该书能被翻译成为中文。我希望这将为中国卓越的城市
历史提供新的视角，也为其发展作出贡献。

比尔·希利尔

2019 年 4 月 15 日

前言

　　无论我们多么倾向于从视觉风格角度来讨论建筑，但建筑所承担的最确切的实际功用却在于其空间，而绝非其外观。从形态的角度，建筑为我们的物质世界提供了一个空间体系，使我们得以在其中生存和活动，在物质层面上为出行、相遇和回避等行为模式的实现提供了前提。这些行为既是社会关系在物质层面上的体现，有时也作为社会关系的生成机制。如此一来，建筑与我们社会生活之间的关系并非是象征性的，而是相当直接的。从这个意义上来说，建筑已融于我们日常生活的方方面面，其存在意义远超人们的成见，即不仅仅局限在其外观属性上。

　　但无论日常生活中多么司空见惯，空间和社会生活的关系并未被充分的理解。实际上，在很长一段时间内，该问题是社会科学领域的一个难题，同时也引发争论。如果认为由建筑形式所界定的空间组织对社会关系具有决定性的影响，那么这种观点就如同相信两者不存在任何关系一样，显得天真幼稚。近来社会学对这方面研究的文献综述（Michelson，1976[1]）也并未真正解决这个问题。研究的关注点从对社会关系影响有限的一般性空间因素（如密度），让位给了那些对明显涉及家庭（p.92）、同质性（p.192）和生活方式（p.94）等社会关系的变量。但却很少谈到基于形式和空间组织所作出的重要建筑决策如何带来可能的社会效应。

　　普遍看法认为现代环境大多是"社会病态"，这加剧了上述难题。再次出现的倾向是简单而笼统地讨论诸如建筑高度这样的物理变量。然而，继支持高层住宅观点的崩溃，作为其有力替代的低层高密度规划方案，最近也失败了。这强烈地支持了这样一个论断，即这个难题一定涉及更多的基本空间要素。现代高层和低层住宅的共同之处，在于它们都从根本上变革了空间的组织方式，却都创造出了类似的环境，缺乏活力且人迹罕至。于是，问题开始变得清晰起来，即缺乏对空间组织和社会生活之间关系的精准理解，这才是妨碍我们做出更好设计的主要障碍。

　　显然，对这种理解的追溯行为，就是去研究空间组织在某种意义上如何成为社会结构的产物。这应属于研究社会生活对空间组织效应的学科领域。长期以来，这一直是地理学家关注的核心问题，不过最近人类学家（Lévi-Strauss，1963；Bourdieu，1973，1977）、理论社会学家（Giddens，1981）和考古学家（Ucko et.al.，1972；Clarke，1977；Renfrew，1977；Hodder，1978）也已经在他们的研究领域中，意识到了空间因素及其在社会形态及结构研究方面的重要性[2]，并由此催生了早期关于空间和社会的跨学科研究文献。

　　这种关注的最初结果显示，尽管已经进行了二十年以上的"计量革命"，但可供人们在理解社会 - 空间关系方面的有效理论和方法仍然显得相当匮乏。学术界也许只能对此简单地表示遗憾，然而对建筑师和规划师来说，这个问题的解决则显得更为紧迫，因为现有关于社会 - 空间的科学理论既不能帮助理解当代设计中的失误，也不能提供新的方法。

　　本书的目的就是要通过把建筑作为基础，以此建构社会 - 空间关系的新理论和新方法，从而推翻如下假设，即知识必先形成学术体系才能被运用到应用学科之中。我们相信这一目标可能会实现，因为有关社会与其空间形态之关系的理论涉及两个基本难题。首先，对于人造空间的形态特征缺乏一致性的描述，该形态特征也许是由社会历程和社会结构的规律所决定的；其次，对于社会的形态特征也缺乏描述，而这种形态特征也许是某种空间的具身化。对于这些方面的研究进展不大，其根本原因与我们的研究范式有关，当我们概念化空间的时候，哪怕采用最新的空间形式表达，我们都假定了一个或多或少抽象的——当然也是非空间的——社会的领域与另一个纯粹的物质空间的领域相联系。实质上，这种假定使空间概念丧失了所包含的所有社会内涵，也使社会概念丧失了所含有的任何空间内涵。显然，如果在社会和空间之间确实存在着受规律支配的关系，那么这两方面就都不符合实际。

　　《空间的社会逻辑》一书的目的是希望从建筑出发，针对这些潜在的难题，为社会 - 空间关系的研究建立起一种新的理论和方法。首先，本书试图建立一个概念化模型，以此人们能够同时基于空间模式的社会内涵和社会模式的空间内涵来研究和考察社会 - 空间关系。其次，本书尝试着将空间秩序定义为对随机过程的限制，并据此建立一种空间模式分析的方法，着重考察局部和全局形态之间的关系。本书建立一种模式类型的基本描述性理论，之后还提供一种分析方法。这些理论和方法首先被应用于聚居地研究，随后被应用到房屋内部研究，以此发现和量化不同的局部与全局的形态特征。在此基础上，我们建立了一种描述性理论，揭示空间模式是如何将社会信息和内涵蕴藏在其自身之中。

这样，论点的对象就转向了社会。我们通过把社会关系作为对随机形态的限制，将有关形态学的争论引入了社会关系领域。以这种朴素的空间视角观察社会，我们发展出一套理论来阐明不同的社会再生产方式为何需要，并如何找到一种相应的空间秩序类型来具象地体现它们。我们将"空间的社会逻辑"首先应用在一些已被充分论述的案例当中，以此来建立理论框架，然后尝试着运用它对当代工业化社会中空间形式的变化倾向做出一些解释。

本书既是关于一项新理论的陈述，也是对一种新的空间分析方法的介绍。值得一提的是，目前在伦敦大学学院，基于该理论框架已经完成了相当数量的研究。我们期望，伴随着《空间的社会逻辑》的问世，能尽快涌现出更多运用这套理论和方法展开的案例研究，这些研究可以涉及聚落的社会逻辑、住宅的社会逻辑，以及建筑综合体的社会逻辑等方面。

作为一个新的理论方向，《空间的社会逻辑》中的理论和方法与该领域已有的理论框架和方法几乎没有多少关联。尽管有些研究乍看起来与我们的研究方法相近，但实际上这种关联非常有限。以克里斯托弗·亚历山大（Christopher Alexander）与他在伯克利的同事们提出的"模式语言"（1977）[3] 为例，初看起来，和我们提到的基本的句法结构生成机制生成机制相似，而事实上，无论从两者的意图，还是本质来说，都相去甚远。在我们看来，亚历山大提到的模式太局限于组构的偶然属性了，因而对我们来说没有什么用处；而在一个更为抽象的层面上，他对空间布局形式具有层次等级的迷恋 [令人惊讶的是他早期曾在《城市非树》（A city is not a tree，1966）[4] 一文中抨击过层级化的思考方式] 则阻碍了对那些非层级化、抽象的空间关系的认识形成。而在我们看来，若要为空间组织过程做出一个合理的解释，形成这样的认识至为关键。

由史坦尼（Stiny）和吉普斯（Gips）提出的"形状文法"（shape grammars）（1978）[5]，乍看之下也和本书所阐述的"空间句法"（space syntax）概念接近，这是由于"形状文法"理论着力于研究抽象的空间模式生成原理，此外越是从它最近的理论进展来看，似乎越接近我们的概念。然而一旦承认他们所作的高度数学化的改善后，我们就能发现，"形状语法"模型总体而言显得太过精简了，以至于难以再现一个纷繁复杂的系统，而该系统才是由聚居地和建筑物构成的真实世界。虽然我们提到的"句法结构的生成机制"并没有被完全地转化为数学形式，但它们已能够很好地达到我们的意图：即从空间背后的社会逻辑方面，来把握真实世界空间系统的形式层面。句法结构的生成机制要比形状文法来得简单，它甚至与形状本身无关。我们相信，在模仿真实世界生成的过程中，并不需要明确具体形状是怎样的；实际上，形状这个概念妨碍了对基本的关系概念的认识，这支撑着人类的空间秩序。不仅如此，在形状文法理论中随机性所扮演的角色非常有限，这恰恰是与空间句法理论分道扬镳的地方。我们认为，在形状文法的理论基石中，他们似乎过于武断地定义了我们所试图模拟的现实世界。

在更广义的层面上来说，也许有人会指责我们忽视了在计量地理学领域中运用数学方法进行空间分析所取得的巨大进展，而我们没有延续类似研究的原因却是源于更深层次上的考虑。在我们看来，用地理学方法进行空间分析是需要两个概念来支撑的 [冯·杜能（von Thunen）（1826）到克里斯泰勒（Christaller）（1933）和洛施（Lösch）（1954）的研究可能是个例外，他们将几何元素加到了形态学研究中]：距离和地点。[6] 尽管它们在一些应用研究中发挥了巨大的作用，但在空间句法的理论基础中并没有出现这两个概念，这非常关键。空间句法从一开始就与实际距离无关，而地点概念也被形态概念所取代了，这意味着我们关注的概念是一整套同时共存的关系。我们坚信，正是在分析如此复杂的关系的整体属性的领域之中，空间句法可揭示出那些传统分析方法所掩盖的结构特征，这具有很强的说服力。

我们衷心希望，伴随着综合性研究的开展，存在于我们的工作和更多已有研究之间的断裂能够得以及时消除，同时我们希望读者能够按照本书的原意来进行阅读：即它并非妄图评论和回顾已有研究工作和方法中存在的各种优缺点，而更是旨在提出和描述一种全新的理论研究方法。

1982 年 9 月

致谢

本书构思于 20 世纪 70 年代中期，我与阿德里安·利曼（Adrian Leaman）合作研究的后期阶段。书中的一些基本概念最初在 20 世纪 70 年代初期，我与他人共同撰写的一系列论文中进行过阐述。然而，书中提出的实质性理论及相关的方法论和数据则来自我与本书的共同作者朱利安妮·汉森始于 1975 年的合作研究。从那时起，一些人为理论和方法的发展作出了重大的不可或缺的贡献。其中最主要的是约翰·派泊尼斯（Dr John Peponis）博士，他的影响，尤其是对分析章节（第三、四、五章）的影响，无处不在，以致无法详细述说。保罗·斯坦萨尔（Paul Stansall）在"空间句法"研究项目的早期阶段所作的贡献也是至关重要的。还必须感谢科学研究委员会（现为科学与工程研究委员会）多年来对"空间句法"研究项目的持续支持，使我们能够将抽象概念转化为操作分析技术。

我们还必须感谢保罗·考茨（Paul Coates）在开发计算机软件方面的工作；感谢米克·贝德福（Mick Bedford）、约翰·哈德森（John Hudson）和理查德·布德特（Richard Burdett）对研究计划的贡献；感谢其他曾在研究项目中工作过的人，特别是道格·史密斯（Doug Smith）、贾斯汀·德·塞拉斯（Justin de Syllas）、乔斯·博伊斯（Joss Boys）和克里斯·吉尔（Chris Cill）；感谢珍妮特·奈特（Janet Knight）、利兹·琼斯（Liz Jones）、尼克·李·埃文斯（Nick Lee-Evans）和戴维·汤姆（David Thom）的制图工作；感谢剑桥大学出版社的威廉·戴维斯（William Davies）、波林·冷（Pauline Leng）、卡门·蒙吉略（Carmen Mongillo）和简·波尔斯（Jane Powles）；感谢约翰·马斯格罗夫（John Musgrove）、巴西尔·伯恩斯坦（Basil Bernstein）、皮尔·斯特德曼（Phil Steadman）、汤姆·马库斯（Tom Markus）、艾伦·比蒂（Alan Beattie）、巴里·威尔逊（Barrie Wilson）、迪恩·霍克斯（Dean Hawkes）和牛顿·沃森（Newton Watson），他们对我们工作的兴趣和支持远比他们意识到的要重要得多。

　　最重要的是，我们要感谢巴特莱特高级建筑研究科学硕士专业的学生以及与其建筑研究部门相关的哲学硕士生和哲学博士生，没有他们惊人的和创造性的努力，将不可能对研究取得进展所依赖的假设进行持续不断的检验。

比尔·希利尔

（Bill Hillier）

导言

一、

通常对于一件人造物来说，一座桥也好，一只杯子或一件外科器械也好，总存在某种内在的逻辑性。它们首先必须满足功能上的要求：材料和部件需要以特定的形式装配，以达到一个或一系列明确的使用目的。当满足了这点之后，我们可以赋予其第二个层次的品质，即"风格"。我们这样讲是想说明，装饰、润色甚至对形状的修饰能够赋予人造物另一层深意，它超越了实用意义，属于一种文化属性或者说"文化意义"的范畴。当然，有时候我们很难说清人造物的每个方面究竟是属于哪一个范畴，但毫无疑问，一件人造物必定包含有这两方面的永恒属性：既实用，又富含某种意义。就第一个层面来说，它们具有某种实用功能；而就第二个层面来讲，它们主要承担某种社会性的功用，而正是通过这种方式，文化特性才得以彰显，并延续下来。

初看起来，这种简单的分类似乎同样适用于最为普遍的人造物，即房屋。毕竟房屋首先也要做到适用，同时它们的外观也被视为文化的重要方面，因而常常招致公开的争辩和议论。然而事实并非这样简单。房屋具备一种独特的属性将其与其他人造物区分开来，但这也使得其实用意义和社会意义之间的关系趋向复杂。也许建筑物将各种元素组合成拥有特定形式的物质实体，这与其他人造物类似。但它与其他人造物的不同之处在于，建筑在创造物质实体的过程中也创造了无形的空间，并将其组织成特定的模式。建筑的目的就在于组织由物质实体形成的空间，而非物质实体本身，物质实体不过是达到目的的手段而已。从这个意义上来讲，建筑并非像它们所看上去的那样，似乎和其他人造物一样以物质呈现，并且遵循同样的逻辑。但这是一种错觉。只要房屋是有目的性的，它们就不仅仅是物质实体，而是依靠物质实体完成的一系列空间变换。

空间创造了连接建筑物功能与其社会意义的特殊纽带。在建筑物中，组织空间其实就是在组织人与人之间的关联。正因为这样，社会因素就体现在建筑物的本质和形式之中。建筑成为"社会性艺术"（social art），不仅仅由于它们是可见的重要社会象征物，而且也在于，通过建筑物单独或共同创造及组织空间的方式，我们才得以认识到一个实实在在存在着，并具有特定形态的社会。

　　房屋作为人造物的这些与众不同之处，使得理解甚至分析它们都成为一个特殊的难题。通常我们对人造物的讨论非常简单明了，这是因为我们所讨论的是物质实体，而物质实体的重要属性总是看得见、摸得着的。但在讨论房屋时，我们并不仅仅是在讨论物质实体，也在讨论由空间关系所组成的系统。

　　似乎人类的大脑具备一种特点，它能够很好地运用关联系统——所有语言和符号系统都不失为复杂的关联系统——却难以用言语谈论这些关联系统。这些关联好像是我们进行思考的方式，而非思考的内容。这对于建筑物来说很适用。它们将空间组织成为关系系统，这蕴涵着社会目的。我们对这个最基本的属性习以为常，并能毫不费力地加以运用，而要谈论和分析这个属性反倒显得困难得多。因此，有关建筑实践的论述一直因无法进行这种分析而受到限制。由于谈论建筑真正的社会意义实在是太难了，因此最终人们只好转而谈论建筑的外观和风格，企图通过这些表面的属性来进行一些与人文社会层面相关的论述。我们不能指望通过这种方式能成功地对建筑进行社会性的论述，因为它并未涉及建筑中最本质的社会科学。

　　在以往大部分时期内，也许这种缺陷并无大碍，毕竟若凭直觉能够可靠地识别社会环境并以恰当的建筑形式将其再生产和延续的话，那么建筑也确实能够成为一项成功的事业。可现今的情况并非如此。自第二次世界大战以来，我们的物质环境很可能经历了自城镇出现以来最为彻底的变化。总体上说，这种变化的基础是：首次明确强调了建筑学的社会目标。然而，正是从长期的社会效应角度，新兴的城市环境受到了猛烈的抨击。一种普遍的看法是，我们正面临城市病问题，这种城市病至少部分是源于设计师们就空间的社会化组织所采取的新建筑形式及其引发的通常无法预见的后果。在这种情形之下，对建筑空间及其社会逻辑进行明确的论述，则极为必要。

　　然而，尽管空间在建造行为和已显病态的公共环境中扮演了核心角色，但却没有在有关建筑的学术和批评论述中得到相应的重视。而当建筑评论在突出谈及空间时，通常也只是停留在对空间进行限定的表面，而非空间本身。就算谈及了空间本身，也只是停留在单个空间层面，而没有涉及组成房屋或聚居地的整个空间关联系统的层面。这样一来，不仅在建筑的公共病态和对建筑本身的论述之间，而且也在设计实践、建筑体验和这些论述之间形成了较大的割裂。坚持先由图片再到文字的分析方法加剧了这种割裂，因为图片抑或是与图片对应的文字，都无法越过观察者即时同步的观察范畴，而进入到那些非同步的关联系统之中。而这种关联系统较之其外观而言，则更需要被理解和体验，它们定义了建筑物或聚居地的社会性质。当建筑论述试图回归到古典主义时，这种裂隙就变得更加十足了，就如同化妆也能治疗病痛或是遗体美容一样。

　　建筑评论家当然会因为他们工作中使用的这种建筑描述方法而受到限制。在评论家的十八般武艺里，能说明空间秩序的只有建筑平面。然而使用图片和文字方法描述平面，却会让平面变得晦涩和模糊。从图形角度来看，从这些平面几乎不能获得什么信息，也很难以此来对它们进行分析，我们也无法从中得到真实的建筑体验。运用文字挖掘图像背后的情感似乎向来都是建筑评论家的拿手好戏，然而对建筑平面图来说却没那么容易，于是在建筑分析中，平面就被搁置于次要的地位。而一旦缺失了这一点，评论家形成评论之时，建筑平面的那些维度与观测者并未立刻一同呈现出来，那么这些维度便在论述中消失了。这使得有关建筑的论述失去了其中心主题。

二、

　　建筑学一个核心的理论课题即为空间，问题在于如何寻找一种途径来研究它。不过空间问题本身并不局限在建筑学范畴内。比如在人类学领域，它就被作为一个经验性问题而存在。有关众多社会群体的第一手研究资料为人类学家提供了关于建筑形式和空间模式的大量实例，按理说应当与空间理论的发展是息息相关的，然而情况却远远没有这么简单。这些案例中显示出的相同和不同之处的情况令人非常困惑。如果我们以拉贝尔·普辛（Labelle Prussin）所研究的加纳北部六个部落为例，我们就会发现，在一个相当局限的地区里，在气候、地形和技术等差异相对较小的情况下，这些部落在建筑和空间形式上却存在着广泛的变化：有以方形单元房屋密集排列成近乎城镇的形式，也有极为分散的圆形构筑物，甚至还有无法形成一种能够识别的聚落形式。[1]

　　与这些不同之处一样令人困惑的是，在这个相同的生态地区中，存在着超越时空的共同之处。比如，通过环绕一个或多个中央构筑物同心排列的棚屋集合而成的村落，我们今天既能够在空间上遥遥相隔的南美洲和非洲找到它（参见图 30 和图 133），也能够在时间上久远至公元前 4 千纪的乌克兰发现它。[2] 在面对单个案例时，我们习惯上假定其建筑和空间形式是由气候、地形、技术或生态环境等外部决定因素导致的一种副产品。而当我们把这些资料作为整体来看待时，这种做法似乎是行不通的，至少看起来难以从简单的外在因素方面来解释空间。

在意识到这些困难后，一些"结构主义"人类学家提出了另一种路径。以列维 – 施特劳斯（Lévi-Strauss）为例，他追随杜克海姆（Durkheim）和莫斯（Mauss），把空间看作是一种契机，"通过它们客观而具体的外在映射，研究社会和心智过程"[3]。对此，为数不多的人类学家已经进行了一些探索，有关空间的"人类学"研究文献虽然不多，但正在不断积累。尽管如此，正如列维 – 施特劳斯在同一篇文章中指出的那样，这种方法有预想不到的局限性。在回顾将社会结构与空间组构相联系的那些证据时，列维 – 施特劳斯就已经提到，"在为数众多的种族中，要发现这样的联系是极其困难的……而在另一些种族（他们一定有共同之处）中，这种关系虽然不明显，但显然是存在的。在第三类种族中，空间组构看起来几乎就是其社会结构的映射。"[4] 更大范围的回顾，只会进一步确认这个深刻的难题，并引发出另一个难题。从空间观点来看，不同的社会看似不仅在物质组构类型上有所差别，连空间组织在多大程度上能够明显体现文化维度，这也不相同，甚至这种差异可同时以两种独特的形式体现出来。有些社会似乎对空间物质模式方面赋予更多，其中有些看似是随意和"有机"的模式，而另一些则具备清晰的整体形态甚至几何形态；还有一些社会则通过诸如将家族宗派与地点相对应的方式，为空间形式赋予了大量的社会意义，而有些虽然具备了可识别的空间形式，却并未被赋予任何显著的社会意义。

把空间作为"社会和心智历程"的"外在映射"来进行研究，暗示着那些社会和心智历程可以先于并独立于空间维度而被描述。因此，结构主义人类学家显然既没有把空间问题作为整体来研究，也没有就空间本身进行研究。之所以说他们没有把空间问题作为整体来研究，这是由于他们主要关注的是有限案例，其中那些空间秩序被视为社会的抽象组织方式在空间组构之中的映射。而说他们未就空间本身进行研究，这是因为他们把空间看成是其他东西的副产品，它们先于空间而存在，并且对空间具有决定作用。这种明确的暗示抹杀了对空间描述的自主性，而人类学家认为，在研究社会模式形成的诸多方面之中，如家族谱系、神话传说等，这种自主性恰恰是必需的。因而，这些研究固然能够为空间理论的发展作出贡献，但由于它们太过偏颇，难以成为其理论研究的基础。

　　不过，这些人类学资料为我们建立一种空间理论的必要条件提供了帮助。第一，必须为空间建立起"*描述的自治性*"，即在我们假定空间模式从属和决定于其他变量之前，首先必须对其自身进行分析和描述。在对空间本身进行分析描述之前，我们无法知道究竟是什么决定着空间模式，因此我们必须谨慎地避免把空间视为一个外在因素的副产品。第二，这种理论必须能解释形态类型中广泛而根本的差异，包括从封闭模式到开放模式，从等级制模式到非等级制模式，从分散模式到聚集模式等等。第三，它必须说明空间在适应社会体系其余方面的方式上有何基本差异。有些案例中存在着大量的秩序，而另一些中却几乎没有；同样，在一些案例中，空间似乎被赋予了大量的社会意义，而在另一些案例中则几乎没有。这意味着我们需要一种理论，在它的描述范畴内，不仅能够对具备根本形态差异的系统进行描述，同时也能对从无序到有序，从无意义到有意义这些不同的系统进行描述。

三、

　　近年来，对于社会与其建筑、城市形式之间的关系，有些理论和方法将其作为直接关注的对象，已有一些尝试。我们在对书中的理论和方法进行概述之前，有必要对这些尝试先作一些回顾，尽管在我们的工作中发现，想要大量借鉴前人的成果其实是不可能的。总的而言，尽管这些有关空间问题的不同研究方法都能够用于研究和数据收集，但它们都未能以我们认可的方式来界定研究的中心问题。而在我们看来，这对于形成一项有用的理论是非常必要的。现有的方法虽然彼此迥异，但它们似乎都陷入空间问题背后某种潜在的困难之中。对此，我们只能说它们是很具有典型性的。他们并没有从我们所界定的建筑自身的中心问题出发来阐述这些方法，而是对这类问题的普遍本质作出了更为哲学化的假设，以此作为方法论的前提。

　　目前为止，最好的候选理论是"领地性"理论，它直接把空间作为一种特定的社会现实，已经对建筑产生了最为广泛的影响。该理论存在着无数的版本，但它们的核心理念非常明确。首先，它们把人类对空间的组织解释为源于个体占领及防御一块明确标记的"领地"的冲动，而这种冲动出于生物本能且普遍存在，他人——至少是一部分特定人群——将被排除在领地之外；其次，该法则可被推广至各个级别的人类族群中，即所有重要的人类集体都以与人类个体同样的方式来占领和防御空间。这项理论有效地提出：在社会群落和空间领域之

6

间总是存在一种对应关系，且空间活动的动力主要与维持这种对应关系有关。它暗示着，空间只能在被特定人群基本无误地识别出时，才具备社会意义，且声称领地性原则在我们的城镇中被破坏了，并由此发展了一整套有关城市病的研究方法和途径。[5]

领地性理论存在一个显而易见的缺陷，即尽管它的假设具有普适性，但却不能够解释实际的总体情况。倘若人类彼此使用的是同一种空间模式，那么该理论又如何解释实体组构中存在的根本差异呢？更不用说更为困难的问题，即社会在多大程度上组织空间并赋予其意义了。简而言之，我们怎能用一个常量来解释说明一个变量呢？不过，倘若我们将这个逻辑问题暂且搁置，而将该理论作为一个整体来对待，那就会更有趣一些。正如如前所述，这项理论引导我们去期望："健康"的社会将具备有关领地的等级组织系统，这与社会群体相对应。当然在一些案例中存在着这种系统，而在另一些案例中，它则与缺乏领地特征的群体组织形式共存。但若将此原理推广到普遍层面，则忽视了人类学家所发现一个最根本的区别，即有些群体通过共栖或毗邻方式而具有空间维度特点，而另一些则似乎逾越了这种空间划分，跨越空间地把个体整合起来，一些人类学家把它们叫作"联谊"（sodalities）。在这种无关空间的联谊中，徽章、仪式、地位、神话传说等众多用来强调社会团体身份的常见手段得以最明显地体现。这很可能源于一个明显的原因，即缺乏空间整合的群体必然要使用另外一种整合方式来形成联谊力。这样一来，就为领地性理论推出了一个有问题但也有趣味的结论：社会认同程度和空间整合程度时常背道而驰，并非如该理论所要求的那样——对应。甚至有人指出，社会群体中联谊形式的行为常常和空间整合程度具有反相关性：这些群体在空间上越是分散，就越是呈现出联谊的特征。[6]换句话说，领地性行为似乎不是一种普适的群体行为，它仅能在有限的案例中体现出来，而在另一些案例中则相反，而这些相反的案例至少应被视为是同样有趣的重要经验。

尤其在领地性理论的适用范围内，似乎可以理解该理论在尝试着将空间秩序的起源落在个体生物学领域之中。而其他研究方法则可以被视为发展一种与认知能力更加相关的理论，试图把空间秩序的起源落在个体文化领域之中。这些理论主要讨论个体心目中存在的有关空间的模式，用于调节和引导个体对空间的反应以及在空间中的行为。如果说领地性理论是关注根本共同点，那么这些与认知相关的理论则倾向于关注文化差异，甚至个体差异。当然，这些与认知相关的研究途径在理论上并没有那么雄心勃勃，因为它们并不旨在提供一种普适的空间理论，而更专注于提供一种研究差异性的方法论。因此，在提供有关个体或群体认知环境的不同方式的数据方面，遵循这些方法所进行的研究极有价值，但这种认知上的差异大多不过是对已知环境的回应。这样一来，他们所寻找的秩序只是存在于大脑中的秩序，而非物质环境本身的秩序，更不是物质环境的社会性组构的秩序了。因此，认知研究提供给我们的是一种有益的方法，却并没有为我们探索空间本身的社会逻辑提供一个理论上的出发点。

有关该问题的其他研究方法的不同之处在于，较之人文方面，它们首先关注的是作为客体的环境。也就是说，研究的焦点转移到了对物质环境的描述上，以及不同时间及不同地点的物质环境的异同，以此作为铺垫来理解它们如何与使用模式以及社会活动模式发生关联。 8 在这方面，最具吸引力的主要有麻省理工学院完成并于近期发表的研究工作。在发表的文章中，他们整合了一系列的研究，其中心主题的目的是要超越地理学者对城市形态更为传统的分类方法，从而分析建筑与城市空间的差异是如何联系并影响社会生活的。[7]如此一来，这项研究也与本书有着深刻的相关性，但它并没有提供本书研究的出发点，因为在如何提炼研究问题方面，两者之间存在着根本的差异。麻省理工学院研究的主要目的在于对环境进行描述，然后再将其与用途相联系。而我们认为，首先应当描述环境如何从社会历程中获得其形式与秩序。我们的首要目标是揭示空间秩序如何起源于社交生活，进而详细说明社会如何将自己融于有待描述和分析的空间模式之中。只有当我们理解了这一点，我们才有可能与使用模式产生理论上的关联。

一种研究方法是关注剥离了社会含义的客观环境，与之对比是建筑与城市符号学家的方法，这是将环境作为一种符号和象征系统的运行能力，来对环境进行描述。这些研究主要源于借鉴自然语言研究而建立模型，旨在揭示作为与自然语言类似的符号系统，物质环境是如何传达社会意义的。从这个意义上来说，这就是有关外观分类系统学的研究。毫无疑问，房屋的确会通过它们的外观来传达社会意义，然而还没有人能够指明在多大程度上我们可期待这种方法是系统性的。这种研究思路无法为我们提供研究出发点的根本原因在于：符号学家通常只是试图阐述房屋作为符号和象征是如何反映社会的，而不说明房屋的空间组构方式是如何参与和促进社会构成的。实际上，他们把社会意义视为物体表面外观的某种附加物，而并非直接参与构建了物体的特定形式。从这个意义上来讲，他们将建筑与其他人造物同等对待。在理解建筑与社会的关系时，符号学家大多没有去尝试着处理建筑物所呈现出的特殊难题，他们力图把建筑纳入一般人造物的符号学的领域。

尽管这些方法相互之间存在很大的差异，但它们似乎都回避了我们所叙述的建筑核心问题，即它们并未首先将建筑概念化为通过其本身形式来传播社会意志的物体。事实上，它们的典型研究方式以两种途径去抽取问题：一种是从人造物固有的物质本性中抽离出意义的问题，即首先把建筑当作普通的人造物而非建筑物来看待；另一种则是将人类主体从环境客体里抽离出来，从而把这个问题看作是理解人类和建成环境之间关联的问题。这两者的后果是一样的。在我们所界定的问题中，建筑是这样一种物体，其空间形式即为社会秩序形式（暗示社会秩序自身就蕴含着空间的逻辑）。前述的那些研究方法转换了我们对问题的界定，在它们的定义里，物质环境没有任何社会内容，社会亦没有任何空间内容，前者被简化为纯粹无生气的物质，而后者则被简化为纯粹的抽象概念。我们将此称为人与环境的范式。[8]

于是这带来一个无法完成的研究问题，这强烈地令人联想到认识论当中最古老的悖论，即寻找抽象无形的"主体"与物质"客体"世界之间的联系。当我们已经假设，我们要寻找的是"社会"主体（无论是个体还是群体）和"空间"客体两种截然不同的实体之间的关系时，我们就已经从空间中剥离了社会内容，同时从社会中剥离了空间成分。这样就从根本上歪曲了这个问题，因为它否定了空间的一个最基本的事实，即通过对空间进行组织，人造物质世界就已经是一种社会行为。它构成了（而不仅仅是再现）本身的秩序形式，经由人为设计或慢慢积累，这种秩序出于社会目的而被创造出来，也正是通过这种方式，社会得以被约束和识别。理论的首要任务应当是把空间描述成为这样的系统。

四、

鉴于我们在界定研究问题时，对空间秩序及其社会起源两方面的强调，读者可能会惊讶于本书理论方法成形的早期阶段却来源于纯粹的形态思考，关注随机性及其与之相关的形态，或者更精确地说，源于几个简单实验，研究约束单元的随机聚集过程如何产生全局明确的形态，这些鲜明的整体形态与那些真实建筑物和聚落的形态有相似之处。例如，如果首先在一个平面上放置一个方块单元，然后再加入同样大小的方块，使它们以特定方式随机聚集，即新加入方块的一边须与已有方块的一边完全相接，并保证方块至少有一边完全自由（这样才能从外部进入方块），同时杜绝方块角对角相接（因为这样不真实——房屋是不会通过角部相互连接的），那么结果就如图 2 所示，呈现为大小不一的"院落集群"类型。通过改变连接规则将会形成其他类型的模式，无一例外，它们在聚集过程中，都遵循纯粹局部的规则（该规则仅仅指定一个方块如何连接到另一个方块）而生成一种清晰明确的全局形态（即形成大小不一的孔洞式网络）。有趣的是，从建筑角度来看，这些形态之间的差异似乎反映了真实空间形态间的某些主要差异。更加令人惊讶的是，我们发现了一个与最初实验的全局特征极其类似的聚落（图 3）[9]。这提示我们，试着检查真实建筑在多大程度上能够由局部规则生成，这也许会非常有趣。一旦我们开始沿着这条路子走下去，不久我们便能意识到，若放置单元时具体指定了入口的开启方向，那么就无法生成整齐的院落集群的形式，亦即入口的开启方向必须是自由的。换句话说，我们最初的那个实验并非是真实情形！幸运的是，当我们意识到这点时，已经取得了一些更为有趣的结果。

在很长一段时间内，我们被法国沃克吕兹（Vaucluse）地区的"城中村"所困扰。每个村落似乎都拥有同样的全局形态，即它们都围绕一个不规则的环路组织布置 [参见图 6 和图 8（a）—（d）]，但同时在实现这种形态的途径上呈现出巨大差异，于是这告诉我们，它并非刻意设计而成，而是源于一种累积的过程。我们称这种形式为"珠环"（beady ring），这是由于位于环状街道上，宽窄不一的空间看上去犹如系在线上的一串珍珠。通过一种与院落集群非常类似的方法，似乎可以生成这种形式，即给每个单元的入口一侧赋予一个开敞空间，然后将它们随机聚集起来，只要使这些开敞空间彼此相连即可（关于这个过程的详细描述参见第 54—56 页）。再次改变连接规则，又会生成另一些变体，而它们似乎再生产了在世界其他地区所发现的这类聚落形式的变体。

这项进展前景光明，有其几个原因。首先，基于局部规则生成清晰的全局形态，该概念似乎解决了聚落生成中的关键问题。基于此，我们可能认为，其余聚落形态是由不同的局部规则生成的全局产物。其次，也是更重要的一点，即在这里，组构被含蓄地概念化为一种对随机过程的约束和限制，因而我们发现的这种过程的本质可能会具有重要的理论意义。原则上，这说明在基本定理中，我们可以构思一种囊括了有序和无序的模型。实际上，随机性本身参与了形式的生成，这点似乎抓住了在传统聚落形式中，为何空间秩序有时能够被展现和被约束的一个重要方面。以潜在的随机过程进行推断演绎，我们可以一直记录系统被施加了多少规则，才形成其特定的全局形态类型。而这又有可能回答另一个问题：以一个真实聚落空间形态为例，那么必

10

11

须以何种方式及何种程度，来对一个随机过程进行限制才能使其生成类似的形态呢？如果在真实聚落形态的研究中，这被证明是一种卓有成效的方法，那么我们又可以提出另一个更加有趣的问题：这些约束限制，即"规则"的本质是什么？它们如何相互联系？这些规则是否具有一定的数量？在某种意义上，它们是否形成了一个体系？

当然，考虑到现有案例的范围之广，在很多案例中，全局形态显然决不可能被看作是一种聚集过程的结果。比如，有时全局形态并非由个体单元的局部聚集而生成，而是源于叠加其上的更高级的秩序。围合单元（参见图 16）实质上创造了有边界的层级。不过，这里存在一个根本的差异：如果单个单元内包含了其他的单元，那么这种包含过程是在这个较高层级单元的内部完成的；而由珠环状过程生成的整体形态是通过单元对其外部空间的界定而形成的。若能理解"在……之内"和"在……之间"的差异，也就能够理解这里所说的差别了。"在……之内"暗示只有单个单元在界定空间，而"在……之间"则暗示了有多个单元参与界定了空间。这看起来是一个非常普遍的差异，但关系到对随机过程进行约束限制的不同方式：在一种情况下，单元好像是由它们之间所界定的空间"胶合"而成；而在另一种情况下，单元则是被叠加其上的较高层级的单元"捆束"在一起。在第一种情况下，总是必须依靠一群单元的布置来生成整体结构，故我们称其为分布式的，即指全局结构的"设计方案"是分散在所有的"初级"单元之中的；同样，我们把运用单元内部界定全局形态的过程称为非分布式的，因为这个过程总是依赖单个单元，而非一群单元完成的。

珠环状生成过程似乎隐含有其他重要的形式特性。形象地说，在该过程发生时，每个单元（以及与它相连的开放空间）都与另一个单元连续地邻接。于是，这种相邻关系就具有了一种形式上的特性，即若 A 是 B 的邻居，那么 B 也是 A 的邻居。数学家把这种特性称之为对称。然而，对于单元中包含其他单元的这种关系来说，却没有这种特性。恰恰相反，它们是不对称的，因为若单元 A 包含单元 B，那么单元 B 并不包含单元 A。显然，既可能存在通过单元外部包含空间的单元复合体，也可能存在通过单元内部包含空间的单元单体。比方说在一片乡村草坪或是一个广场内，一组单元通过它们的外部包含了一个空间。于是，这里封闭单元和开放空间的生成关系是不对称的；而与之相反，在珠环状案例中，开放空间总是与封闭单元成对称的相邻关系。沿着这个思路展开，我们就有可能构思一个抽象模型，它牵涉到在随机过程中所施加的限制类型，因而产生在现实案例中所能够看到的种种变化。

这两对相互关联的理念与开放单元及封闭单元的概念结合在一起，似乎就形成了与自然语言有某种共同之处的空间语言基础。分布式和非分布式生成过程之间的差别，也不过就是复合体与单体所界定的图形单元之间的差别。在非对称关系中，一个或多个单元包含着其他单元，这就如同一个句子的主语有它的宾语。这些差别本身很简单，但是显然可以生成一个包含丰富可能性的系统。第二章"空间的逻辑"将揭示为何这些基本概念能被视为对随机过程的一种约束，从而生成在聚落形态中所识别的主要全局形态类型，并通过建构一种前后一致的表意语言，来描述作为一个变化体系存在的这些理念以及它们的组合。当然，这并非一个数学体系，甚至更需要强调的是，这亦不是数学组合论。这只是以尽可能采用经济的方法，试图去捕捉真实空间形态中的根本异同点。这个体系的公理并非数学公理，我们只是在尽可能严谨地阐述一种有关基本差异的理论。

一组数量有限的基本生成机制被应用在随机过程的约束条件之中。本着这个理念，似乎至少我们可以精准地阐述两个有关方法论的目标。首先，对形态类型的确认转变为对生成特定形态的那些基本生成机制的组合的确认。这一点的好处在于，人们讨论的是空间形式潜在的抽象规则，而非空间形式本身，亦即讨论的是基因型而不是显型。这样一来，不同形式之间的相对关系就变得易于察觉，因为基因型的变化总要比显型的变化来得少一些。

其次，通过随机过程要达到某种形式所需要的约束程度这方面，我们似乎需要再次研究社会在多大程度上赋予空间以秩序的问题。一个高度有序的形态需要在其生成过程中应用更多的约束限制，而一个不是那么有序的形态（如珠环状）则只需要较少的约束限制。这可以在表意语言中以记录规则的方式得以体现：存在大量随机性和极少规则的形态一般可以采用一句简短的表意语句来记录，而那些存在大量秩序的形态则需要更长的语句来记录。可以通过谈论"短描述"和"长描述"来说明高度随机系统和高度有序系统之间的差别。那么，问题转换为：若要得到特定的形态，需要在多大范围内对系统中的潜在关系进行约束。

这样一来，这个模型就能够轻松而定量地表述系统中存在的秩序差异。将该论点简单地扩展一下，就会发现，这个模型也能够量化地表述在形态中被赋予"社会意义"的差异。在目前我们所描述的所有案例中，那些随机过程中的约束限制只是具体说明了系统中单元之间必须维持的必然关联，而忽略了那些偶然的关联，并允许它们随机生成。从这点来说，这种或长或短的描述具体地说明了形态的基因型，而并没有详细说明它的显型。然而，尽管基因型具体指明了必然关联，却没有明确指出在特定位置需要满足这种关系的特定单元。从这方面讲，所有的单元都是可以互换的，即倘若简单地把一条街作为一种空间形态来考虑，那么即使街道上的所有房屋相互置换，都不会对这种形态造成一丁点的改变。但在很多案例中，这种互换性原则并不适用。以图 30 所示的村落形态为例，每座小棚屋以及每个棚屋组团都必须位于环形的特定位置上：有些相对，有些相邻，等等。

　　因而，严格来说，在这些案例中，系统中的某些单元和其他单元是不能互换的。我们不仅具体指明了系统某区域的单元之间存在怎样的关联，还明确说明了特定单元彼此之间的关联。事实上，通过标记出特定位置的属性，在形态必要的结构基因型中，我们就将非空间因素包括进来了。因此，在这种案例中，我们不能简单地再生产相同的随机过程的限制，来记录基因型的必然关联。我们必须在每个阶段具体说明我们在哪个位置加上了什么样的标记，同时这个标记与其他标记间的关系又是怎样的，这意味着有关这种基因型的描述语句将会大大加长。与随机过程截然对立的有限案例中，我们必须具体指定每个单元和其余各个单元的关系。这种"语义"的添加只需我们扩展一下曾被用来描述"句法"的原则。句法和语义并非彼此对立，而是一个连续统一体。于是，这样的连续统一体通过越来越长的模型被表达出来。在这个模型里，系统中越来越多的相互关联被描述为必然的而非偶然的关联，而它适用于或无序或有序，或无意义或有意义的情形之中。所有情形都被一个相同的框架统一起来，即把空间秩序作为对潜在随机过程的约束。

14

五、

　　尽管如此，由这个模型仍然无法推出一个合理的空间理论，甚至更不能为我们提供一个有效的分析工具。它最多只是允许我们将空间的多种表现形式纳入一个统一的框架中，并使得差异点不再那么迷惑，从而重新描述空间问题而已。如果需要继续向前推进，则还需要采取两步措施。首先，必须找到一种模型去分析实际情形；其次，该模型必须根植于有关社会为何以及如何生成不同空间形态的理论之中。这两者中的一个问题被解决了，另一个便自然迎刃而解。学会采用这个模型来量化分析空间形态，就可以向我们展现一个涵盖这些维度的社会轮廓，并最终催生出一项关于空间的社会理论。

　　我们迈向量化的第一步是将注意力转移向建筑物的内部。在重要的模式特征似乎是系统的渗透性，即单元和入口的排列是如何控制通路和交通移动。不难发现，在它们的抽象形式当中，由聚落发展出来的相关理念仍然可以用于描述这种渗透性模式。这只不过是把以前二维的空间概念转译为一维而已。对于分布式和非分布式关联之间的差异，被简洁地转变为相对其他空间的一个或多个空间关联被控制程度的差异；而对称和非对称性关系之间的差异则被诠释为两类对比的空间，即无须路过相邻的一个或多个空间而与其他空间直接相通的空间，以及需要经由间接关联的空间。我们可以通过绘制建筑内部空间的图表来很好地表达这些特性，即我们用圆圈代表空间，连接线代表入口，然后就外部空间对其进行"调整"，也就是将所有深入建筑物一步距离的空间排列在同一层面上，所有深入两步距离的空间排列在更高的一个层面上，依此类推（参见图93和图94）。这种描述平面方法的好处显而易见：它使得平面的句法（它的空间关联系统）非常清晰，从而能够以具备对称性和非对称性、分布性和非分布性等属性的程度来同其他建筑物进行比较，同样也可以比较一组平面中不同标记空间的相对位置，这样就识别出不同标记的句法关联特征。更为重要的是，15
这使得我们能够通过学习定量化度量这些属性，从而进行深入的分析。

　　比如，我们可以采用一个数学公式来计算一种空间模式在多大程度上接近一种线性序列，即每个空间仅通向另一个单一的空间，这称为最大程度的间接关联，或者称为"深"的形式，或计算该空间模式多大程度接近一种灌木型，即其中每个空间都直接与外部所有空间相连，这称为最大程度的直接关联，或者称为"浅"的形式（参见图35和图36），进而计算出基于直接或间接关联的程度，从外部空间观察到的复杂建筑物的情形。我们可以从建筑内部的任意一点来重复这种做法，实际上就描绘了从外部或建筑内部任意一点去观察该建筑所得到的模式。一旦这样做，令人意外且系统性的差异就出现了。举例来说，在英国住宅案例的分析中，对"相对非对称性"（基于一点得到的复杂空间的直接或间接关联程度）的数值来说，陈设最好家具的房间总是高于备餐的房间。而备餐房间又相应地总是高于日常起居和饮食房间（当然前提是这些房间彼此都是独立的）。一系列的案例中都显示了这种真实情形，尽管在这些案例中房屋的几何形状和房间排列方面都有着巨大的差异。图98（a）用一个典型案例展现了这种差异，而图99则呈现了一系列案例。

　　我们同样可以量化分析"分布式－非分布式"的维度。由于系统中存在的分布式关联将生成环型空间，那么量化过程便可以从任意特定空间与环型空间的关联模式入手。比方说，如图98（a）所示的传统案例中，日常起居空间被放置在系统中的主要环型上，然而该环型也包括房屋外部空间。日常起居空间看似重要，这在于不管从室内看，还是从室内外的联系看，该位置都控制住了整个系统。

运用这种方法对一系列不同房屋类型进行研究，这提供了有关房屋空间模式分析的某些一般性原理。首先，如果空间可被认知，那么其决定因素将是两种关系而非单一关系，即一种是当地居民之间的关系，另一种是当地居民和外来人员之间的关系。这两者都是空间形式的重要决定因素，而这两者视角之间的关联甚至更为重要。正是通过同时从系统内和系统外的视点对空间关系进行分析，我们才能够精确地研究这些不同视点之间的差异。这样一来，量化分析就自然成为一种研究方法，适用于调查融于空间形式中的社会关系的基本方面。

其次，句法模型和社会因素之间看似有某些一致性。非对称性貌似与类别的重要程度相关。比方说，前厅算是一个传统日常生活中并不重要的空间，但是作为偶尔使用的社会空间类型来说，它却非常重要。因此，它与日常起居的主要区域相对隔离，从而赋予了它一个较高的相对非对称性，即在房屋的所有主要空间中，前厅是最不整合的。另一方面，模式的"分布式－非分布式"属性似乎与系统内控制方式的种类有关。举例来说，图99所示房屋的日常起居空间具有最少的相对非对称性，然而却常常最大限度地控制着与其他空间的关联。从这点来看，似乎空间的社会意义实际上是通过物质组构关系来最好地体现了出来。句法和语义之间的差别再一次被模糊，我们所面对的似乎是一个统一的现象。

之所以能够对关联进行度量，是因为房屋的空间结构可以被简化为一张图表，而之所以能够进行这样的简化，是因为总体而言，一座房屋是由一组清晰定义的空间与彼此之间清晰界定的连接所组成的。可是对于聚落来说，情况却大不相同。的确，它们总是由一系列基本单元构成（比如房屋），但同时存在一个连续的开放空间结构，时而规则，时而不规则，时而呈环状，又时而呈树状，并且不容易被分解为独立元素，以供分析。分析聚落难点在于如何分析这种连续空间以及它们又是如何与其他元素相关联的。

这一难题困扰我们很久，不过就如同通常发生的那样，最终的答案已然存在于我们所阐明的内容之中，即存在"珠"与"线"的本质之中。线的直觉意义是一种以线性延展而非"肥大"为特征的空间；而对珠子来说，它的空间较之线性来讲，则要更为"肥大"。直观地来说，这很简单：一根线仅在一个维度上伸展，而一颗珠子则在两个维度上同样充分地延伸。一旦发现了这点，我们就清楚地意识到，并不需要运用一种特定的方式来识别空间，而只需要同时从其二维和一维的组织角度来看待这个系统，然后再对这两方面进行比较。可以首先识别出具有最佳面积与周长比的凸形空间，即"最肥大"的空间，然后识别出次肥大的，再次一级的，依次类推，直至平面全部被这些空间所覆盖。同样，可以首先绘制出最长的直线，或者说轴线，再绘制出次长的，依次类推，直至所有凸形空间都被轴线至少穿越一次，且所有轴线均至少连接到其他一条轴线上。这样，既得到了关于空间结构的凸形空间或者说二维的一种描述，也得到了轴向的，或者说一维的一种描述。这两者均可以通过图示表达出来。

　　一旦我们这样做了，量化分析便可以在较以往更为广阔的基础上进行，因为我们不仅能够从外部或从组成单元的视角来看待聚落，也能够从凸状和轴向空间组织方面来看待每一个关联。事实上，我们已经把聚落的公共空间作为聚落内部居所与聚落外部世界之间的一种界面来对待，前者是当地居民的领域，而后者是访客的领域。不同类型聚落之间最重要的差异似乎就在于如何处理这个界面。在分析房屋内部时，这样的差异仍然来自这两种重要的关联类型：当地居民之间的关联，以及当地居民和访客之间的关联。不仅聚落中公共空间的形式是由这两种关联之间的关系所控制，就连这种差异的产生也是由这种非常简单的原理所支配。因为对于聚落或是聚落的一部分来说，访客可能正在移动和穿越空间，而对当地居民来说亦是如此，因为他们也与当地系统的不同部分同样有着相对更为静态的关联。公共空间的轴向延伸将访客引入系统，凸状组构则创造了更多静态区域，因而身处其中的当地居民对这个界面具有更大的潜在控制力。这就完美而清晰地说明了，为何珠环状聚落在生长时不仅增长了凸形空间的尺寸，同时也扩展了空间的轴向延伸。例如，如图 25 所示的小镇，从外部看与一个小型的珠环状村落具有差不多的轴向深度。很显然，在聚落扩张其生长原则的改变过程中，当地居民和外来访客之间的关联扮演着一个关键性的决定因素。城市空间社会学的重要原理大体上就由此而来。以欧洲国家城市中的集市为例，不管它们在几何意义上位于聚落的哪个位置，相对于聚落外部，它几乎总是在轴向上较浅，并且具备纵然奇怪但也能被理解的特性，即与之相邻的轴线具有较高的整合度，且通向却不穿越广场。访客一路上被吸引着，迅速来到广场，而一旦到了广场他们便放慢了脚步。这个原理以一种不同的方式适用于像伦敦这样的巨大而"成熟"市镇。在伦敦最初起源的密集区，即伦敦老金融城（The City of London）内及其周边，始终存在一个主要的街道系统与一个后巷和短街构成的小系统，不过这两个层面的支配原

17

18

则是相同的，即重要的焦点或汇合点在轴向上通常都不会超过两步轴线拓扑距离。这意味着总是存在一个点，从那里能够同时看到两处焦点。该原则也同样适用于广为谈论的伦敦"村庄"，它们早已融入城市肌理之中。通常来说，从轴向和凸空间角度来看，它们是更为规则且局部变形的方格网，向外延伸，且街道之间的轴向拓扑步数较少。在这个生长原则之中包含了一个通用的城市安全原则。系统将访客吸引到各个角落，但通过与当地居民住所直接相邻，从而对他们进行监控。这样一来，访客管束空间，而居民又管束访客。较之于期望仅仅依靠当地居住群体来创造自给自足的环境来说，这是一个更加微妙，但也远为有效的机制。

六、

于是似乎可以明确，空间形式与相遇方式和控制的方式之间始终存在一种强烈的关联。但是为何这些模式在不同的社会中会如此迥异呢？这是否可能源于不同类型的社会需要对相遇采用不同类型的控制，以形成其特定的社会类型？若是确实如此的话，我们就能够合理地将此视为在最深层面上社会生成空间形式的机制。我们发现，涂尔干（Durkheim）的普通社会学具有深刻的启发性（尽管他的著述并非与空间明确相关）。[10]涂尔干区分出了社会联谊或内聚的两个根本不同的原则：一种是依赖于差异互补的"有机"联谊，比如源于劳动分工；另一种是基于相同信仰和群体结构整合在一起的"机械"联谊。这个理论与空间深刻相关：有机联谊需要一个整合和密集的空间体系，而机械联谊则倾向于要一个隔离和分散的空间体系。不仅如此，涂尔干实际上还将不同联谊的原因归结于空间变量上，即人口数量和密度。在涂尔干的研究成果中，我们发现了一项为空间理论所遗漏的成分，它们以元素形式存在以供社会形构的空间分析，但要将这些初始概念发展成为一项关于空间的社会理论，我们不得不重新回到原点，思考最简单的空间结构的社会学。我们认为这非常有益，它就是：基本单元。

19　　　如今，关于基本单元最重要的一点即它并不只是一个单元，还包括了外部和内部，而至少其外部空间的一部分由于邻接单元的入口而不同于其余部分，换句话说，它们构成了入口的一部分。如图10（c）所示，最简单的房屋实质上由一个边界、边界内的空间、一个入口以及由入口所界定的边界外的空间所组成的系统，所有这些空间都是该系统的一部分，而这个系统又被置于某种更广泛的承载它的空间之中。所有这些元素似乎都具有某种社会学上的指引，即边界内的空间建立了一种与居民相关联的使用类型，边界对该使用类型构成了控制，并且维持着它作为一种使用类型的可分离性。系统外界是潜在的陌生人的领域，与当地居民的领域相对。入口外部空间则构成了居民和陌生人之间的一个潜在界面。入口则不仅仅是确立当地居民身份的一种手段，同时也是陌生人转变为访客的一种过渡方式。

我们已经勾勒出了基本单元的社会学推论，即当地居民之间的关联，以及居民和其他人的关联。然而，其中最为重要的在于内部和外部本身的差异，即房屋内部和它们所共同拥有的外部之间的差异。事实上，存在两种基于基本单元进行生长的途径：可以通过细分单元或聚积单元以维持其内在的渗透性；或者分别独立地将它们集聚起来，以便在外部维持它们连续的渗透性。当发生第一种情况时，我们称之为一栋房屋，而后一种情形我们称之为聚落。这两种生长类型在社会学和在空间上都是有差别的，因为一种是基本单元内部社会学的产物，而另一种是基本单元外部社会学的产物。房屋内部显然拥有更多空间类别之间的差异，拥有更多明确界定的不同的空间关联，通常对于什么事情在哪里能够发生，以及谁与谁相关联都有更多的界定。简而言之，内部空间组织可能与社会人口类别及社会角色有非常明确的关联。相反，通常折射在房屋外部空间的社会人口类别的差异要少得多，人们更为均等地进入界定系统的那些单元，这些单元之间的类别差异也较之更少，等等。同时，聚落受到的控制较少，这是由于房屋倾向于依靠边界扩张而进行生长，而聚落空间倾向于延展空间来形成一个连续系统，从而完成自身的生长。从潜在的可能性来说，聚落空间更为丰富，因为更多的人可以进入它，而且施加其上的控制较弱。也许我们可以说它更可能与偶遇相关联，而房屋内部则要更加确定一些。因此，房屋内部和外部之间的差异已经成了社会如何产生和控制相遇行为的差异。　　　　20

在基本形式中，房屋实际上以两种方式参与一个更大的系统：一种很明显的方式是与其他房屋相关联；另一种不那么明显，即将使用功能进行分类，从而从外部世界抽离出来（如运用空间分隔来界定和控制社会人口分类系统），它们可以通过概念上的类比、而非空间上的关联来界定与其他的关系。例如，一个村庄中一栋房屋的居民，他与其邻居在空间上相联系，这是因为他不仅占据了一个与自己相关的地点，而且在概念上他也与其邻居们相联系，这是在于他的内部空间的使用功能的分类体系与其邻居们要么相同，要么相异。也许可以这样说，不仅在空间层面上，同时也在跨越空间的层面他与其邻居相关联。这样一来,这种差异就非常接近于机械联谊和有机联谊之间的差异。甚至可以毫不太夸张地讲，从固定的分类和关联的体系而言，该体系被使用功能持续地确认，那么房屋内部倾向于界定一个反映更多思想观念的空间，而外部则界定了一个交融互动的，甚至相互监督的空间，因为后者建立了通过日常使用而不断重新界定的，且更为灵活的相遇和回避体系。或者，也许无须引申太多，就把外部空间定义为社会生成的地方，意指新的关系在此产生，而把内部空间定义为社会被延续和再生产的地方。前者具有高度的不确定性，而后者则更成体系。

　　虽然每个社会在一定程度上都兼有这两种可能，但通常某些社会形态总会更多地使用其中一种。以我们自身的社会为例，郊区生活方式是以一种价值观为特征，该价值观是通过维持家庭内部空间的一种特定分类秩序而得到了充分的彰显，这区别于那些强调局部外部空间关系的街道系统。我们至少能够从社会生成空间的途径中，区分出某种双重性，它们由不同的社会联谊形式所决定。在极端情况下，这种差别依赖于完全相反的原则，即一种形式所要求的恰恰是另一种所必须排斥的。一种要求有力的控制边界，并且具有强大的内部组织，以维持一个本质上跨越空间的联谊形式；另一种则需要较弱的边界，更倾向于让事件发生而不是对其进行控制。当片段小而孤立时，前一种特别有效；而当系统大而整合时，后一种就特别有效。

　　然而，还存在另外一个基本差异，它使得社会与空间形态的整体关联更为复杂。只有把系统视为一个由局部到整体的现象，即系统通过基本单元的相互关联而建构了一个全局形态时，反映于内部的思想观念与反映于外部的互动监督的双重性才得以成立。而社会系统也是一个从整体到局部的现象，即存在一个超越并高于日常交流互动层面的明确的全局结构，那么该系统的逻辑便发生反转。一组空间通过其外部布局来界定一个具有思想观念的情景，从而形成自身的意图，而另一组则试图通过其内部布局来产生和调控某种全局性的管治。从本质上来说，各种神圣场所及聚会地点是全局社会形态首先被特殊化的结构部分。

　　由这个差异就引出了另一个双重性，它与前一个双重性同样普遍而深入：系统越是采用由整体到局部运转方式，那么这个反向的逻辑就越多地取代从局部到整体的逻辑。我们认为，将国家定义为位于一片特定领土之中且体现某种统一思想观念和统一监管的全局形态，那么它越要努力实现该目标，其外在空间就越由思想观念所确定的空间结构所支配，而其内部空间也越由可以控制的人际交流的空间结构所主导。外部空间与内部空间之间的差别变成了权力和控制之间的差别。前者为那些抽象定义的权力等级系统，在其投射到统一的象征性情景之前，该体系并不具有空间整合的形式；后者为社会类别和关系得以再生产和延续的系统，塑造了内部空间的组织结构再生产。[11]

从整体到局部的逻辑中，不确定性和结构性这两个维度彼此交换了位置：外部空间成了功能类别不变的结构化空间，而内部空间则成为私人磋商的空间。不同的是，磋商总是发生在那些具有社会身份（源于全局社会系统的定义）的人们与那些并不具备社会身份的人们之间。不对等性的存在，如教师和学生之间的不对等性、医生和病人之间的不对等性等等，对从整体到局部的体系尤为重要，并体现在房屋内部与外部关联的每个角落。

城市形态本身就阐明了这种双重性。一个典型城镇包含了两种不同的空间成分：始终作为日常生活和交易舞台的街道空间，以及主要公共建筑及社交集会空间。前者创造了一个密集系统，其中公共空间由房屋和入口所界定；后者则创造了一个离散系统，其中空间环绕着入口极少的建筑物。从整体到局部方面越占主导，城镇就越倾向为后一种类型，反之亦然。行政首府和商业都会之间的根本差异，即与该社会逻辑的转换有关。

这也是作为原始城市形态的仪式中心和生产中心之间的差异。如 22
图 14 所示的玛雅仪式中心蒂卡尔（Tikal）的总平面，即为一个由从整体到局部之逻辑下生成的带有思想观念情景的绝佳例子。在这个系统中，基本单元是内向的，它们似乎无视系统的结构，在仪式中心附近随机组合。除了密集之外，它们并未形成任何全局空间体系，其整个空间体系仅仅由"砌道"连接的主要仪式建筑之间的关联所界定。从这两点来说，它与传统的欧洲中世纪城镇的概念截然相反。在欧洲中世纪城镇中，基本单元界定了全局空间结构，主要仪式建筑散布其中，但本身并不界定城镇的全局秩序。现代城市景观正在不断地畸变为一个具有强烈象征式形态的景观（比方说"有气派的"建筑），其中各种建筑被受控的分区或分类景观所环绕，因此这种蜕变最终趋向于玛雅那种空间布局概念。

这个简单的图解概括了这些基本的社会力量是如何通过空间的社

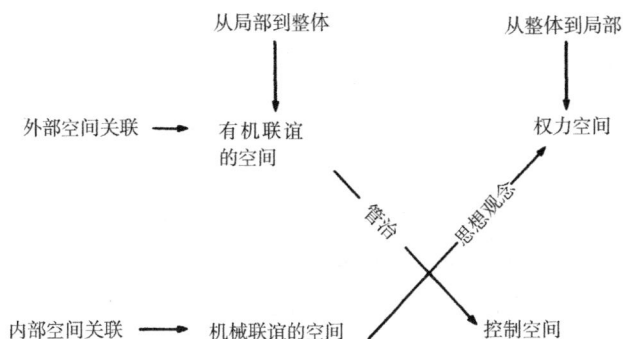

从局部到整体　　　从整体到局部

外部空间关联 → 有机联谊的空间　　　权力空间

会话　　思想观念

内部空间关联 → 机械联谊的空间　　　控制空间

会潜力，而被明确表达出来的。简而言之，空间没有一处不是社会联谊形式的结果，而这些反过来又是社会结构的产物。这些存在于不同系统与不同空间形态之中的差异之中，即源于涂尔干所说的，社会具有某种特定的空间逻辑，同时源于空间自身也具有某种特定的社会逻辑，我们希望上文已经将后者阐述清楚了。

七、

从社会决定空间方式的根本差异方面，上述图解分析概括了本书的论点。于是该问题又以一种新的形式出现了：是否从某种意义上，空间也决定了社会呢？这个问题并不是本书的主题。但是自从本书完稿，伦敦大学学院建筑研究中心的后继研究计划已经将我们引向了关于该难题的肯定性答案，尽管这是有前提的。空间的确具有社会性后果，不过前提是"社会性"一词能够恰当地描述我们的发现。

简要而言，我们所做的工作就是：选取若干城市地区，包括传统街道形态的地区和一系列新建的住宅小区和住宅小区组团，绘制它们的地图，并使用第三章所阐述的阿尔法分析技术对其进行分析。然后，对它们进行重复多次的观察，记录系统中不同部分所能够发现的静态活动以及移动人群的数量。

第一个发现是：这种观察方式要远比日常经验可靠且具有预测性。观察者能够迅速地、较为准确地预测他们可能将会与多少人相遇。为了检验这一点，两名观察者将从同一位置出发，沿着一条选定路线反向行走，然后比较他们的观察结果。这些观察结果常常是惊人的相似，尽管这两名观察者几乎不会观察到相同的人群。另一个发现是：由天气所导致的变化微乎其微，且一天不同时段的人流分布模式的变化也微乎其微。似乎相对来说，仅有相当少的观察结果就可以较为可靠地描述该系统状况。

在不同类型地区观察到的人群密度的差异则更为引人注目，而这并非是由该地区的人口密度所决定的。例如，我们对伦敦北部一个较为安静的街道地区和附近一块著名的低层高密度用地进行了比较（两个案例都用于第三章的分析之中），发现尽管事实上住宅小区的密度是街区人口密度的三倍，然而观察人员在住宅小区遇见的人数却只有街区的三分之一；而且相较街区而言，许多观察人员在住宅小区遇见的人们在室外停留的时间要短很多。将所有的因素考虑进来，在感知人群停留的方面，旧的和新的公共空间之间存在的差异大约高达9倍。这些差异和一般停留程度已经在其他案例中得到证实，且看似相当稳定。新的住宅小区的白天（甚至是那些已经建成了几十年的地方）就如同传统街道地区的午夜一般。从感知他人的角度来看，即使生活在最先进的低层住宅区中，也似乎是生活在永久的黑夜之中。

将人群密度与每个空间的"整合度"及"控制度"等句法度量联系起来后，就能对这种情况有一定的理解。我们所观察的每一个传统街道系统，无论它的发展历程是多么零碎，但在统计学上，都显示了整合度和观察到的人群密度模式之间的显著相关性（高于0.05的水平），并和步行人群有更为明显的关联性。一些更为热闹的和更为安静的地区（见第三章）总是靠近我们分析图中那些空间上整合与隔离的街道。但是在每个地方，始终至少有一些人在街道上。

而在新的住宅小区，则找不到这样的关联——仅有一个特别设计的例外案例，即伦敦瑞士庄（Swiss Cottage）的亚历山德拉街（Alexandra Road）。人群和空间的关联看上去近乎随机，不仅由于这种新的空间形式而导致外来人的体验感被大大降低了，而且新的住宅小区也丧失了全局有序的形态。人们的体验——除非对这种体验是普遍缺乏的——不再能够从空间组织和其中的日常交通流动中推断出来。

那么，是什么导致了一个案例具有显著的相关性，而在另一个例子中这种相关性就消失了呢？在目前知识还不完善的阶段，有两种可能性，看似可取。首先，传统街道系统中的关联看起来来自强烈的整合核心，它将系统内部和外部联系起来，从而产生了更多穿越系统的路程。因此，对于一些较远距离的出行，由于其距离长而更倾向于选择整合度高的空间作为其最短路线的一部分。这是因为就定义而言，这些空间较其他空间会更加浅近一些。

其次，电脑实验已经表明，在具有"标准"程度的浅型和环型传统街道系统中，通过将全局整合度和局部控制值结合起来，才发现了空间模式和运动密度之间最强有力的关联（通常高于0.9）。整合系统和控制系统相重叠，地方关联性就好，而不重叠的地方，关联性就被打破。换句话说，当整合核心亦形成了一个局部的空间控制结构时，那么从空间模式中就能推断出潜在的相遇密集程度。

当然，在这个阶段这只是一个假设，研究还在继续。但如果正如我们所期待的那样，它被证明是一个关键的决定因素，那么它便能支持我们整个论点，即城市生活是系统全局秩序的产物，由访客和当地居民的存在而形成的，而非纯粹的局部空间组织模式的产物。事实上，越局部化，越隔离开以创造局部的认同感，那么总体而言，该局部空间就越没有生气。

不管这个解释性假设的命运如何，似乎有一点已经可以肯定。建筑在很大程度上决定了，我们因日常生活在空间中无意识地获得感知到他人存在的能力，这些他人同时包括了那些附近的居民以及陌生人。

25 一个建成环境系统和另一个建成环境系统之间的差别是明显的，且似乎与日常言语中的关于隔离和疏远这类词汇相关，这常常被含糊地说成是建筑的产物。问题是：不管从何种重要的意义上来说，这些效应是否是社会效应？依照现有的经典理论，似乎不太可能接受这样的说法。它们认为，社会起源于交往互动，而不只是起源于共同在场和感知。

然而我们想知道是否真的如此。将随机性概念引入到空间秩序，允许我们最终建立起一个有效分析空间社会秩序的模型。我们怀疑这可能同样适用于社会本身。这是由于：一是在社会中以及在空间中，随机性概念似乎具备同样重要的结构性作用；二是随机相遇和对他人的感知，可能在某些层面上（甚至在所有层面上）均是社会系统极其重要的原动力。无论如何，看来毫无疑问的是，建筑形式强烈地影响着人对他人基本的、非结构化的感知能力，而如今这必须被视为设计中的一个主要因素。

第一章 空间问题

摘要

    本章的目的是主张并建立一个框架，对空间问题重新进行界定。通常人们"自然而然"地将此定义为一个找寻"社会结构"和"空间结构"之间的关联的问题。然而，对两者中任何一个结构类型的描述，基本都不可能成功地指向这两者间规律性的关联。本章认为，联系空间结构与社会结构的一般模型的缺失，根源在于对该问题进行概念化的根本方式（而相应的，这又是根源于社会理论学家对社会进行概念化的方式），即该问题被概念化为如下两方面的关联，即一个为本身不具备任何社会内容的、有关物理空间的物质领域，另一个为不具备空间维度的有关社会关系及制度的抽象领域。不但在原则上不可能找到一个物质实体与一个抽象实体之间的关联，而且这套程序本身也是自相矛盾的。只有当社会已经具备自身内在的空间维度时，它才能够与空间发生有规律的关联；同样，只有当空间在其特定形式之中包含了那些社会维度时，它才能够与社会发生有规律的关联。这样来界定问题，实质上是把空间去社会化，并把社会去空间化。为了修正这一点，必须要解决两个描述上的难题，即社会必须要从它内在的空间性方面被加以描述，而空间则须从它固有的社会性方面被加以描述。这一章的总体目标就是，要说明怎样才能够着手处理这两方面描述上的难题，从而建立一个有关空间之社会逻辑与社会之空间逻辑的广义理论。本章的结尾概述了该问题是如何被置入一个科学理念框架之中，以实现上述目标的。

社会与空间

    显而易见，人类社会是有关空间的现象：它们占据了地球表面，在这些区域内资源流转，人群彼此相遇，信息也得到传递。我们之所以能够认可一个社会的存在，首先源于它在空间上的实现。不过，社会不仅在空间中存在，它还呈现出某种明确定义的空间形式，并体现在两方面。首先，它将人群放置在不同地点，以或高或低的聚合与分离程度使之相互联系，引发人群内部以及不同人群之间，或密集或稀疏的交通与相遇模式，这样它就在空间上配置了人群分布。其次，它通过房屋、边界、路径、标记、区划等手段对空间本身做了布置，使该社会的物理环境也呈现出一个特定的模式。于是，一个社会在这两方面都获得了一个明确而可识别的空间秩序。

　　空间秩序是我们认识不同社会结构之间的文化差异的最有效的手段之一，亦即我们由此而认识那些社会成员的生存方式，以及他们对社会进行再生产和延续的方式之间所存在差异。这些差异可能类似如下对比：一个居住在分散而高度隔离的院邸的社会，另一个居住在密集而相对开敞的村庄中的社会；或者，如同伦敦这种住所与街道系统直接联系的城市，如同巴黎那种直接联系被封闭庭院所打断的城市。无论是哪一种情形，空间秩序都作为文化的一部分而出现，因为它表明自身建立在某种普遍原理之上。在贯穿社会分类的过程中，一类相似的空间主题被再生产和延续了下来，而正是通过这种重复，我们认识到了空间的种族特征。从普遍意义上说来，在使用诸如市内的、郊区的、村庄的等的同时包含空间与行为两方面内涵的词语时，日常用语也认可了这种空间结构与生活方式之间普遍而深入的关联。看起来，似乎在日常生活和用语中，有关空间结构的体验是我们体验社会自身的一种固有的方式，尽管这可能是无意识的。我们阅读空间，从而预见某种生活方式。

　　然而无论多么普遍而深入，社会与空间之间的关联都不能被限定在有关文化与生活方式的问题之中。另一些证据表明，当社会结构获取及改变其特定形式的方式时，空间与其之间甚至有着更为深切的关联。通常社会演变过程中，影响最为深远的变革，或者牵涉，或者导致了空间形式以及社会与其空间环境之关系的深刻变化。这些变化看起来不像是社会变革的副产品，而是社会变革内在的一部分，甚至在某种程度上是社会变革的起因。农业革命、定居聚落的形成、城市化、国家的早期发展、工业化，甚至现代奉行干涉主义国家的成长都与社会形态的改变相关，其中空间与社会看起来几乎是彼此不可或缺的方面。似乎不同的社会结构类型需要某种特别的空间秩序与之相应，正如不同的空间秩序类型也需要某种特别的社会结构来支撑它们一样。

　　最近又有一个复杂因素被添加到了社会与空间的关系之中，它以一种信仰的形式出现，即认为通过事先谨慎的考虑及有意识的控制，就能使物理环境与社会空间形式更为高效和令人愉悦，也更加支撑社会的运作。这种信仰导致我们在当今社会与空间之间的关系中介入了一种有关设计的道德科学——所谓"道德"是指它必须遵循某些被舆论一致认为是好的东西，而"科学"恰恰相反，是指它的操作必须被视为基于某种客观性的分析。由于这种道德科学由来已久都被默认是规范性的、主动的，而非促进人的分析和反思，因此它并没有全心致力于提出和发展有关社会与空间关系的更好理论。相反，它被仓促地应用，就好像这些联系已经被很好地理解并且毫无疑问似的。

不过即使这种道德科学不需要一项有关社会与空间的明确理论，就它一贯的操作方式而言，它也已经暗示了一种理论。这种一贯性几乎很难被质疑，因为无论在何处，只要这种干预导致了有关空间社会秩序的变革，那么从贯穿的深度和广度来说，该变革均不逊于任何早期阶段的革命性变革。这种变革的理想蓝图也很可能是它的终极目标：似乎由彼此独立的建筑物或建筑群构成，呈现出一片稀疏的景象。这些建筑物被布置在边界相对明确且彼此孤立的区域之中，其内部被细分，并按等级排序，由特定而独立的空间交通系统联系起来。我们只能推测这样一种情景与之前情景的关联，因为它的物理形态几乎与之前的截然相反。在之前的系统中，紧密并连续地聚集房屋，依据它们的布局就界定出某个或多或少变形的街道网格，从而将系统整合为均匀可达的整体。核心布局理念就是采用街道模式去替代住宅小区模式，这将精要地概述这一理念变化：由住宅小区组成的系统具备高度的隔离性，而由街道组成的系统则具备高度的整合性。

现在我们清楚了解，这种道德科学及它引起的空间变化所带来的首要后果并非环境的改善，而是一种全新的完全不曾预计到的环境病。我们破天荒地，发现了"设计过的"环境竟不能维持社会性"运转"的问题，甚至它还会导致其他社会问题：社会隔离、物理危险、社区衰退以及强迫集中居住等，这些问题在其他情况下也许并不存在。这种明显存在的城市病使得我们质疑城市转型所基于的设想，即：隔离对社区来说是好的；空间的等级化对不同社会群体之间的交往也是有利的；只有当空间被视为专属于特定和少量的人群，以便将陌生人排除在他们的领地之外时，该空间对社会来说才是重要的。然而，尽管 29 这种道德科学的整个概念结构都杂乱无序，除了对一知半解的传统形式的回归之外，并未提出清晰有力的替代方式。导致这种情形的原因是，我们对替代方式可能引发的社会后果一无所知，就如同我们也不能正确地理解当下这种转型失败的原因。

在此情况下，我们急需一种有关社会与其空间维度之关联的恰当的理论。一项有关空间的社会理论首先会解释社会特有的两种空间秩序类型——即在空间中，对人群分布与对空间本身的布局——之间的关联；然后它将说明这两者均源于社会运行及再生产的方式。这项理论的用途在于，它能够帮助设计师以一种更为可靠的方式去推测不同设计策略可能引发的后果，同时也使得那些推测和思考具有创新性。不过更为重要的是，一项针对实证的支持系统性分析的理论将使我们能够开展实证学习，而这一点在过去看来都不大可能。

不幸的是，由于社会本质与其空间形式的相互联系是普遍存在的，一项有关空间的社会理论将不可避免地根植于一项有关社会的空间理论之中，而这样的理论是不存在的。虽然在将社会与其空间体现相联系这方面，有过一些初步的尝试（在导言部分我们已作了简要的回顾），但是没有一项理论是旨在说明社会的固有本质如何赋予自身特定的空间秩序形式的。如果存在这样的理论，那么它很可能也将是一项有关社会自身本质的理论，而迄今都不存在这样一项理论。这样的事实表明，社会学自身学科基础当中存在一些非常根本性的难点。一旦我们仔细考察这些难点，我们便会发现它们与空间息息相关。

空间问题

赫尔曼·威尔（Herman Weyl）写道："没有什么地方，如同在空间问题中这样，数学、自然科学和哲学如此密切地相互渗透。"[1]分析其原因不难发觉，对空间的体验是我们关于这个时空世界全部知识的基础和框架。就其本质来说，抽象思考的意图便是要超越这个框架，然而它同时就变得不那么直接地依赖于时空体验的即时性，而是变得更为条理化。抽象思考关注的是这个时空世界背后潜在秩序的原理，但就定义来说，我们不可能通过经验直接得到这些原理。而在空间问题上，抽象思考又一次将自身诉诸对这个切实世界的经验基础。它似乎回到了它最初的时空牢笼之中，并施展其全部的抽象能力，重新对时空世界进行评价。

这种重新评价的结果影响深远。我们今天所谓的科学源于一种能够综合表现和分析空间抽象属性的数学体系的形成：欧几里得几何学。几何学第一次为我们提供了通过一种语言来审视时空世界的手段，这种语言自身的结构连贯一致，并且十分清晰。在有关空间的理解中，知识的进步（即科学）与知识的分析（即哲学）不可避免地交织在一起。对空间本质的思考必然导致有关大脑如何建立空间知识的思考，并含蓄地引发人们思考，大脑如何获得有关这个时空世界的全部知识。

空间问题不仅仅出现在数学、科学以及哲学的高端领域。只要进行抽象思考，就会出现空间问题，且并非所有抽象思考都与科学或哲学相关。以"奇幻"式思考为例，它和科学一样的抽象；又如占星术，有时候在运用前后一致的逻辑，其中也具有同样的系统性。奇幻思维并非以对一致性与逻辑性的认同，来区分于我们泛泛定义的理性思考；而真正的区分在于，它对抽象思考与时空世界的关系所做的假设。举例来说，理性思考认为非物质的实体也许可以被想象出来，但它们是不能够存在的。任何真实的物体都必须拥有定位，即使（比如说"乙醚"）它无处不在。

同样，理性思考坚持认为实体之间的非物质性关联是不存在的。任何有关决定或影响的关联必定是通过某种物质力量由一处传递到另一处而引起的。奇幻思维则主张了两个与之相反的命题：非物质性实体能够存在，且具有决定性或影响性的非物质关联能够存在于实体之间，如认为通过对不在身边的木偶施展法术，就能够伤害或医治对方，或是认为思想的力量能够遥控某个事件。这些都明确违反了理性的两个根本前提，而这两个前提关系到有关时空世界的抽象思考所能够采用的合理方式。从本质上来说，理性思维强调，我们有关世界如何运行的日常实际经验与其中内在的更为抽象的原理间具有一致性，认为基于我们对世界的物理接触而建立的经验直觉，能够可靠地引导在不同层面上对这个世界的抽象思考。而奇幻思维则否定了这一点，并设想，世间存在一种超越我们所体验的时空现实的思维和行为方式。

不过，就如同并非所有的抽象思考都是理性的，也并非所有的理性思考都是科学的。事实上，纵观科学历史，科学进步越大，就越有必要在科学思维与至少是一种强势理性思维之间作出区分。或许我们可以将这种强势理性思维称为教条式理性，并将它定义为这样一种理性思维，即它坚持强调有关理性思考的两个基本时空前提，以至于除非严格遵循经验直觉与自然界潜在秩序之间的一致性原则，否则就否定任何关于世界的思考。科学为了对自然界的潜在秩序给出一个满意的解释，在运用数学方法时不得不假定存在着一些实体和关联，我们无法想象它们的时空形态，这甚至还会引发矛盾，此时，做这种区分就变得必要了。

我们可以用牛顿的宇宙理论刚刚问世时所招致的异议，来说明科学思维和理性思维之间的对峙。正如柯瓦雷（Koyré）告诉我们的，莱布尼茨（Leibinz）反对牛顿的理论，其理由是，虽然这些理论似乎对天体如何彼此关联的运动给出了一个令人满意的数学描述，但如此一来，它们却歪曲了有关这个系统实际运转方式的常识：

他的理论在我看来非常奇怪，我无法相信它能够被证实。若
每个天体都是有重量的，那么由此即可断定（无论他的支持者们
会怎样说，也无论他们多么激烈地否认）重力是一种经院式的神
秘属性，要不然就是一种奇迹引起的结果……光是说由于上帝制
定了这样一个自然法则，因而它就是自然的，这是不够充分的。
必要的是这项法则应当能够由被创造的事物的本质所履行和实
践。比方说，如果上帝要制定一个有关自由物体环绕同一个中心
旋转的法则，那么他要么不得不将该物体与其他物体相连接以通
过它们的推动力，来维持该物体在一个圆形的轨道上运行，要么
就得在它的脚后跟放置一个天使。[2]

他又在别处写道：

这样，我们就能够推断：物质不会天生地具备吸引（的能
力）……而且不可能自觉地沿着一条曲线运动，这是因为从力学
角度讲，我们无法想象这如何能够发生；然而那些自然发生的事
情必须要能够被明确地构想出来（我们所强调的重点）。[3]

因此，为了不沉迷于奇幻思维而获取常识，我们没有必要将我们
对既有世界的假设都带入更为抽象的科学领域。从某种意义上说，科
学上的进展重新又引出了这些难题——不管远距离作用的问题，还是
明显的非物质事物和作用力的问题，抑或那些无可置疑存在的模式，
32 但其存在原因不明了的问题——它们看似已经与奇幻思维一并被淹没
了。这些难题通常都聚焦于一个根本问题：有关空间的本质和秩序问
题。尤其是，当系统不具备明显的空间连续性，因而也未遵循教条式
理性，那么这样的系统如何运行。

在社会学中，这个难题又以一种更为棘手的形式出现。一个社会
最为显著的特性，即尽管也许它占据了一片连续的领土范围，但却不
能够将其视为空间上连续的系统。正相反，社会是一个由大量自发的、
自由移动且空间上毫无关联的个体对象所组成的系统。在理性思维中，
我们没有提出由离散的个体所组成的系统概念；相反，我们认为，这
样一种集合能够作为一个社会的观念，有悖于理性对（任何）系统所
固有的成见，即任何系统都是空间上连续的整体。如果社会真是个系
统，那么似乎在某种意义上，它是跨越空间的非连续的或离散的系统，
即那种为排除奇幻思维的理性思想领域所不容的系统类型。至少在某
些重要的方面，它并不是通过物质上的联系或影响力起作用，也不是
在系统层面上以物质具象化的方式来体现。

这就给社会学理论带来了一个涉及哲学和科学方面的难题：在
开始思索有关社会的本质规律法则之前，我们不能想当然地认为，我

们已经知道如下问题的答案，即社会是怎样的一个实体，或甚至从任何客观意义上说，社会是否存在。首先，必须解决一个概念问题，即离散系统如何成为一个真实系统，然后才能思考系统中可能存在的规律性。问题的关键在于系统的真实性，因为这正是我们发现的最为矛盾的疑难所在。离散系统是真实的吗？还是仅仅存在于个体的想象之中？如果它是真实的，那么从何种意义上说，它是真实的？如同说一个物体或是生物体是真实的那样，说离散系统是真实的吗？如果并不是从这个意义上说它是真实的，那么我们应当在何种意义上来正确地使用"真实"一词？从另一方面来讲，如果这种离散系统实际上并非是真实的，而只不过是人们头脑中的产物，那么我们又期望它们以何种方式来受规律支配呢？我们似乎很难同时接受这两点。这个系统要么是真实的，在这种情况下它被简化为某种纯粹的物理系统，从而是超定的；要么是虚构的，在这种情况下它不是因果决定的，因为很难想象怎么可能会有规律来支配一个假想的实体。

对包括实践性研究在内的绝大多数实践而言，其目的是社会学家都谨慎地回避这些哲学问题，而隐匿在一些便捷的假想背后。举例来说，若是决意把社会只看作个体的集合，且所有典型的社会性内容都存在于那些个体的心理状态、主观体验和行为活动中，那么就回避了这个难题。在这样的解决方式中，位于个体层面之上的"结构"往往具有纯粹的概念性质，或者构成了某种交流系统。这类实体系统可能是心智建构出来的，不过至少我们能够对它们进行讨论。抑或，通过在社会自身层面引入某种空间性的隐喻，通常是将其比作某种准生物有机体，从而从原则上回避这个难题。该隐喻使人们可以把社会当成这种系统来进行讨论，不过人们没必要为了这个隐喻就真的相信，社会是一种有机体。这两种策略都不能够提供哲学解答，释疑有关离散系统如何能够存在，并具备自身规律的问题。不过，它们都是理性的，让社会学能够继续存在下去，仿佛没有意识到它已经接近认识论中巨大裂隙的边缘。[4]

不幸的是，以一种空间的社会理论的角度来看，这两者都行不通。原因很简单：从空间的视角来看，该离散系统的空间难题并非一个哲学问题，而是一个科学问题。对于有待解决的问题来说，这极为关键。如果我们希冀建立有关社会如何通过它的内在动力创造出空间秩序的一种理论，那么我们必须首先对社会是怎样一种空间实体有所构想。否则，我们无法去处理一个主观想象物的空间形式，也无必要去探讨俨然已是客观空间物体的空间方面。若有机理论完全正确时，我们将看到上述的情形。因而，空间理论家陷入了绝境，这同样妨碍由社会

33

学发展出一种空间社会学。空间理论家无法运用现有的有关社会的空间理论，因为根本就不存在这样的理论，而在他开始着手自己的研究之时，他也没法指望解决这些有关社会理论的哲学难题。实际上，他被迫地进行即兴创作。他不得不进行一些构想，即一个离散系统如何才能是真实的，并通过它内在规律性的运作，产生出某种被实现的空间秩序。于是，他必定试图通过关注离散系统的基本动力机制来绕过该难题。

离散系统的逻辑

如果我们先从非常简单的例子着手，再逐步过渡到稍微有些复杂的案例，那么有关离散系统，或其真实空间形式就一点儿都不神秘。离散系统仅由运动的个体组成，它们能够非常轻易地形成全局系统，我们对它们客观现实的存在毋庸置疑。只需审视一些简单的案例，我们就能够开始构想这样的系统是如何出现的，它们又如何可能具有规律性并拥有不同的结构类型。首先来看看雷内·托姆（René Thom）提供的案例：蚊群。[5]这种全局形式，即"云状"形态，仅依靠若干单体蚊虫群集而成，并能够在相当长的一段时间内保持稳定。尽管组成这全局形式的似乎只是彼此毫无关联的随机运动的单体蚊虫，该全局形式却保持了一种特定的"结构稳定性"（采用托姆的说法），从而如同发现和指明一件客观物体那样，我们能够发现并指明它。这种情形是如何发生的呢？答案可能非常简单。如果每只蚊虫随机运动，直到蚊群在其一半的视线范围内消失才折回蚊群方向，即会形成一个稳定的云状形式。实际上，我们给个体运动的随机过程施加了一个约束，由此便导致了全局形式的生成。在当前这个案例中，它显示了云状形式是如何出现，并作为一种客观现实存在着的。所以我们认为，全局形式是由个体行为引起，却并不等同于就是全局形式能被还原为个体行为。这种全局形式虽然只是由离散的个体构成，但却是真实的，其产生大概源于蚊群的局部与整体属性之间的某种隐含关联。

当然，一团蚊虫与一个社会完全不同，然而它的确蕴含大量可能很有趣的形式特性。首先，尽管这种全局形式毋庸置疑是真实的，但它的形成并不需要任何个体蚊虫了解"云状"形式的概念。这种云团形式是一个全局的、集体的系统产物。在该系统中，分散的生物体只遵循一种纯粹的局部原则，这个原则仅仅是将每只蚊虫与此时此刻在它附近的蚊虫相关联。我们可以说，该全局物体的设计构思并非落实

34

在某个特定的时空区域，而是散布在整个集群之中。不过，这还不足以说明通过对随机性的约束——即个体蚊虫所遵循的局部规则——就形成了这个系统。这个原则自身的存在并不能导致全局性的结果。这种云团形式得益于规则在真实时空中的实现，而在该过程中，随机运动首先被视为规则起作用的背景。这样一来，全局秩序就会自发地从某个遵循纯粹局部规则的系统中显现出来。实际上，系统既需要在时空维度上的具象体现，也需要随机化的背景流程，以产生它的秩序。

　　从这点来看，离散系统既客观真实，同时又具备明确的结构。尽管这个结构既不起决定作用，也并非架构在全局系统自身的层面。此外，虽然该系统完全外在于个体，但同时它的存在和构成又完全依赖于个体。系统取决于抽象的规则，同时它也依赖于这些规则在动态时空进程中的实现。这些规则并不会简单地以程式化的方式，指明将会产生的结果。对于该系统来说，会出现一种极端情况，即这种作为背景的随机化进程被完全排除掉。在一定的时空进程之中，需要规则的介入，否则它只能无序地运行；而这之所以能够在系统的新的层面上产生秩序，是由于作为背景的进程是随机性的。如果没有随机化的背景，那么也不会形成全局性的秩序。在这样的系统中，参与该系统运作的个体在任何阶段都无须设想这种新层面上的秩序。同时，这些规则和在更高层面上涌现出的秩序，均为独立于主体的客观现实。

35

　　鉴于这个例子，我们下一步可以考虑这样的案例，其中被组织的不是有生命的个体，而是空间本身，即一个简单的程序。通过这个程序，简单单体的聚集就能够生成一个复杂的复合体，类似将一群房屋聚集在一起，从而形成一个聚落。基本对象就是方块单元。添加单元的规则是单元的侧边与侧边完全对接 [图 1（a）]，排除所有其他的连接方式，比如说顶点与顶点相接 [图 1（b）]。在聚集过程中，对象被随机地添加至已聚集的对象之中，它只受一条约束，即必须保证每个单元的四面"墙"中至少有一面是与其他单元相分离的。当一百个单元被聚集起来时，这样的生成过程（读者可以运用纸和笔自行尝试）看起来就类似图 2 所示的情况。

（a）　　　　　（b）

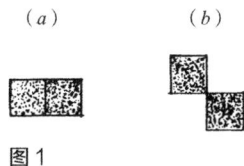

图 1

　　无论这些对象实际的放置次序如何，只要我们恰当地使该过程随机化，那么就能够得到相同类别的全局形式：包含有若干孔隙空间的密集而连续的单元集合体。这些孔隙很像庭院，有些和单元的尺寸大小相同，有些则是单元的两倍大，还有一些甚至更大。当这个对象不断增长，较大的"孔眼"就会出现。

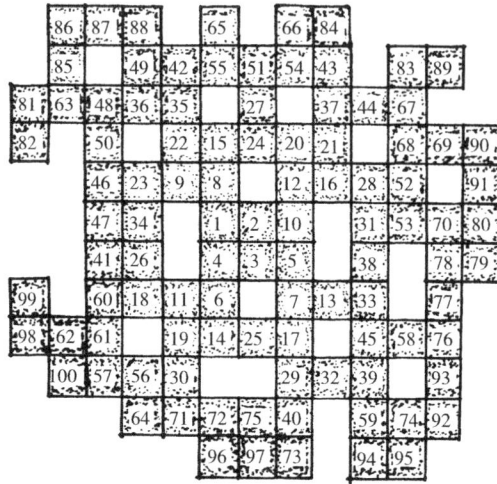

图 2　方块单元被随机性地聚集，单元边对边完全对接，每个单元的一条边是自由的，它们按照生成顺序被编号

36　　再一次，一个明确界定的全局对象由一个纯粹局部的规则而产生出来。在该案例之中，规则只是要求每个单元至少与另一个单元对边相接。从这个意义上说，这个过程与蚁虫的群集是相似的，任何个体都不曾构想或设计出这种全局形式，它源自分散于个体集合之中进程的独立动态机制。不过，这个案例比蚁群案例更为有力，因为整体客体不是简单地通过聚集而获得全局连贯性的简单随机聚集，而在该例子中，这个全局对象拥有一个明确的结构。

　　也许可以从这个简单而具启发性的案例中，引出一些重要的原理。首先，除了外观特征，空间能够以与离散系统类似的方式运作，因为这个复合对象真实存在且其形式并非源于时空层面上的因果关系，而是源于空间上分离的实体所遵循的法则。从这个意义上讲，邻接性既是一件逻辑事实，又是一件物理事实。确切地说，正是由于它是一件物理事实，因而它也是一件逻辑事实。可以说，全局对象通过抽象而又具体的事实融入一个整体之中。其次，虽然这个对象的全局结构是由构筑这个对象的个体所引起的，但是该对象所呈现的形式却并非该个体的产物，而是完全独立于个体的空间法则的产物。事实上，较之人类个体的产物而言，空间似乎更像是自然法则的产物。

　　这样一来，使得我们习惯上在自然物和人造物之间划清的界限变得非常脆弱无力。如果我们偶然发现某个似乎具备这种明确形式的真

37　实对象（图 3）就会发现，从人们的意图而言，那种常规的解释远远不够完善。当然，这种形式被实际生成出来所依托的程序是有目的性的，但是这种全局形式在某种意义上必定是空间法则的产物，这种空间法则指明了生成全局形式的可能性，而给定初始条件和某个聚集程序后，它甚至指明了一种必然的全局形式。再次，也许是最重要的一

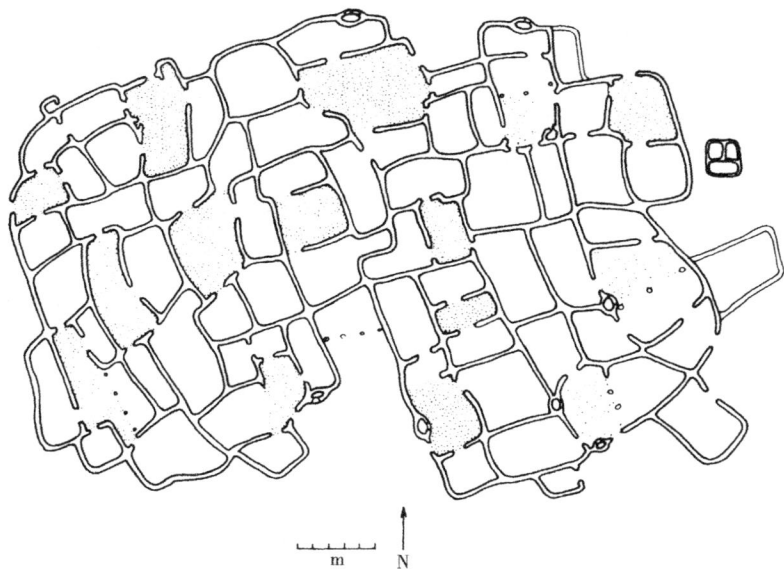

图3 基里佩（Seripe）村庄，根据穆姆塔兹（Mumtaz）的绘制改绘

点，即由"局部控制"过程所产生的全局对象具有某个可被描述的结构。我们清楚这是必然的，因为我们已经向读者对它进行了描述，并且我们希望读者也已经认可了这点。于是，每个人都能够无须经历这个聚集过程，而创造出另外一个同样的形式。既然我们已提取了由一套空间流程产生的全局对象的相关描述，那么便能够随心所欲地对它进行再生产。这种描述的重要性将在第三个例子中得以体现，该案例将会再一次给系统添入新的维度。

　　如果说第一个案例涉及生命个体的排列布局，且第二个案例涉及空间的排列布局，那么第三个案例则将前两者结合了起来：儿童的捉迷藏游戏。想象一下，一群儿童碰见了一个废弃的工厂，经过一段时间的初步探索后开始玩捉迷藏。就像很多儿童游戏那样，捉迷藏与空间息息相关。事实上，它取决于是否能提取一系列有关游戏空间环境的相当复杂的全局性描述。一定会存在一个集中的总部，它与一组足够丰富的隐蔽躲藏地点相连接，尽管躲藏地点不会过多，否则将会引起困惑。同样，将有足够多样的路径连接躲藏地点与总部，但也不会过多。这些路径自身之间必定有足够数量的衔接，同样不会过多。必然需要足够的儿童才能使游戏变得有趣，当然，同样也不能太多。所需要的全局描述在一定程度上是拓扑描述，这是因为它涉及由点线组成的网络中非常笼统的空间关联，而它在一定程度上也是与数值相关的，因为尽管没有给定一个明确的数值，但若要使该游戏具备游戏性，一切事物都得充分，但又不能过多。我们可以将这种拥有拓扑和数值参变量的全局描述，称为捉迷藏游戏的模型。

这样一来，显然有一大类潜在的物理环境或多或少适用于这个模型，不过同样显然还有一大类物理环境无法满足这个模型。有些可能在某些方面缺乏结构特征，而另一些则可能又有太多的结构特征。看起来，似乎太多的结构与太少的结构都让游戏难以维系。工厂拥有有限的大小，包括废弃的机器和不时出现的仓库及办公室，它们也许创造了一种恰到好处的组合，从而使得游戏得以在相当一段时间内可以实现，而不会重复游戏玩法。

38　　我们可以进一步从这个案例中提取出大量的原理。显然，从某种完全客观的意义上讲，工厂满足了捉迷藏模型的有关拓扑和数字方面的要求。该游戏的抽象模型实际上以具象的方式体现在工厂的物理环境之中。但同样，使得该游戏真正能够进行，游戏的抽象模型必须随时存在于每个参与游戏的儿童的头脑之中。若每个儿童只是在头脑中保存有他／她以往进行该游戏地点的印象，那将是不够的。工厂十有八九与他们曾玩过的任何地方都不一样。实际上，儿童脑中的模型无论如何都不可能完全依赖他们曾经玩耍过的地方，因为如若这才是捉迷藏游戏模型的根据，那么这将导致孩子们下一次会寻找具有相似外观的地点来进行游戏。在完全不同的环境下，只有一种心智模型形式与儿童探索游戏的方式相吻合。这就是一种有关游戏的抽象模型，其中基本拓扑及统计数值是不变的，即一个具有某种复杂性的纯粹关联模型，它将可能性蕴于那些关联之中。

这样，在某种意义上，游戏的抽象模型在工厂的空间组织中客观地呈现出来，然而它同样也客观地呈现在每个儿童的心智结构中。显然，在这种情形下，仅讨论儿童对工厂环境的主观反应则是将问题过于简化了。儿童的心智模型与现实一样客观。既然儿童是该系统中积极活跃的部分，那么似乎讨论环境如何响应儿童强加其上的捉迷藏的心智模型，就和讨论儿童如何响应环境一样的准确。尽管这仍然还不完善，但是这两者都不能构成足够充分的表达和阐述。这个模型的具象体现似乎同时涉及心智历程与物理现实，它不能被明确地归于其中任何一个范畴，主观心智与客观时空世界之间的区分似乎对它并不适用。现实将逻辑属性、心智活动、物理模型或者至少关联模型都蕴含在物理世界之中。

尽管很难给该游戏指定一个独一无二的地点，但该游戏仍然具有一个明确的结构。这个结构会被或多或少地重新调整，以适应不同的物理环境，但总是在其自身能够被确定的范围以内。实际上，对捉迷藏游戏来说存在一个基因型，它可以被描述为游戏的显型（phenotype）背后潜在的组织原则。所谓显型，就是游戏在不同的物理环境下的真正实现形式。

第四个例子可进一步增添一个维度。一支部队行进了一整天。傍晚时分，他们在河边被命令停止前进，部队开始安营扎寨。不同类型和大小的帐篷按照特定而明确的位置关系被搭建起来，厨房、哨所、旗帜、栅栏以及其他随军装备也都被立起来。可以说，一个完整的环境被摊开和展现了出来。第二天还是遵循同样的流程，不过这次扎营的地点是在一处山顶。再往后一天则是在一处狭窄的溪谷，诸如此类。同样，地点变了，营地的显型变了，但是显然基因型还是保持不变。

部队把这体会为一种简单而重复的流程，但情况却要复杂得多。就如同在捉迷藏的案例中那样，这里也存在一个抽象的关联模型支配着营地的布局和安排。不过这一次，它不只是一个心照不宣、不知不觉意识到的结构，而是在军队规章中某处明确提到的一系列指示。此外，它承载了比捉迷藏模型多得多的信息。捉迷藏模型仅仅拥有其自身结构的信息，而军营模型则包括了社会结构与社会关系、有组织的活动模式甚至意识形态、信仰方面的信息。如果说捉迷藏模型除了其自身之外没有其他意义，那么军营模型则意味着一个在其他军营中被再生产的高度结构化的组织安排。

不过，部队成员并不会真的将这个复杂得多的模型携带在他们的头脑中，从而在新的条件下创造性地运用它，并尝试性地即兴创造出新的形式。恰恰相反，个体士兵智慧的贡献被刻意压抑至最小。这个抽象模型更多的是通过部队为了构筑其环境而携带的物资和装备得以运送和传达：这些物资和装备就好比是部队的"工具箱"。[6]当我们对捉迷藏游戏和军营进行比较时发现，其中似乎存在某种颠倒的情况。在捉迷藏游戏中，大脑中的模型支配着环境的实体结构，积极并创造性地利用这种物理环境。在军营中，环境的实体结构主导着个人的思维模式，并且在相当大的程度上提供了行为的组织样式。它之所以能做到这点，是由于它所基于的抽象模型包含了较之捉迷藏模型多得多的结构信息。不过，它们两者都包含有一种相似的心智模型与时空现实之间的二元关系。

军营的例子提出了一个有关理解离散系统及它们的空间体现的关键问题：这种似乎被编入空间结构的额外信息的本质是什么？这种信息与空间完全无关吗？显然它是一种社会信息，因为它主要涉及地位身份以及它们之间的关系。然而这是否就意味着它与这个离散系统完全无关？还是说在某种意义上，它是这个离散系统固有甚至是必需的一部分呢？想一想另外一个系统，就能够搞清楚这个答案。在那个系统中，空间问题以一种多少有点意外的形式出现，即自然语言的基础。

在自然语言中，空间体现在特指名词和泛指名词之间的差异中，即体现在用来表示某个特殊客体案例的词语与用于表示该类对象的词语之间的差异之中。当一个特定的事物被命名，那么这种命名行为暗示着某种客体被识别为一种特定的、或多或少统一的空间区域，于是从潜在的时空经验的变迁中被区分和辨别出来。一件特殊的事物，如果不能被实实在在地指明，那也至少能够以某种方式被表示出来。它所处的地点以及组构方式使其能够被表示为一件特殊的事物，而在空间上该事物不必是连续的。一团蚊虫与一只蚊虫都能被指明为一件特殊的事物。借用奎因（Quine）的术语来说，所要做的只是将一系列"实指"，即某种可以被观察到的物体，整合为一个单一的对象，并采用一个名字来总称它们。这样一来，这个名称不仅指代所有实指的个体组成对象，同样也指代了由它们所组成的整个在空间上整合的对象。[7]对一件特殊事物的命名，就由这样的步骤而来，即将能够进行"*空间整合*"的实指，概括为一个统一的对象，从而识别出在不断变动之中不变的实体。

某个泛指名词同样也可以通过包含概括与识别的程序而生成。不过，对此而言，所识别的实体显然并非存在于大致连续统一的单一空间区域之中。相反，它所概括的对象是不考虑地点及指示性的一组实体。某个泛指名词命名了一类实体，而它们不过是脑海中想象而来的集合。那些被整合的对象并未被明确指明，实际上它们的存在甚至可能来自纯粹的假想。如同特殊性事物的命名依赖于空间整合那样，而一般性事物的命名独立于空间整合。因此，对我们来说，需要一个能够反映这种差别的术语。因此，泛指名词是由一种"*跨越空间*"的整合过程得到的，即把对象概括为一个复合实体而不考虑它们的时空指示性及方位。于是，"一只蚊虫"或是"一团蚊虫"是空间整合的案例，特殊性事物依靠这种方式获得命名；而"蚊虫"，则是跨越空间的整合案例，以此可对分类进行命名。

因此，将分类引入离散系统及其空间现实之中，并非只是简单地引入了与空间无关的要素，而是引入了特定的跨越空间的要素。这意味着，引入系统中的要素与关联的参照点，并非局限于正讨论的系统内部，同时也存在该系统之外，即那些跨越空间并可类比的系统。我41们可以将一个跨越空间层面的关联，定义为如下描述的一种关联：对于在某个局部离散系统中得以体现的关联形式，它同样以相同的形式体现在其他离散系统中。此时，这种跨越空间层面的关联实实在在地影响了这种关联在局部空间系统中的体现方式，比如局部的独特军营。在这种情形下，对于特定要素及其关联，它们与其他要素及其关联之间不可互换。回忆一下在捉迷藏模型中，除了集中空间之外，所以空间都能够彼此互换，只是自身的结构是有意义的。一旦将这个跨越空间的维度引入系统，就意味着要求特定空间与其他的空间具有明确的特定关联。当我们谈论一个系统比另一系统拥有更多的结构时，这就对应于直观意指的形式上的关联。它意味着要素之间介入了更多的必然关联。

一旦我们以这种方式，把跨越空间定义为在局部系统之间形成概念性关联，那么我们立刻就能注意到，它也存在于真实的局部离散系统的自身内部。我们会在有关规则的概念中，发觉这种跨越空间的层面。如果一项规则被一组离散的个体所遵循，那么可以得出该规则既以空间实体的形式存在，也以跨越空间的实体形式存在。从系统本身的特性即可得知这一点。因此，有关跨越空间的这个概念，并没有给该离散系统加入一个全新的维度，它只不过将其结构沿着特定方向进行了延伸。

于是，该离散系统可以非常轻易地获得一系列形态上的有趣属性，本质上包括空间的法则、跨越空间的法则以及全局描述的检索提取，从而限制它的随机性的基底。甚至针对这样一个简化的系统，我们就已经能够分析其潜在的动态机制。举例来说，如果我们有一组随机个体，并赋予它们一项空间规则，通过这个规则至少能够形成两组空间上不同的集合；同时我们也赋予它们一项跨越空间的规则，通过这个规则至少能够生成两个类别的群体（由个体 A 组成的类别和个体 B 组成的类别），并且有关这两者的描述都能够被检索提取出来。那么，我们就创造出了一个拥有两种截然不同的发展途径的系统。在案例 1 中所有个体 A 将在一个空间组群中，而所有个体 B 则在另一个空间组群中：

$A\ A\ A\quad B\ B\ B$

$A\ A\ A\quad B\ B\ B$

$A\ A\ A\quad B\ B\ B$

在上述案例中，在空间层面界定的关联与跨越空间层面界定的关联之间是一一对应的，即具有一致性；而在案例 2 中，每一个种类散布在两个空间组群之中：

$A\ B\ B\quad B\ A\ A$

$B\ A\ B\quad A\ B\ A$

$A\ B\ A\quad B\ B\ A$

在第二个案例中，上述两种关联之间存在非一致性。　　42

现在我们假设，对描述的检索提取，均等地发生在空间组群与跨越空间的组群中，并且这些描述之后将会被体现在未来的行为之中。在一致性的案例中，对描述的检索提取产生的长期效应将会强化局部组群，代价是全局系统将只能容纳这两个（或所有）固定的组群。而在非一致性的案例中，描述的检索提取将分别强化局部空间组群，以及不同局部空间组群的成员之间的关联。那么后者加强不同空间组群成员的关联，就势必导致在强化局部系统的同时，也同样强化了全局系统。这种非一致性越明显，就越会如此。

所有的人类社会形态似乎都展现出空间与超越空间、局部组群与所属种类的二元性。举例来说，一所大学的一名成员同时隶属于两类根本不同的组群，依据他所处的位置，一类是空间的，另一类则是跨越空间的。一方面，他是一所特定大学的一员，这大致由空间层面界定；另一方面，他又是一个专业学科的一员，而这是从跨越空间的层面界定的。他一切行为的方方面面，将会同时加强了这两个组群的描述。这两类组群之间的辩证关系则是产生局部空间模式的主要机制之一。本书的第七章将会主要涉及一些有关这方面差异的探索，而在当前阶段我们必须关注一个较早提出的问题，即：已经知道了有关离散系统的这些特性，那么我们如何能够在原则上将离散系统界定为一个能够被科学探究和分析的系统。

倒置的基因型

在描述最后两个说明性的事例（即捉迷藏和军营）时，我们发觉自己运用了生物学上显型（phenotype）和基因型（genotype）之间的区别。这很有趣。尤其在于显型是一个空间概念，而基因型是一个跨越空间的概念。这是否意味着，我们可以在原则上将离散系统类比于生物系统呢？从非常重要的意义上来说，我们不能这样做。不过，通过澄清我们为何不能这样做的原因之后，我们也得到了有关离散系统的恰当的总体描述。

实质上，基因型的生物学概念是个有关信息的概念。它描述了某种类似一个完全信息化的环境，而显型存在于其中。这是指个体显型被置入一个不断更新的信息结构内，该结构支配着个体显型的形式。43 借助于基因型，显型与其祖先和后代就有了超越时间的关联，与其同时期的其他同类有机物之间则有了跨越空间的关联。基因型通过所谓的描述性中心，从而至少部分地在每个有机物身上得以实现。该描述性中心确保了有机物种类在时间上的连续性和空间上的相似性。该描述性中心掌握有关某些初始材料如何适应当地的能源，从而呈现为某个显型的指令。描述性中心不必是个具体的器官，它可以遍布于整个有机体。它之所以是描述性中心，在于它蕴含了基因指令在当地的具象体现。

将这个有力而简单的概念直接用于离散系统之中，看起来很不错。毕竟人类社会与其空间结构彼此迥异，但均能被认可是属于同一"物种"的实体成员，存在差别的同时，也分享着许多共同特征。不幸的是，这一想法由于某个明显的原因立刻瓦解了：这里并不存在描述性中心。当然，我们可以争辩道，某个社会专门的体制结构即是它的描述性中心，但这不能引出任何结论。这是由于某个社会越是初级，那么它就越不大可能具有专门的体制。或者，我们可以试图把生物基因型支配个体社会行为的概念进行延伸，主张物种成员之间的行为由基因传递的指令引导，并以此来解释社会，而这同样不能让人信服。这个模型怎样一般性地阐明整体社会结构的形态变化，以及确切地解释它们非同寻常的复杂性呢？这些不同的还原与简化方式看起来都不真实。一个有关社会的模型必须从社会自身方面来论述社会，正如从实体本身来论述实体那样。借助基因型这个概念，似乎并不能让我们通过这个评判性的测验。

不过，将基因型概念作一个简单的调整，就能够满足我们的要求：即建立一个描述离散系统的结构和连续性以及它们的变化和差异的模型。这种描述不依赖于生物学，但是保留了社会学和生物学的一致性，并考虑到社会形式的进化和稳定性。第一步调整是以对局部描述的检索提取机制，来取代描述性中心。一个离散系统的组件自身并不会共同地、抑或分别地携带那些通过基因传递的有关系统的描述。相反，它们具备一种机制，使得它们能从系统本身的任意一处检索提取有关系统的描述。[8] 在正常情况下，这不会对系统的稳定性造成什么影响。如果系统是稳定的，那么检索提取的描述总是相同的。这样一来，系统的稳定性看起来就来自基因型似的。但是如果这个系统被某个外部力量所改变，比如某种自然灾害，或是被征服，那么新的系统将迅速地稳固下来，并且无须与从前的系统具有任何相似之处。借助描述性检索提取机制的自然运作，这种系统对外部的扰动极其敏感。

第二处改动几乎已由第一处改动所暗示了。系统借以运行的结构化的信息，并非携带在描述性机制之中，而是蕴藏于时空世界的现实本身。这套程序并不会生成现实，而是现实生成了一套程序。我们能够检索提取有关它的描述，使系统在比较稳定的条件下实现自我再生产。因此，现实实质上即是它自身的程序。抽象描述融入对现实的材料组织之中，从而具备了某种程度的可理解性。

44

　　描述的检索提取机制使我们得以构想出某个离散系统，甚至也许将某个社会构想为某种特殊的"人造物"：它的成品即是社会的具象体现。在一个生物系统中，就某个有关基因型的例子来说，显型存在于时空信息化的环境中，它身前身后都伴随着一系列可比较的显型，其形式被逐一传递；而一个离散系统则以一种倒置的基因型进行运作，该基因型以一种信息结构，或跨越空间的结构形式，存在于有关人类时空现实与活动的环境之中。[9]对一个生物系统来说，基因指令是什么，那么对一个离散系统来说，时空现实与时空活动就是什么。因此，从这个意义上说，基因型 - 显型的机制也被颠倒了。在社会层面，人类活动的一致性并非一种生物基因型的产物，而是一种人工基因型的产物，即它来自从人类活动形成的现实本身所检索提取的描述。

　　离散系统的这种倒置的基因型，能够以许多类似生物基因型的方式进行运作。例如，它糅合了结构的稳定与形态的演化，而这被普遍地认为是生物系统和社会系统所共有的特性。一方面，它们之间存在着关键性的差异。离散系统虽然总体比较稳定，但却能经历革命性的变化而不是渐进式的变化，能够在历史上形成一种根本性的断裂。这种系统缺失基于基因的记忆，从而倾向于保留当下，而毫不顾及过去。它的惯性源于这样一个事实，即它的基因结构是通过由其个体成员所完成的数量巨大、种类繁多的真实时空行为，而得以传递的，其中也包括组织空间这件事本身。而另一方面，它也能够被有意识的、刻意的行为所改变。类似外在扰动或灾害，反思性的行为就能以差不多的方式，作用于系统对其本身的描述。它很可能将过去彻底抹去。

45　　生物基因型与这个倒置的基因型之间存在一个甚至更为根本性的差异，即由倒置的基因型所支配的离散系统要比生物系统杂乱得多。正如我们已经看到的，离散系统的一个特性是基于其随机化背景，它所生成的东西要远远多于已经包含在它的基因型内的东西。这既是指那些有序布置的全局形态，同时也是针对那些无序布置的全局形态而言。倒置的基因型远不如生物基因型稳定。若不让它消失或发生突变，它必须被不断地、重新具象地体现在社会行动上。换句话说，一个离散系统的自我再生产需要大量的工作。不过，这种社会的再生产显然是人类社会最根本的特征。每个社会都将一定比例的物质资源，通过与生物学无关的特殊行为赋予整体社会的再生产而非个人的不朽，这些行为的目的纯粹是建立一种作为整体社会的描述。正如涂尔干（Durkheim）所认识到的，这就是为何社会性的基础是我们如今所说的宗教性的行为，即一系列从生物学上看来毫无意义的集体行为，其价值纯粹有利于潜在性的对更大社会的描述。[10]表面上荒唐的献祭行为，从生物学上无法解释，却是一种有关宗教仪式的普遍特征。它不过是将资源从局部挪至全局，从空间层面挪至跨越空间的层面，脱离了日常生活，而着力于将描述永久地延续下去。

形态的语言

我们所界定的有关离散系统的全部概念，都依赖于描述的可提取性，而这就需要提出一套明确的方法论，用以理解这种系统的工作原理：即我们必须阐明有关抽象系统的描述，如何能够以抽象形式被提取出来，从而对离散系统进行描述。实质上，我们试图描述一个已经存在于系统中的秩序，因为个体心智已经能够领悟到这种秩序存在着，并可作为再生产和建造的基础。我们必须试着说明它如何能够被认知，从而阐明什么能够为我们所认知。然而，它并非仅止于此。正如我们已经看到的，某种类似有关模式构成法则的东西，在由局部法则生成全局秩序的过程中发挥了作用。任何对描述的刻画，也必须将这个方面考虑进来。从方法论上来说，存在有关形态学的问题：即能够构建出什么来以便于认知。还有一个有关可知论的问题：即描述本身如何才能够被认知。最终关键性的问题在于，这两者如何彼此关联，甚至它们能够在多大程度上被视为同一回事。

鉴于抽象描述被给予的首要位置，读者可能会期待研究方法将是一种数学方法，然而严格地来说并非如此。以数学作为一种语言，来描述离散系统运行所基于的结构，也许显得过于强硬了，尽管这些结构总是包含着同时具备拓扑特性与数值特性的成分。在我们看来，要识别这类描述的本质，我们需要一种目前所有数学分支都无法提供的更为稳健的方法。此外，至少在目前的情况下，我们相信我们有更为充分的理由，去采用一种不完全数学化的研究方法。我们信心主要源于：通常在复杂系统中对可知性进行阐述的难题，要想最好地解释这一点，也许我们可以参考另一个领域的各种评论，在该领域中可知性问题最为突出，即人工智能领域。

有关人工智能研究中的问题似乎是这样的。从本质上说，一个计算机程序就是一套操作流程，而对智能行为的仿真技术，比如下象棋、识别复杂图案、进行一段智能对话，本质上都在于必要的心智运作如何被陈述为一种操作流程。将认知过程简化为一套操作流程，这方面取得的成功为我们带来了一系列机器，它们能够翻译大量的资料，能够颇为流畅地下象棋，也能够对图案进行分析。在这方面，已取得了不小的成功。不过从长远来看，这种成功的代价是，它们只能以相当不真实的方式进行模拟，因为人类似乎并非将其智力行为建立在极其复杂的操作流程之上，而是建立在某种分析和表达起来要困难得多的基础之上，即知识。正如米切（Michie）所说，"机器智能迅速获得了它自身的定义，我们意识到核心的智力活动是建立在知识基础上（有逻辑的，并有步骤的）交流互动，并将该点作为一个检验标准。"[11] 然后，他又谈论到会下象棋的机器，"与有关机器智能的其他方面一样，哪怕只能部分地解决这个难题，都会得到丰厚的回报。未来的进步依赖于通过一种形式化的描述方法，将游戏微妙的结构捕捉出来，而不在于追求纳秒数量级的存取时间，对数据的并行处理，或是上百万兆的存储器。"[12]

看起来，令人疑惑的是这些"可知物"的微妙形式结构是否真的由数学方法所建构。在这个问题上，一些人工智能领域的先驱们的见解颇具启发性。冯·诺依曼（Von Neuman）于他去世前不久在《计算机与人脑》一书中写道：

这样一来，当我们把中枢神经系统中蕴含的逻辑和数学作为语言看待时，它们与我们通常所指的那些语言，在本质上必定有着根本的不同……当我们提到数学时，我们可能是在讨论一种建立在中枢神经系统实际采用的初级语言之上的次级语言。因此，在评判中枢神经系统真正采用的逻辑语言究竟具有怎样的数学成分时，数学的外在形式方面倒不是十分重要。不过……它必定与我们自觉而明确认可的数学有着相当的不同。[13]

麦卡洛克（McCulloch）发表了类似的看法：

恒真命题，是地道的数理和逻辑范畴的概念，但却不是神经细胞所使用的话语。[14]

卡茨（Kac）和乌拉姆（Ulam）在讨论生化过程时同样说道：

精确的力学、逻辑学以及组合学……目前还未被完全认识和理解。以数学建立起来并加以分析的新型逻辑结构，无疑将涉及不同于今天应用在正规数学工具中的那些模式。[15]

皮雅杰（Piaget）关于儿童智力发展的研究为我们当前的目标提供了可能的思路，这包括他们对空间概念的认知。[16] 皮雅杰做了一个非常吸引人的概括总结。尽管有关空间的数学分析起步于几何学，后来被归纳为投影几何学，直到最近才得到了关于它的最普遍化的形式，即拓扑学。然而，儿童对空间形式特性的认识过程与之相反。儿童通过摆弄外界事物，而得到的最初的空间概念大体上即是皮雅杰所谓的"拓扑性"，尽管我们并没有在最严格的数学意义上来运用这个术语。皮雅杰的观察结果，基本上来说是确切而有趣的。儿童首先发展出有关相邻、分离、空间上的连续、围合以及邻接等概念，而这些概念相对几何学或是投影几何学来说，更属于拓扑学的范畴。

　　如果说一些最为深奥、最具概括性的数学概念，其实与直觉相近，那么我们可以猜想，冯·诺依曼提出的质疑会被另一个问题所取代，即对眼前可知物的表述和再现。特定的、抽象的和笼统的数学概念可能来自我们与这个世界的基本交流互动。基于这点来看，冯·诺依曼所说的存在两种发展类型，也许并不符合事实。首先，存在一种有关数学的次级语言，我们必须有意识地通过学习，才能掌握它；其次，存在一个初级语言，它建立了基于基本数学概念的组合系统，其目的并不是要进化出严格而完备的数学系统，而是提供形式结构，进而我们才能进行编码，并建构起关于这个世界的认识。换句话说，在人造世界中，可知物的形式结构可以根据基本概念而被建立起来，这些基本概念同样也能够在数学中找到，但它们本身与数学无关。

　　如果事实真是如此（而现阶段只能把它作为一种长远的假说提出来），那么我们就能解释为何在有关可知物的形式化表述方面鲜有突破。我们所理解的数学并不属于我们所需要的结构类型。它们太过纯粹，且另有用途。一个有关这种形式化的、假定的组合系统的合适命名，应该将其与数学本身明确地区分开来。因此，我们建议将其称为"句法"（syntax）。句法结构是组合结构，也许起始于数学概念，最终展现为模式类型的集合，它们赋予作为离散系统的人造世界以内在的秩序，并使其可以被认知，同时赋予大脑将有关这种秩序的描述进行检索并提取。句法是与人造物有关的不完善的数学。 48

　　以这种方式将句法应用于其中的一系列人造实体，可以被称作一种形态的语言。经由一套句法形成不同组合布局方式，从而构建出社会意义上可知的活动，这样任意一组实体都是一种形态语言。举例来说，空间就是一种形态语言。每一个社会依照一系列特定的原则布置空间，从而建立了各自的"种族领地"。[17] 通过将有关这些原则的抽象描述提取出来，我们就能从直觉上把握该社会本身的社会性方面。而之所以能够将这类描述提取出来，是因为这样的布置方式源于有关句法的原则。不过，社会关系也是一种形态语言。举例来说，每个社会都会建立社会成员之间典型的相遇模式，它们可能是被精心设计的，也可能极为随机。这些模式的形式原则便是我们所提取的描述，于是我们从中可以认识到有关这个社会的社会性方面。以这种方式来看，生产与协作模式均可以被视为形态语言。在每个社会中，我们都会认知这些原则，并相应地进行活动，即使对于那些否定公认的秩序原则的人来说，也是如此。

形态语言的概念则将可知性问题与形态学问题联系起来，前者定义为，一组现象中的典型模式如何能够借助于有关其排列布置的抽象原则，而为我们所认识的问题，后者则定义为如何通过了解句法，从而理解各种人工现象所客观呈现出的异同之处。要对一组时空事件做出解释，我们首先要对引发这些事件的组合原则进行描述。对一种形态的组合原则的回归，即是对它的可知性原则的追溯。这一系列的组合原则就是句法。句法是一种形态语言中拥有的最重要特性。如果一种形态语言的时空呈现结果能够为我们所认知，那就是它的句法。反过来说，句法使得有关系统的异同之处，通过那些时空排列和布置方式呈现出来。

49　　　　通过将形态语言与另外两类语言（自然语言与数学语言）进行比较，我们就能够阐明有关形态语言的本质。自然语言的主要目的（不考虑特殊的语言功能）是依照世界所呈现出来的面貌来对世界进行描述，即通过语言表达的意思与语言本身完全不同。要表述并再现一个无限丰富的宇宙，一项自然语言需要具备两种明确的特征。首先，它有一组基本的形态单元，这些单元被赋予了非常强烈的个性，即每个单词都与其他单词不同，从而用于描述不同的事物；其次，它又有一种有关形式或句法的结构。这种结构精简而宽容，是因为由它可以生成不计其数的句法结构良好，但在语义上却让人费解的句子（也就是说，把语言形式作为一个整体来看，它们实际上没有任何意义）。而反过来说，没有一个良好的句法结构，却也能够传达（即表述）某个意义。于是，自然语言鲜明的特征包括一种相对较短，也许约定俗成的句法，以及海量的词汇。

　　　　与之相反，数学语言的词汇很少（能少则少），却拥有大量的句法，所有的句法结构都只是借助最初极少的词汇编制而成。这类语言对于直观地描述世界来说毫无价值，因为它们的基本形态单元根本不具备独立的个性，而是被尽可能地同质化，如一个集合中的各项元素、度量单位等。数学符号剥去了有关形态单元自身的所有特殊属性，只把最抽象与最一般的属性留了下来，比如是否属于某一个集合，是否存在，诸如此类。在数学家看来，对特定数字的特殊属性的研究，无异于在神秘主义中的一次涉猎。数学语言仅仅表达自身的结构，此外并没有任何意义。如果说它们有助于描述真实世界中蕴藏的最抽象的秩序形式，那是因为在专注于自身结构的过程中，数学理论得到了有关结构的一般性原则。而这之所以能实现，是由于这些原则既深奥又具有普遍性，因而在某种层面上同样适用于真实世界。

　　　　形态语言与这两种语言都不相同，不过它同时又分别借用了这两者的一些特性。它从数学语言处提取了如下特性：词汇很少（即它的基本形态单元具有同质性），句法结构优先于语义表征，建立在极简化的初始系统基础之上，除了表示自身结构以外毫无意义（也就是说，它们的存在并不是为了表述其他事物，而只是构建出它们自身意义所寄寓的一系列模式）。而从自然语言处，形态语言提取了这些特性：它在经验世界中得以呈现，出于社会目的而被创造性地运用，并允许一种受规则制约的创造性的存在。

　　因此在形态语言中，句法扮演着比在自然语言中远为重要的角色。在自然语言中，虽然一个句法结构良好的句子可以包含某种意思，但这种意思既不能被明确指定，也不能被保证。而在形态语言中，句法结构完善的语句本身就确保，并实实在在地指明了某种意义，因为这种模式的抽象结构是它唯一的意义。形态语言就是抽象结构在现实世界中的呈现。我们说它们传达了意义，是指它们构建了一种模式，而不是指它们描述了其他事物。因此，若是正如我们所相信的那样，空间组构与社会相遇模式都属于形态语言，那么建构一项有关空间组构的社会性理论，就成了一个如何理解这两者的模式生成原则之间关系的问题。

　　这并不是说建筑与城市形式就不被用于表达特殊的含义，不过这确实说明，这种表达是次要的。通过类似自然语言的方式，形态语言也能够进行语言学意义上的表述。它给其形态单元个体赋予个性。于是，意欲传达特殊含义的建筑物便会添加与众不同的细节，如装饰、钟楼等，从而实现其目的。如此一来，这些形态单元个体更像是自然语言中那些具体的单词。反过来，当自然语言被用于表达抽象结构时，比如说从事学术性的专题论文的写作时，句法就比词汇更为重要。[18]

　　形态语言除了提出有关结构的生成问题外，还提出了有关描述的问题，这点很像数学语言，并有别于自然语言。目前的语言学理论设想通过表达生成及转换规则的一项表达式，就能够得到有关语句的一种理论化描述。即便目前基于语义（与基于句法形成对照）的理论建设方面的努力是成功的，这种做法也将同样适用。然而，在数学中，采用一种有力的哲学手段反对结构的具体化或柏拉图化（Platonisation），并主张所有的数学结构显然可以被归结为数学家的一种排序行为，而不是自身存在的东西，这样结构才能被归结为生成的。事实上，结构的生成与描述之间的这种辩证性，在形态语言的现实操作中显得极为重要。任何有组织的集体活动，如果没有完全预先计划好，都会给提取有关其集体模式的描述方面带来困难。我们可将所谓的"意义"视为一种能够被可靠的提取性的描述。

50

　　此时我们已经拥有了关于离散系统及其空间体现的定义；同样，我们大体上说明了它是如何获取其秩序，并将这种秩序延续下去的。也许我们可以将离散系统连同其可再生产的秩序，称为一种布局。我们可以这样界定它，即它是一组最初随机分布的离散实体，之后这些实体在时空中建立了不同类型的关联，通过将这些关联的布局原则的描述提取出来，它们就能够被再生产。本质上说，一个布局就是由空间整合向跨越空间整合的延伸：即它们创造了空间整合的复合体的外观表象，再进一步说，就是它们创造了这些复合体的现实存在。而严格来说，这些复合体在被作为个体对象对待时，仍保留有其各自的离散特征。同一类，或在跨越空间的层面被整合的对象，是没有经过排列布局的集合。对这些集合进行布局，就给其中每个对象赋予了新的关联特性，它们在时空中的累积就产生了全局模式，而通过提取有关它们的描述，全局模式也能够被构建于系统之中。

　　存在于布局之中的秩序的基本形式，就是这些抽象化的关联系统，被视为有关形态语言的句法。因此，下一步我们必须对有关人类空间组织形态语言的句法进行陈述，这样句法就既是一项有关空间秩序之可构成性的理论，又是有关如何从中提取抽象描述的理论。换言之，它既是一项形态学理论，同时也是一项有关抽象可知性的理论。

第二章　空间的逻辑

摘要

这一章涉及三个方面。首先，引入了一个全新的有关空间秩序的概念，即把空间秩序视为对随机过程的约束。通过实验说明了这一点，即借助人工或计算机模拟，我们能够得到特定的聚落空间秩序形式。其次，进一步指出，若我们对随机过程施加更为复杂的约束，就能够产生更为复杂且大不相同的秩序形式，这样就可以通过一组有关基本生成机制的概念来对空间进行分析。最后，以一种科学的眼光，从这个方法引出了一些结论。不过，本章并未致力于建立一个分析的基本维度，而是表明这种方法受到严格的限制。我们提醒读者，在全书之中，这一章最为繁复，也许并不能直接指导具体实践操作。不过，对于那些难以读完本章的读者来说，只要他们已经掌握了有关"对称性 - 非对称性"以及"分布式 - 非分布式"等基本的句法概念，那么就能够轻松地阅读下一章。

引言

尽管句法模型可以被纯粹地用于描述，或非数学用途，但是它也必定旨在承担一定的任务：

- 找出我们感兴趣的系统中，无法再简化的对象、关联或"基本结构"。这包括人类空间组织的所有变化形式；
- 运用某种标记系统或思想观念来表述这些基本结构，这样可以避免滥用各种理念构建出的繁复的文字表述；
- 揭示这些基本结构如何彼此关联，从而构成一致而连贯的系统；
- 说明这些基本结构如何被结合在一起，进而形成更为复杂的结构。

考虑到公认的人类空间组织的复杂性与庞大规模，要完成上述任务极为困难。即便如此，我们还面临着一个额外的无法回避的难题。

53 撇除有关意义的问题（以及不同社会将意义赋予相似空间组构的不同方式），导言部分还提到了根本性的差异方面：某些社会较之其他社会似乎在空间秩序方面着力甚少，它们满足于随机性的或近似随机的布局，而其他社会则要求复杂的，甚至是几何的形式。[1] 显然，如果我们的原始描述模型不能够对一系列重要案例进行描述的话，那么我们将不可能对空间组织做一般性的社会化阐述。

因此，我们下一步要做的必定带有哲学与方法论的意图，而非出于数学目的。哲学目的是说明原则上我们有可能建立一个句法模型，该模型在描述结构中的基本变量的同时，也勾画了由无序到有序的途径。在本书的后部分，这将被证明是非常重要的。那时我们将注意力转向了空间与社会布局中可能出现的秩序类型，进行更为广泛而深远的思考，并引入了特定意义的案例。有关方法论的目标则是探寻有关空间的基本的关联性概念，这些概念将被用于提出第三、四、五章中所阐述的空间分析方法。

这些目标并没有乍看之下显得那么遥不可及，其原因很简单。在最为基本的层面上，空间只能通过相对极少的途径来适应人类的目的，空间的展开与有效性均受到严格的限制。例如，在某种层面上，所有聚居地结构必须在它所包含的房屋外部，保持一个连续的通达系统。在这里，我们所指的"一座房屋"暗示了一条连续的边界（无论是否能够进入）和连续的内在通达性。这些限制和约束条件使得"有效的"空间形态学，远远没有一些数学家看来的那么复杂；而他们试图穷尽各种可能性，却没有将这些约束和限制条件考虑进来。

精炼化的描述

每一门学科都有一套有关其研究对象的形态学，也就是一组可以观测的形式，它们展现出了种种异同之处，从而使人有理由相信它们以某种方式相互联系。一项理论通过建立一系列能够衍生出种种差异的组织原则，来对这种相互间的关联进行描述。一项理论实际上是将形态阐述为一种变换系统。

理论紧随一条原则，即它应当尽可能地简练。优秀的理论能够以
54 极少的原则，阐释形态中存在的大量变化，而拙劣的理论却只能以大量的原则来说明极少的变化。最不经济的形态学是列出一系列现象，再列出一系列同样冗长的原则。一项好的理论恰恰是与罗列式的做法相反。它从形态背后的组织原则入手，从而对一种形态做出尽可能精炼的描述。

因此，对一项理论的经济性的执着，并不是出于一种美学上的嗜好，而反映了我们对大自然的经济性的深切信仰。如果大自然是依据大量武断而任意的原则而呈现出来的，那么我们将不可能从中提炼出科学。大量的现象将要求我们罗列出差不多同样数量的原则，我们不会把这些看作是对我们有益的科学。对大自然具有优良秩序的信仰，其本身就暗示了有关大自然的描述能够被提炼和压缩。

在解密诸如空间布局或社会结构这样的人工系统时，我们有理由保持类似的信仰，即相信它遵循精简的原则，因而有关它的描述能够被提炼和压缩。尽管常常有人反对这样将自然科学的方法应用在人造物上，理由是人类创造事物时具有自主选择性，然而种种证据显示，这并不完全符合事实。在观察者看来，人工现象，比如聚居地形式（就此而言，语言也是如此）似乎呈现出与自然界同样水平的相同与不同之处。这两者并不相同，不过通过比较，我们可以发现，其中的变化是基于潜在的相同的原则。细想起来，这的确是非常可能的。在人工系统中，必定存在某种事物与完全的不确定性相折中，这是源于我们认识到，即便是最为任意而无所依附的人类创造也不能不受制于客观的形态法则，而这种法则并非是由人类自身制定的。人类出于自身的目的，运用这些形态法则，但他不能创立这些法则。正是这样一种必然的折中，允许我们将人造物引进科学领域，并使它也能适用于精炼化的描述方法。

第二章的主题就是对人类空间布局的物理模式进行精炼化的描述。我们并非从人类布局空间的意图方面来对空间进行描述（这在建筑学中更为常见），而是从潜在的有关模式生成的形态限制方面，对其进行描述，人类意图必定是在这个框架内才得以实现。它基于两个前提假设之上。首先，人类空间组织，无论是聚居地还是房屋，都确立了由不同的边界与通路构成的关联模式；其次，虽然现实世界中可以存在有无穷多种不同的空间关联复合体，但是这些模式背后潜在的组织原则却是有限的。恰恰相反，生成复杂的人类空间组织的生成机制数量是有限的。而正是在这些生成机制的作用范围之内，人类才得以运用这种空间复杂性来满足人类的意图。我们推测这类基本的生成机制为数不多，且可以作为一组相互关联的结构加以表述。这一章的目标是从一个句法系统的角度，对这组基本生成机制进行阐述。

我们已经在第一章中（参见第 30—32 页）向读者陈述了该方法论的基本原理。假设将一个对象（如一个单元）随机指派到一个平面上，那么当这个随机过程受到重重约束时，将会呈现出怎样的空间

55

形态呢？在图 2 所示的案例中，设定了两个约束条件：每个单元都必须至少与另一个单元对边相接；每个单元至少有一条边是自由的。正如我们所看到的，这样就产生了与某种特定聚居地形式相同的一般类型的模式。我们的目标就是要寻找对随机过程施以什么样的约束，才能产生出我们在人类聚落形式中真实发现的那些模式类型。换句话说，基于对潜在随机过程进行约束的某种系统，我们在尝试建立一套形态语言或空间的句法。

随机背景过程概念的提出，具有极为重大的意义。这是我们进行论证的基础，它甚至在本理论最为复杂的语义阶段都扮演着重要的角色。对于从事人工现象模式研究的学者而言，随机背景过程的假设就如同有关惯性的假设之于物理学者一般，具有开拓性。从概念上，它们可以通过某些方式进行类比。我们并未试图从个体动机方面，建立有关人类空间模式的系统分析，即把个体看作是系统内部动机不明的动力源，而是假设人类会以某种方式在空间中自我布局。也许某个个体与下一个个体之间并没有相互关联，在这种情况下该过程是随机的。于是问题就变成：个体的空间行为需要在多大程度上与其他个体相关联，才能生成一定的空间格局与空间形式？

我们进行论证的第一步是严谨的，但却并非严格数学化的。我们的目的是运用一种表意文字语言，来描述有关空间组合与关联的特定的基本规则。这样一来，当这些规则与一个随机背景过程结合起来时，它们就成了表述空间秩序的生成法则的命题。该步骤的好处在于，它使我们能够十分精确地讨论我们所说的空间模式。这样我们至少能够以一种毫不含糊的方式，阐述有关这些模式的社会根源及社会后果。可以通过几个案例来引出我们的论证。

一些案例

56　　位于法国南部的沃克吕兹（Vaucluse）地区的埃普特（Apt）镇西部与 100 国道北侧的景观，具有引人注目的特点。到处都是小而密集的房屋组团，它们以某种方式聚集起来，远看似乎就是一簇簇无序的团块，缺乏任何类型的规划或设计。这些组团的尺寸如同它们的布局一样，并不一致。我们从中挑选出一些最小的组团进行研究，它们在平面上似乎展现出完全的异质性 [图 4（a）—（f ）]。即使是那些我们期待能够从中发现一些规划意图的最大组团，初看起来似乎也同样的杂乱（图 5）。然而，所有这些都并非像表面看来那样。最小的那些组团看起来确实是混杂的，不过当它们达到一定的尺寸时就会呈现出某种整体层面的规律性。以佩罗特（Perrotet）村为例，它是位于加尔加斯市（Commune of Gargas）的一个拥有大约 40 座房屋的村落。目前，差不多有一半的房屋都是废墟，尽管近几年来由于来自主要市镇的避暑游客将此旧房子改造和翻修成度假别墅，这种衰退已经得以遏制。村落的布局可能显现不出什么组织或是规划过的痕迹（图 6），不过它留给一个随机观察者的印象，却绝不是杂乱而无序的（图 7）。

57

图 4　法国沃克吕兹地区的六处房屋组团

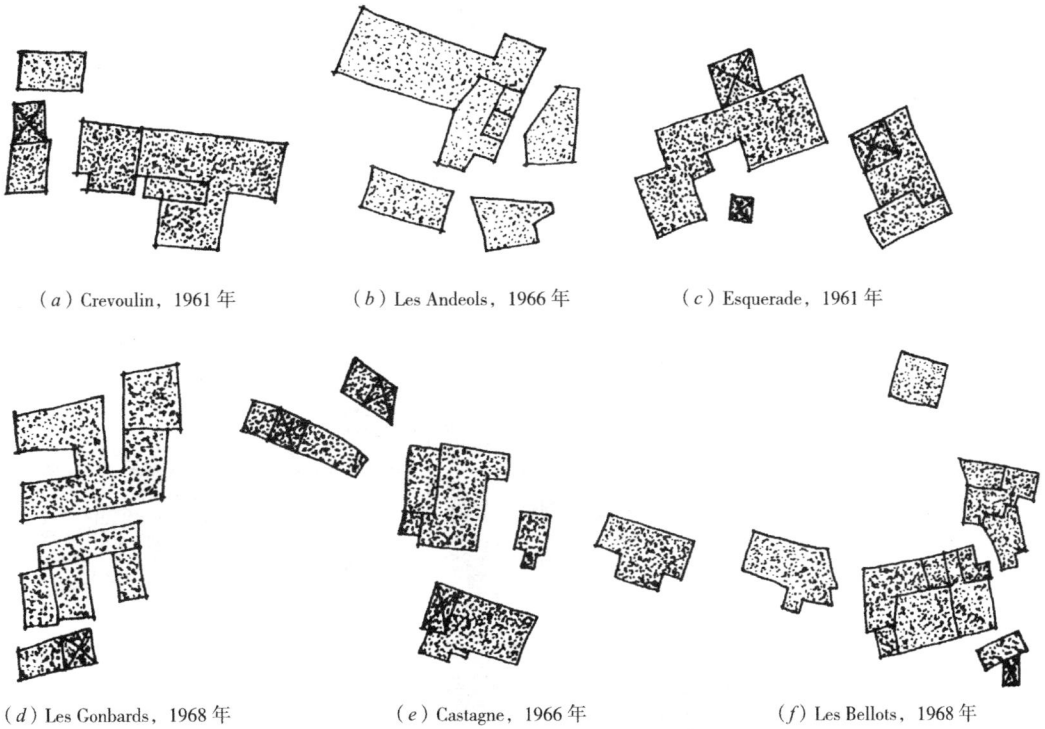

（a）Crevoulin，1961 年　　　　（b）Les Andeols，1966 年　　　　（c）Esquerade，1961 年

（d）Les Gonbards，1968 年　　　　（e）Castagne，1966 年　　　　（f）Les Bellots，1968 年

图 5　小克莱门特村，1968 年

图 6　佩罗特村，1966 年

图 7　佩罗特村速写。根据剑桥大学新大厅学堂（New Hall，Cambridge）莉兹·琼斯（Liz Jones）的幻灯片绘制

　　这个聚落之所以从平面上看似乎并不规整，是因为它欠缺我们通常设想空间秩序所具备的那种整齐的、几何装的特性。然而作为一个畅游与体验的地点，它似乎具备另一种秩序，即一种较为难以捉摸、难以言述的秩序。这些房屋不规则的聚集方式似乎在某种程度上赋予了该村落特定的可识别性，并暗示了某种潜在的秩序。

　　当我们在尝试列举有关这个复合体的一些空间特性时，这种感觉就会更加强烈。比方说：

- 每座单体房屋都有直接面向村落的开放空间结构，而没有边界介入其间；
- 村落的开放空间结构形式并不是像一群房屋围绕着一个单独的中央空间聚集起来那样，而是非常类似于系在一根线上的珠子：有些地方宽敞一些，有些地方局促一些，然而它们都直接相互连接在一起；
- 这些开放空间最终与自身相连，从而形成一个主要的环与另一些次要的环，主要的空间珠环即为该聚落最为明显的全局特征；
- 无论在哪里，珠环都由内部的一个房屋组团与外部的一组房屋组团所界定，内外房屋组团之间的部分定义了这个珠环；ᴺ⁵⁸
- 位于外部的一系列房屋组团为聚落界定了某种边界，使聚落看起来是一个有限的，甚至是已经完成了的对象；
- 珠环状结构与房屋入口直接相邻，这赋予了该聚落以很高的通达性以及住宅之间的可达性：就定义而言，任意一座房屋与其他房屋之间都至少存在两条通路。

　　当我们把佩罗特村与附近其他若干规模类似的聚落进行比较 [图 8（a）—（d）]，再将它与包括佩罗特村在内的一系列近两百年前相同的聚落进行比较 [图 9（a）—（d）]，一种潜在的秩序感急剧地涌现出来。

图8　四个位于沃克吕兹地区的"珠环状"村落

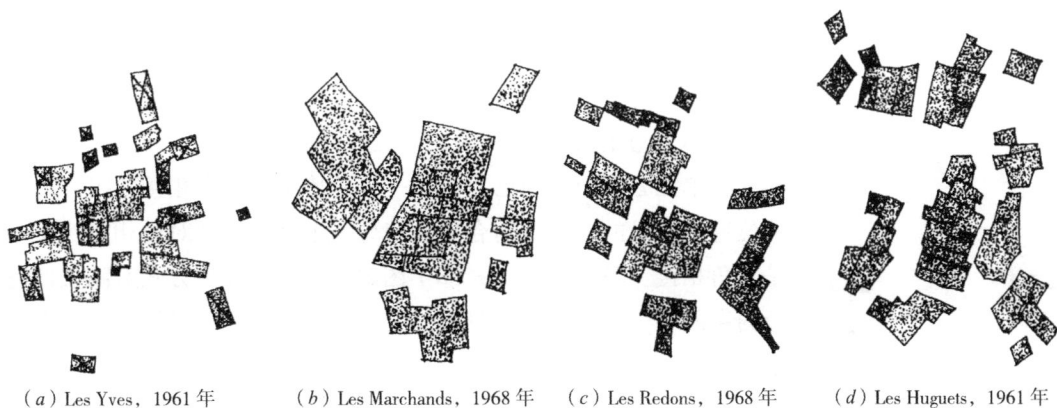

（a）Les Yves，1961 年　　（b）Les Marchands，1968 年　　（c）Les Redons，1968 年　　（d）Les Huguets，1961 年

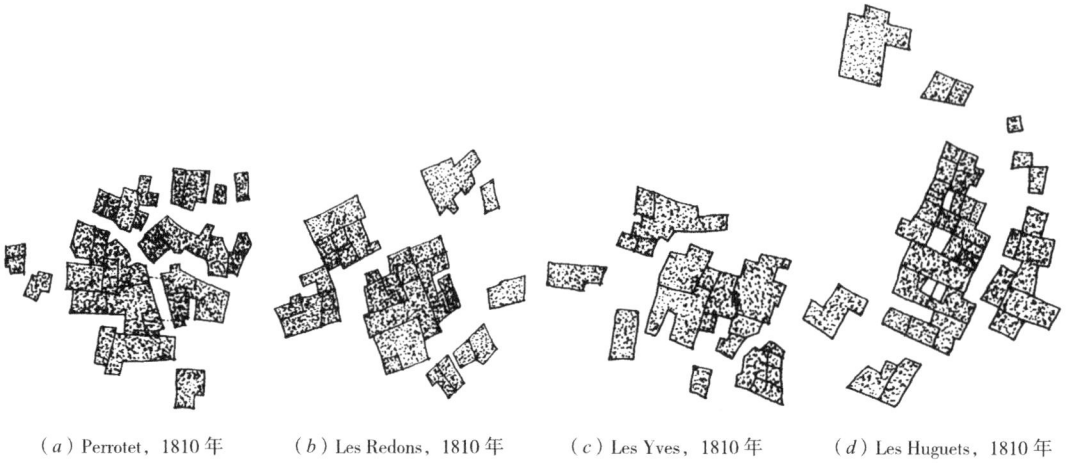

（a）Perrotet，1810 年   （b）Les Redons，1810 年   （c）Les Yves，1810 年   （d）Les Huguets，1810 年

图9 从相同的地区选取的"珠环状"村落，这是它们在19世纪初期的面貌

在所有这些案例中，珠环状结构均没有发生变化，尽管在一些例子中主要珠环的位置随着时间的迁移发生了变化，而在另一些例子中它的结构从某种角度看还不完整。虽然村落之间存在着巨大的差异，随着时间的迁移它们也发生了变化，但我们似乎可以合理地将这种珠环状结构连同界定出这种珠环形式的所有布局特性——比如它们与住宅直接可达——描述为该地区村落的一种基因型，而把这些具体而特殊的村落描述为一个个显型。

问题是，这样一种基因型起初是怎样出现的，且被如此规律性的再生产。实际上，一个有关形态语言方法的典型问题被揭示出来：在将对象随机分派到一个平面的过程中，需要施加怎样的约束才能够生成我们所看到的这种可以察觉的模式，在本案例中又是如何生成这种"珠环状"基因型的呢？答案其实非常简单。下面这个被适当简化过，以便于进行计算机模拟的模型，向我们揭示了这种生成过程的实质。

给定两类对象，一类是具有一个入口的闭合单元 [图 10（a）]，还有一类是开放单元 [图 10（b）]。通过把开放单元与闭合单元入口一侧完全对接的方式，将两个单元接合起来从而形成一对联体单元 [图 10（c）]。允许这些联体单元随机聚集，仅仅要求新加入对象的开放单元必须至少与已有的另一个开放单元完全相接。闭合单元的位置是随机的，一个闭合单元与另一个闭合单元对边相接，而不是对角相接。图 11（a）—（d）图解了通过这样的方式对随机性进行约束的一个典型的局部过程，我们依据放置次序对闭合单元进行了编号。

59

60

（a）   （b）   （c）

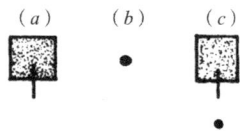

图 10

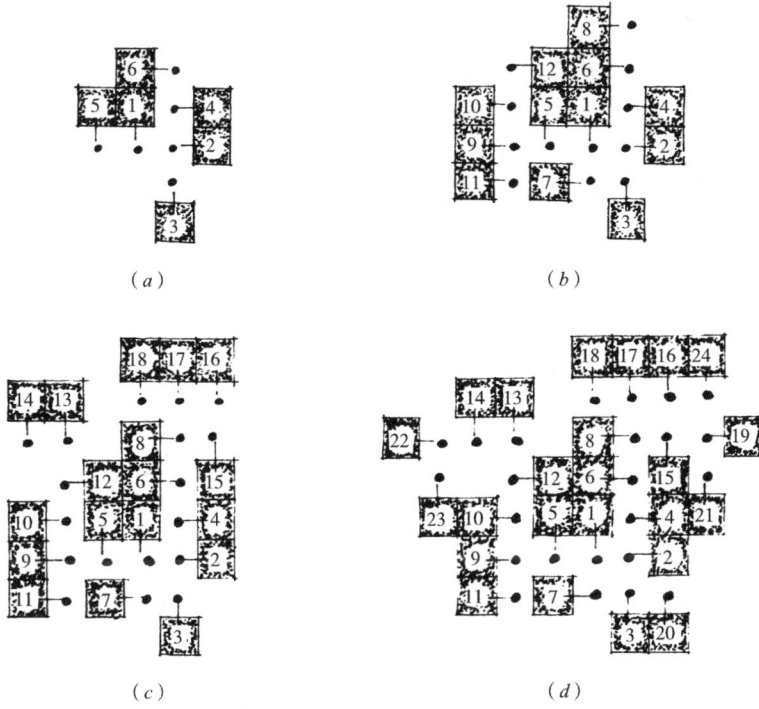

图 11 计算机生成"珠环状"结构的四个阶段

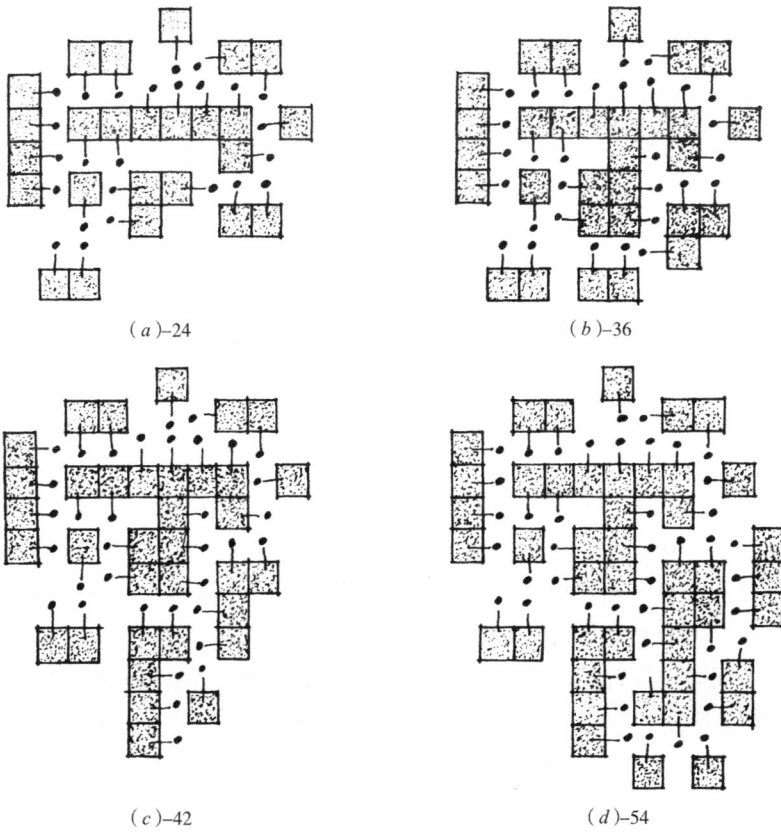

图 12 一个扩展了的珠环生成过程

这种全局性珠环状的结果源于生成过程中遵循了局部法则，正如一群蚊虫通过遵循某种局部法则从而在时空中展现出全局性的云团状形态一样。这种过程非常强大，能够经历种种扭曲与变形。比方说，它的运转几乎与初始对象的具体形状无关，只要联体单元开放与闭合之间的关系能够维系即可。有趣的是，改变闭合单元彼此相接的概率，甚至是在闭合单元彼此相接的前提下，改变开放单元不相连接的概率，就会引起珠环大小与数量上的变化。这意味着，不仅全局形式能够由施加在背景随机程序之上的约束生成，这些形式的差异也能够通过改变这些约束的概率而得到。

61

一旦我们理解了这个过程，那么我们立刻就能将那组规模很小的混杂的房屋集合 [图 4 (a) — (f)] 理解为正朝着珠环状进行生长过程中的聚落，并且具有很高的闭合单元相接的概率。换言之，我们将它们理解为一个拥有拓扑与数值特性的模型支配的过程，正如捉迷藏的例子所暗示的那样。然而，对于这个较大的案例来说，情况又是怎么样的呢？这个案例拥有一个小珠环，同时还有一个大得多的珠环，因此珠环状对于较之大得多的聚落来说，仍然适用。那么，是否通过将相同的生成过程进行延续就能够生成这种形式呢？抑或，需要给该程序引入更多的机制？从一个演变过程中，我们可以得到启示 [图 12 (a) — (d)]。换句话说，这样的过程可以在更为全局性的层面上，生成珠环状结构。当然人们会推测，在真实情况中，个体能够在某种程度上感知这种涌现出的全局结构，并从而发挥相应的作用，而随着房屋集群的扩大，这种作用就更为明显了。我们将在第三章中阐述它如何能够在不违背模型原则的条件下发挥作用，届时我们会探究有关模型的数值特性。在当前阶段，我们关心的是基本的空间关系，尤其是将它们的形式特性分离出来。[2]

62

珠环状的生成过程具有许多有趣的形式特性。首先，生成的关联是"对称"的，即施加于随机过程的约束要求单元 A 与单元 B 彼此相邻。相邻关系具有这样一种特性，即 A 对 B 的关系等同于 B 对 A 的关系。该过程同样也具有分布式的特征，这种特征在导言部分（参见第 9—10 页）已经通过一些案例进行了讨论，也就是指全局结构纯粹通过对一系列同等的单体单元的排列而建立起来，而不是由比如以一个高级单元叠加在那些单元之上而形成。

同样，我们也能定义出与之相反的两种特性。当单元 A 相对单元 B 的关系并不等同于单元 B 相对单元 A 的关系。比如说，单元 A 包含了单元 B 时，就会呈现出"非对称"的特性。如果一个单体单元 A 的确包含另一个单体单元 B，那么这种包含关系也可以被称为"非分布式"

的，因为与其说这个全局结构是由多个单元支配，不如说它是由一个单独的单元支配的。因此，一个具备这种形式的复合对象（图 13）可以同时被称为非对称且非分布式的。

　　然而，非对称性也可以与分布式特性并存。让我们看看另一个明显高度随机布局的例子（图 14）。如果我们依据大小顺序排出一系列当地房屋组合（图 15），就会发现一个由施加在随机性之上的约束所主导的演化过程。它并非像以往那样以相邻方式将一个单一的闭合单元与一个单一的开放单元联系在一起，而是以多个闭合单元（即至少两个）来包含一个单一的开放单元。这里我们以一种相当广义的方式来使用"包含"一词，即它也包括一个对象位于另两个对象之间的情况。每一个被添入现有集合中的单元都依据与这个相同的初始开放单元的关系而被定义。当可以利用的所有空间都被占据之后，这些高级的院落复合体又成为一个更高级的同样类型复合体的基本单元。

　　也可能出现相反的情况，即同时存在一个非分布式的复合体（其全局形式受一个单一单元支配）与一些对称的单元，比如一个单一单元包含有多个未经布置的单元。这种组合的实例出现在图 16 当中。

　　通过对可能是世界上最早的一个街道系统的复原实例进行观察，并把它界定为水平地面系统中所有基本单元均匀可达的连续空间系统（由早先连续的单元集合而来，这些单元的入口处有屋顶覆盖，这块

63

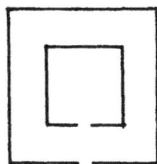

图 13

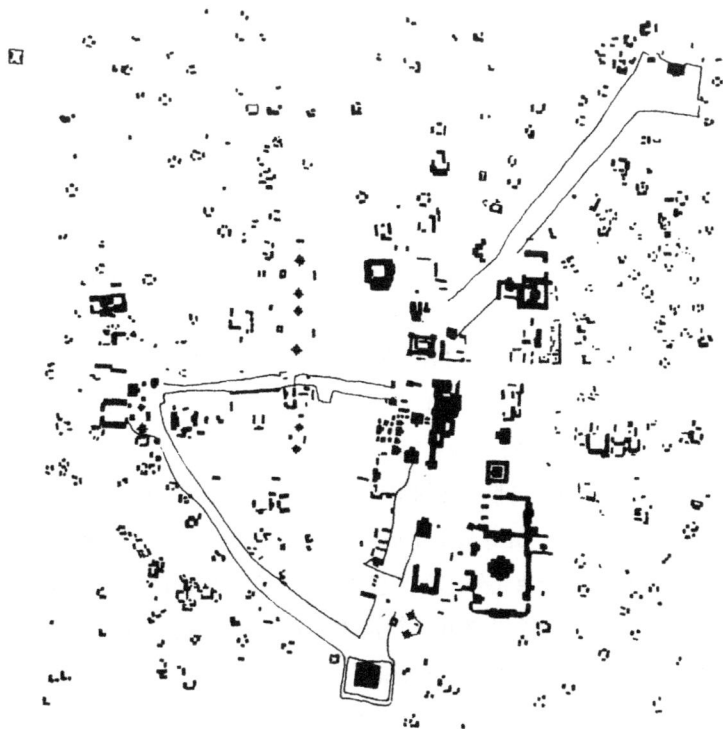

图 14　蒂卡尔（Tikal）的原始城市群的中心地区，根据哈多伊（Hardoy）的绘制改绘

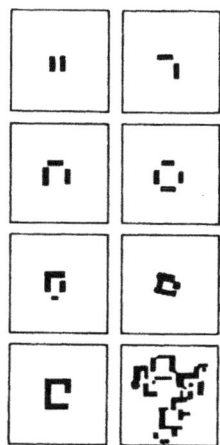

图 15　从蒂卡尔选取的一系列小型的房屋组群，它们显示了"多含一"的原则

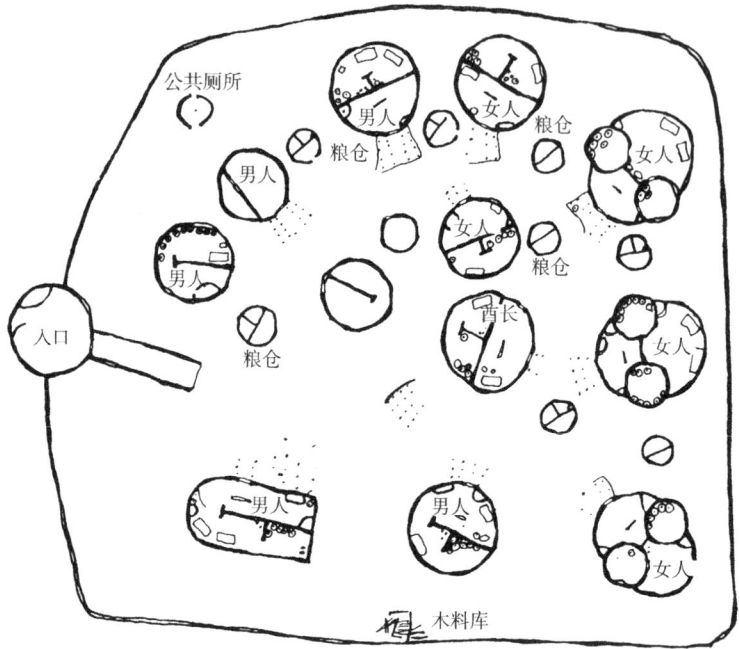

图 16　喀麦隆的蒙丹大院
（Moundang compound）
显示了"一含多"的原则，
根据贝奎恩（Beguin）的
绘制改绘

区域即充当"公共"空间）（图 17），可以将我们的论证再推进一步。
这无疑是一个珠环状结构，不过它看起来太规整以至于不像是由惯常
的程序生成的。似乎在某种意义上，这种全局形式充当了生成机制的
角色。于是我们需要从句法角度来描述这个全局结构，因为它自身即
可作为对随机过程的约束，从而生成更为有序的复合体。全局结构显
然是分布式的，不过它的开放空间更为复杂，需要同时引用对称性与
非对称性的概念来对它进行描述。内部房屋街块与外部房屋街块均拥
有以对称关系相互联系的单元，但是外部街块相对内部街块的关系却
是非对称的。尽管事实上外部街块包含着内部街块，通过将空间结构
置于内外街块之间，这些特性被糅合在一起。实际上，这个结构结合
了我们目前已列举出的所有有关分布式的特性，因此我们可以将其视
为一种"对称－非对称"的分布式生成机制。由于它声称了普遍意义
上的环状开放空间，我们会在适当的时候，看到它将被用于描述不同
类型的街道系统的结构（参见第 64—65 页与第 70—72 页）。

　　正如我们将分布式非对称的生成机制颠倒，以发现一种非分布式非对
称的生成机制一样，街道系统生成机制也拥有非分布式的反例（图 18）。
在这个案例中，一个单一外部单元包含着一个单一的内部单元，这两个单
元在它们之间，对称地界定出一个空间，其中布置着所有最小的单元。实
际上，先前案例中由多个房屋组成的内部和外部群体在这里被替换成了一
对单体，而先前的单一空间结构则被转换为一系列对称的单元。

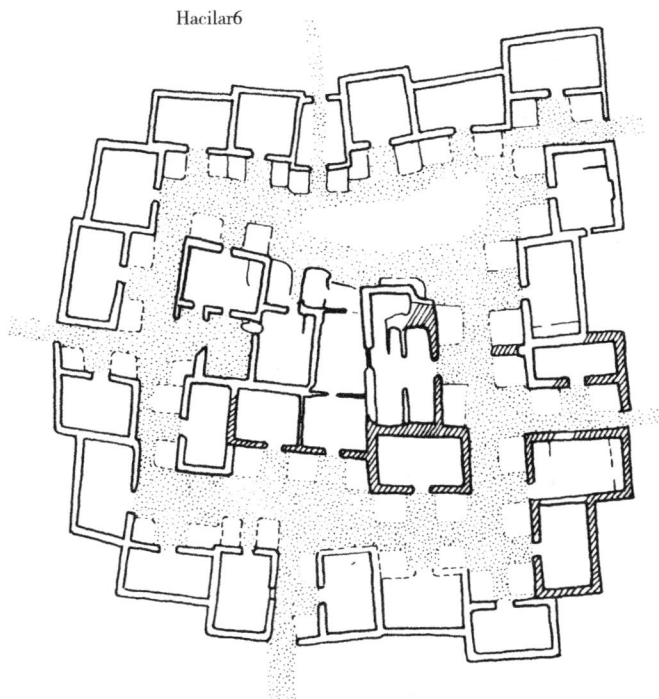

图 17 哈吉拉尔（Hacilar）第六层的复原，追溯至公元前 6 千纪，根据梅拉特（Mellaart）的绘制改绘

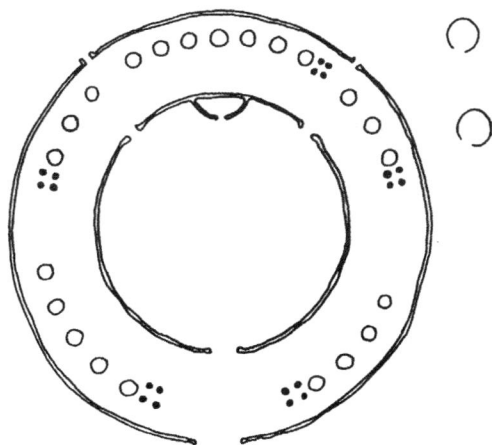

图 18 祖鲁·克拉尔（Zulu Kraal）家宅，根据克里格（Krige）的绘制改绘

这一类生成机制，尤其还有对它们起决定作用的模型具有一些特性，它们强烈地让人联想到自然语言中某种基本的句法差异。比如，单个与多个实体之间的差异，看似是非常根本性的。一旦出现了两个实体，那么我们就能随心所欲地增加数目，而不改变生成机制的核心本质。同时，这种非对称性的关系也引入了一项维度，它让我们联想起句子中的主语与宾语。在一个非对称的生成机制中，主语（即包含单元）拥有宾语（即被包含的单元），可以存在单数主语与复数宾语的情形，反之亦然。

换句话说，一些最为普遍的组构特性将一种空间布局与另一种相区分，这建立在少量的潜在关联性概念之上，既有非常抽象的形式，也有具体的表现形式。有一些案例会更为复杂一些，不过它们似乎也只是混合运用了较为简单的那些关联。注意到受制于这些关联的对象，这个系统甚至就显得更加简单。除了两类基本对象外，并没有其他任何对象被用于形成珠环。这两类基本对象包括闭合单元（或者说自身具有边界的单元）以及开放单元（或者说没有边界的单元），所有的一切不过是由于这些基本对象，以不同的数量被置入了不同的关系中而已。

这暗示了一种有趣的可能性：我们不仅可以将真实的空间布局理解为是对随机过程施加约束的生成规则的产物，并且这些规则自身也能够被有序地组织起来，因为它们自身即是支配那些可能的生成规则的潜在组合系统的产物。正是这种可能性为我们下一步的论证提供了前提：我们即要建立一种表意文字语言，以描述空间布局的结构，也就是建立一种有关空间形态语言的句法。如果我们有可能提炼并符号化地表述少量的基本概念，那么有关形成这种符号序列的规则将为我们提供一种方法，使我们得以记录下一项严格的有关空间布局的描述性理论。这些符号序列首先要包含对随机过程进行约束以生成种种模式所必需的关联性概念，其次要能够捕捉到那些更为复杂的组合的结构。这就是表意文字语言，它将一项有关空间组织的描述性理论，视为一种变换系统。由此可知，它尝试将空间布局描述成一个能够被认知的领域，也就是说，它试图将其描述为一个可能性系统，这个可能性系统受一个潜在的简单而抽象的概念系统所支配。如果人类能够认知这些概念，那么我们就有理由期待，可通过组合运用这些概念，反过来理解更为复杂的案例，这完全取决于有关生成规则的规则：即规则之规则。

基本的生成机制：一种表意语言

用以建立一种表意文字语言所需要的概念实际上非常基础，以至于我们可以在有关客体对象本身的概念（或者更精确地说，在所谓客体的基本关系）中发现它们。我们所说的客体对象，仅指满足空间整合最基本条件的实体（参见第35页），也就是说，它占据了一个有限并连续的空间区域，即使只是暂时性的。而我们所说的基本关系，仅指所有客体对象都必定拥有的那些关联特性，而忽略对象可能拥有的额外特性。除了有关客体对象的基本关系外，我们进一步需要一个概念：即一组或一类随机分布的类似对象。这显然是跨越空间整合的概念（参见第 35 页），或者说是一群在时空中处于不同地点的对象。于是我们试图仅仅从有关一个客体对象与一类客体对象的基本假设中建立起这种表意文字语言，即假设"一群客体对象"是指拥有特定地点的一群实体，而"一类客体对象"则不具备特定的地点。

我们对客体对象进行界定，从而专指我们上一小节所运用的那些简单的或开放或封闭的平面单元——尽管该基本论证过程同样适用于那些合理的三维对象。[3] 我们说一个客体对象具有地点，是指它位于某个有限而连续的空间区域之中。由于该对象是有限的，因此它的存在可以被视为一个更大空间里的间断。我们可以把这个更大的空间称为"载体"空间，它与该对象具有一个明确的关系，即这个更大的空间"包含"或包围着这个对象。如果我们用 Y 来表示载体空间，用 o 来表示这种包含关系，用（）表示一个有限且连续的空间区域特性（这允许我们对括号内的对象做进一步的描述），那么这个从左至右的表达式

$$Y o (\ )$$

就表达了这样一个命题，即一个载体空间包含着一个客体对象。

给定这样的惯例表示方法后，我们就可以立刻对许多更为复杂的载体空间中的空间间断类型进行表述。举例来说，如果我们提取两对括号，然后再用一对括号叠加其上并使两对括号均涵盖在内：

$$Y o ((\ )(\ ))$$

那么这个式子就表示两个客体对象被组合在一起，并且从载体空间看来，它们形成了一个单一而连续的空间区域。如果总括号被省略了：

$$Y o (\ )(\ )$$

那么这个式子就表示一个载体空间包含有两个彼此独立且有限的客体对象，并且从载体空间看来，它们并不是连续的。因而这个式子表达了一种"空间分离"，而前一个式子则表达了一种"空间联合"。

我们立刻就能写出一个表达式来表示对一个载体空间中的客体对象进行随机排列：

$$Y o (\ )(\ )(\ ) \ldots (\ )$$

（我们想列出多少对象就可以列出多少），它表示每个对象都独立地位于载体空间 Y 中，与其他对象所处的地点无关。换句话说，这种最无序的符号序列直观地对应于一种最无序的布局方式，即在放置每一个对象时并不顾及其他对象的放置地点。如果我们从左往右进行编号，也就是说，按照我们书写表达式的顺序进行编号：

$$Yo\;(\;)_1\;(\;)_2\;(\;)_3 ... (\;)_k$$

我们就表达了一个将客体对象随机指派到载体空间的过程。

我们同样能够以一种非常简单的方式来描述结合了随机性与邻接性的珠环生成过程。如果我们在已经形成的一对连续的复合对象中加入第三个对象，即：

$$Yo\;(((\;)_1\;(\;)_2)(\;)_3)$$

68　那么这个式子就表示在复合对象中加入了第三个对象，但并不指明它具体与复合对象中的哪一个子对象相接。如果我们运用相同的添加括号的原则来对这个表达式进行一致的扩展：

$$Yo\;((\;)_1\;(\;)_2)$$
$$(((\;)_1\;(\;)_2)(\;)_3)$$
$$((((\;)_1\;(\;)_2)(\;)_3)(\;)_4)$$
$$(((((\;)_1\;(\;)_2)(\;)_3)(\;)_4) ... (\;)_k)$$

那么在这样的布局当中，每个对象的放置地点是随机的，它只需与已有的复合对象的某一部分相接即可。该表达式精确表达了存在于珠环状过程中的关联结构类型与等级（尽管我们并没有具体指明括号内的任何对象）。

在以上这些过程中的第一个过程，即随机过程中，它除了将客体对象指派在相同的空间区域（实际上我们可以将这个区域识别为 Y，它足够容纳所有被指派的对象）以外并没有指定任何其他对象之间的关联。只要这个区域不是没有边界的——实际上也就是说，只要它并非无限的，并且不是球面——那么无论分布是多么的随机，该过程的产物总是以某种平面集群的方式出现，这与一团蚊虫形成一个特定但却不可预测的三维集群的方式非常类似。因此依据它的产物，我们可以将这个过程称为"集群型句法"（cluster syntax），这指明了这个过程尽管在我们所感兴趣的系统中是最为无序的，但它仍然拥有一个最低限度的结构。第二个过程拥有更多的结构，不过这些也只能确保它的产物是一个密集而连续的复合对象，因此我们不妨称其为"组团型句法"（clump syntax）。除了构成一个复合体所必需的关联外，这些过程并没有特别指定其他任何有关对象之间的关联。第一个过程没有指定关联，第二个过程仅仅指定了一种对称性的关联，即一种连续的邻接关系。

假如我们只指定非对称的关联（意味着在描述过程的表意公式中，表示包含关系的符号 o 将被记录在每一对客体对象之间——更确切地说，是记录在已经由过程生成的复合对象与新加入的对象之间），那么我们可以写出如下表达式：

$$Y o ((\ )_1 o (\ )_2)$$
$$(((\ )_1 o (\ )_2) o (\ )_3)$$
$$((((\ )_1 o (\ )_2) o (\ )_3) o (\ )_4)$$
$$(((((\ )_1 o (\ )_2) o (\ )_3) o (\ )_4) \cdots (\ )_k)$$

无疑，这个式子一开始就明确了一对同中心的对象，一个对象包含在另一个对象的里面，如图 13 所示。然后我们通过添加更多的单元对它进行了扩展，每个单元都被赋予一种同心包含的关系。根据它的产物，我们可以把这个过程称为"同心型句法"（concentric syntax），即通过将过程中每一阶段的对称关联替换为非对称关联，我们可以得到一种尽可能不同的复合对象。

　　然而，两者之间的差异并非仅仅是产物的差异。在这两个过程之间还存在另一个同等重要的形式差异，即：当我们将第三个对象加入正在生长的复合对象中时，我们并非只是像先前那样将对象添加到了已由公式明确了关系的复合对象之中，同时也具体指定了它与那些对象之中每一个对象之间的关系，即它直接包含在第二个对象之中，但并不直接包含在第一个对象之中。第一个对象包含着第二个对象意味着，如果第二个对象包含有第三个对象，那么第二个对象必定介于第一与第三个对象之间。换句话说，形成的复合体中每个对象之间都有特定的关联，仅仅声称把一个新对象随机加入复合体的任意一部分已然不够了。所有这些关联已经不可置换，而在先前的例子中它们全都是可以互相转换的。这种重要的特性是与包含关系的可传递性相关的一个副产品——也就是说，A 包含 B 且 B 包含 C 即暗示了 A 也包含 C——这可以与相邻关系的不可传递性相对照——即 A 与 B 相邻且 B 与 C 相邻并不能表明 A 与 C 相邻。

　　组团型过程与同心型过程之间的关键差别在于，在组团型过程中，对象与对象间的关联是通过它们外部之间的关系被界定；而在同心型过程中，一个对象则被套叠在另一个对象之中。事实上这个问题还要更为复杂一些，如同我们除了最简单的一种情形以外在所有案例中都应当看到的，绝大多数对象既处在一个对象之内，又位于另一个对象之外。然而，同心型过程依赖这种"内在性"关联，而这种关联并不存在于组团型过程的结构当中。此时，"在……之内"的概念就具备了一个非常明确的句法形式，这种形式在表达式中被反映了出来：它意味着"一个对象包含有……"。这暗示了用于包含的实体是唯一的。这点很有趣，因为语言也提供给我们"在……之间"的概念，它暗示了某种类似包含关系的关联，但是这个概念是针对两个客体对象而言的，并且这两个对象运用它们的外侧而非内侧来包含某种事物。通过这种方式，自然语言反映出一个简单的事实：除非两个对象之间具有某种类似同心型过程中的包含关系，否则这两个对象不可能都运用它们的内侧来包含同一个对象。有关"在……之间"的概念实质上表达了一种"分布式的包含"，这种包含形式需要通过一个以上的对象才得以实现，而有关"在……之内"的概念则表达了一种"非分布式的包含"。我们可以通过把处于"在……之间"的关联中的两个对象转化为多个对象，从而轻易地将这两种包含形式——一种是外在于多个对象，一种是内在于一个对象——进行类比。这样做必然导致那些对象将在原先一对客体对象之间的对象周围聚集，直至它们显然已经将那个对象包含其中。

70 　　于是，外在式包含使我们得以定义一个新的过程，该过程"萌发"于"介乎……之间"的概念，而它的界定规则即以多个对象包含一个对象。我们可以把它称为中央空间句法，并指明它同时具有分布性与不对称的特性。我们可以在符号 o 的左边添加更多的对象，从而运用表意符号将这个过程非常简单地表达出来：

$$Y o \left((\ )_1 (\ )_2 o (\ ) \right)$$

$$\left((\ )_1 (\ )_2 (\ )_3 o (\ ) \right)$$

$$\left((\ )_1 (\ )_2 (\ )_3 (\ )_4 o (\ ) \right)$$

$$\left((\ )_1 (\ )_2 (\ )_3 (\ )_4 \cdots (\ )_k o (\ ) \right)$$

这暗示了在符号 o 左侧的所有尚未受制于上一级括号的单元同等地支配着该符号并同等地包含符号 o 右侧的对象。我们可以阐明这一点，并通过表意符号来说明，有关多元性的概念不过是对"二元性"概念的衍生，我们给每一对对象周围引入菱形括号，从而暗示在菱形括号内的每一个对象都均等地与符号 o 右侧的对象相关联：

$$Y o \left(\langle (\ )_1 (\ )_2 \rangle o (\ ) \right)$$

$$\left(\langle \langle (\ )_1 (\ )_2 \rangle (\ )_3 \rangle o (\ ) \right)$$

这意味着每当我们添加一个对象，它便会与公式中已有的成对的客体对象组对。由于这可能会导致一个不必要的冗长而繁琐的表达式，故我们也可以引入我们在一开始提到的一种标记方法，即有关一组对象的标记方法，它并不指定组群中对象的编号。于是：

$$Y o \left(\{ \} o (\ ) \right)$$

可以被用来表示一组单元包含着一个单一单元。不过，对于这个表达式的结构来说，这两则标记符号并非都是严格必需的。它们其实只是一种手段，从而便于我们阐明包含在表达式中的概念，并允许我们做一些简化处理。[4]

　　现在我们就可以不太费力地写出前一节所描述的那些剩余形式的

公式结构。我们可以将一个单一单元包含有多个单元记录为：

$$Yo\,((\ )\,o\,(\ )\,(\ ))$$

应用与在中央单元案例中我们将左侧的一对客体对象转换为多个对象相同的规则，我们把该公式中右侧的一对对象转换为多个对象，即：

$$Yo\,((\ )\,o\,\{\})$$

这个表达式——不对称的非分布式生成机制——可以被称为"小区型句法"（estate syntax），这是因为在外部边界内划分区块的形式是现代小区最为典型的全局形式。那么我们可以将外部多个单元——即至少一对单元——包含内部多个单元并且外部单元与内部单元之间包含有一个单一空间的情形表达为：

71

$$Yo\,((\ )\,(\ )\,o\,(\ )\,(\ )\,o\,(\ ))$$

我们也可以进一步阐述它的结构：

$$Yo\,(\langle\langle(\ )\,(\ )\rangle o\langle(\ )\,(\ )\rangle\rangle o\,(\ ))$$

或者更为简洁一些：

$$Yo\,(\{\}\,o\,\{\}\,o\,(\ ))$$

这表明，内部与外部单元组共同参与包含了介于它们之间的空间，因此这是对称 – 非对称型分布式生成机制，我们可以把它称为"环状街道型句法"（ring-street syntax）。与这种关联类型相同的非分布式形式可以被记录为：

$$Yo\,((\ )\,o\,(\ )\,o\,(\ )\,(\ ))$$

同样可以进一步阐述它的结构：

$$Yo\,(\langle(\ )\,o\,(\ )\rangle o\langle(\ )\,(\ )\rangle)$$

或者将它最简化地表示为：

$$Yo\,((\ )\,o\,(\ )\,o\,\{\})$$

从而表明一个单元位于另一个单元的内部，而在这两个单元之间存在着许多单元。我们可以依据这种句法模式最为人所熟知的一个产物，而把它称为"克拉尔型句法"（Kraal syntax）。

这些简单的表达式有两个作用。首先，它们确切表达了我们所说的引入随机过程中的秩序的程度（有序度），从而使随机过程获得了特定的形式。我们可以通过存在于客体对象之间的必要关联的数量，得到它的有序度，而这些必要关联的数量即表现为用于描述该过程的公式中那些括号与关联记号的数量。从这个意义上，我们就彻底明白了，一些过程之所以比另一些过程更为组织化与有序化，就是因为它们要求对象之间具有更多的必要关联，从而使过程得以实现。由此可以推断，那些非必要性的关联都是偶然的。举例来说，若多个单元包含一个单一单元，那么只要在满足这个关系的前提下，任何其他存在于包含单元之间的关联——有些也许是相邻的，有些也许并不相邻——可以被随机化。公式仅仅指明必定会发生的情况，但不会指明该过程结构可能衍生出的现象。这点非常重要，因为它使得我们在论证的每一阶段都与潜在的随机过程紧密联系，而这种随机过程在任一阶段都有可能产生出并没有记录在公式中的那些关联。它的意义重大，即在某些情况下，当我们要描述向一个公式里添加更多的对象时，只需要以固定的括号来替换那些更为复杂的结构。换句话说，在这些情形中，我们可以将描述差不多维持在它最初的精炼水平。我们只管向公式添加更多的对象，只要让这些对象满足公式所描述的关系即可——比如可能是要求形成一个复合对象，环绕某个单一单元，抑或是包含于一个单一单元之中。这与另一些案例大为不同，在那些情形中，我们在添加更多对象的同时，亦必须引入更多的结构。同心型句法是最极端的例子，其中每一个被添加的单元都要求一个与之相对应的包含关系。

其次，该表达式显示了通过对少数几种基本关联方式进行排列组合，就能从随机过程中生成一组完全不同的形式；这些关联无外乎单数或复数、主语或宾语等基本的语言概念，它们发展成了分布式与非分布式、对称性与非对称性的关联形式。似乎我们记录下了需要引入系统的那些关联次序类型，它们被引入系统进而生成被视为空间结构的那些不同种类的形式。我们如是记录下这些基本关联组合方式，直至该关联组合方式违背了现实可能性。

不过我们并没有穷尽我们所引入的术语与概念的全部组合的可能性，原因是我们并没有考虑哪一种单元——开放单元抑或封闭单元——被放置在公式的哪一个位置。或者说，它们是否会受到有关摆放位置的限制，而这样的限制是存在的，并且非常严格。这些限制源于以实用为目的的空间的根本特性。我们之所以没有着力对那些组合结构进行纯粹数学式的一一枚举，而是关注那些人类在进行有效的空间组织时，认为有用的现实策略的相互关系以及这些策略的反映，其主要原因之一也是出于这些限制的考虑。然而，尽管这些限制较之数学本质来说，拥有更多现实世界的特征，我们仍然可以在我们建立的形式框架内，来严格地表述它们。

开放单元与封闭单元由两种原材料组成：一种是我们已经引入其初始状态并称之为 Y 的连续空间，另一种是组成边界的材料，它能够在空间中造成不连续的空间间断。我们无须知道这究竟是何种材料，从而给它贴上一个标签。如果我们愿意，我们可以把它视为一个纯粹的抽象概念——即地面上的标记。只要它能够导致空间上的不连续（空间间断），那么无论它究竟是什么，也无论它位于什么方位，我们都把它称为 X。人类使用的空间组织既不是 X 也不是 Y。它是"未经加工的" Y 经由 X 转变后形成的有效空间。要使得生成的空间是有效的，它必须得维持空间的连续性，而不能为 X 的介入所改变。这样一来，有关空间逻辑的瑕疵很大程度上就源于这种矛盾的需求，即要求在一个实际上由空间间断形成的空间系统中保持空间的连续性。

　　现在我们可以非常简单地来定义"边界"这个概念。边界即为某种 X，它包含了 Y 的某一部分：$(X o Y)$。此时位于 X 内部的 Y 被改变了，因为由于 X 的介入使得它与 X 外部其余 Y 的关系发生了变化。就较大系统而言，它形成了一个较小的局部系统的一部分，且造成了明确的空间间断。让我们一致把它称为 Y 被包含的部分：y'（即初始的 y——我们稍后就会明白为何称之为"初始的"）。此时 y' 与 Y 并非完全间断，因为若要使 y' 成为有效的空间系统的一部分，则边界必须具有一个入口。入口的外侧存在另一个区别于 Y 的空间区域，不过这种区别并非源于它与 Y 的其余部分形成了间断，而是由于它与 y' 相连——同样一块与不具备入口的边界部分毗邻的空间区域就不会存在这样的差别。我们可以把这块空间标记为 y，并指明它是 Y 经由 X 转换后的部分，尽管它自身并没有一个边界或是一个明确的范围。不过，我们并不需要知晓它的确切范围就能识别出这种 y 区域的存在，我们只需知道如何通过局部情况的变化从而将它识别出来（图 19）。正如我们能够依据局部句法来定义 y' 一样，我们也可以以此来对 y 进行定义：y 即为一个既与整体的 $(X o y')$ 相邻亦与 y' 相邻的开放单元。我们只需稍微丰富一下括号系统就能够表达它：

$$Y o ((X o [y'] y])$$

方括号表示 y' 与 y 连续的邻接关系，不过为了简化我们可以将它写成

$$Y o ((X o y') y)$$

在这里我们假定若 y' 与 y 相互毗邻，那么两者将是连续的。

　　此时我们就可以表述一连串有关 Y 及其与 X 之间关系的公理：$(YY)=Y$ 与 $(Y o Y)=Y$（即，若连续性的空间彼此邻接，或是将一个连续空间放置在另一个连续空间内，则它们将仍然是一个连续性的空间），而且一般说来，除非 $(X o y')$ 或 $((X o y') y)$，否则 Y 不会变化。也就是说，除非被包含在一个边界内——即内在法则——或是与这样一个空间毗邻——即外在法则，从而将 Y 转化为有效空间，否则空间

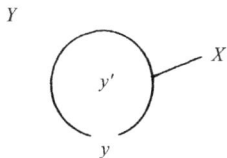
图 19

载体 Y 将保持不变。于是，我们可以补上 $(yy)=y$，表明彼此相接的有效的外部空间是一个连续性的空间。此外，y 的形成规则向我们暗示了，只有当处处都依据 $((Xoy')y)$ 建立起来时，才有可能形成更大的 y 系统。y' 之间的关系要更为复杂一些，这是因为基于我们目前的论述，它们彼此并不直接接触。然而，通过阐明 y' 被非分布式系统所建构的方式，我们可以进一步阐明有关全局系统的一些简单的公理，X 依据这些公理介入系统从而产生了有效的空间。

让我们首先来看看同心型句法。在这种情形中，即使是其最简单的形式——即两个单元，其中一个单元被放置在另一个单元中，对于 y' 来说仍有两种不同的情况。位于内部单元里的空间即我们通常定义的 y'，而位于外部空间里的空间还具有这样的特性，即它介于内部单元与外部单元之间。不过，既然我们已经原则上知道了如何来表述这种特性，因此在这里就可以将它表示为：

$$Yo\,(\langle X_1 o\,(X_2 o\,y_2')\rangle o\,y_1')$$

它表明外部边界 X_1 包含了内部边界 X_2（X_2 独立地包含 y_2'），并且 y_1' 位于 X_1 与 X_2 之间（菱形括号无疑可以被略去）。那么只要我们愿意，我们可以将这个原则扩展至更多的同心单元：

$$Yo\,(X_1 o\,(X_2 o\,(X_3 o\,y_3')\,o\,y_2')\,o\,y_1')$$

依此类推。无论我们将这个过程扩展至多远，y' 型空间都会一个挨一个地出现在公式中。不过，由于每一对 y' 之间都有 X 介入（除了在入口处以外），因而我们不能一概地说 $(y'o\,y')=y'$。相反，除非位于入口处，否则每一个 y' 都维持了一种离散的特征。然而，由于 y 是依据 y' 而获得自身的定义，故 y' 先于 y 而存在，因此我们可以说，一旦邻近入口处的空间被包含在更高一级的边界中，那么它就立刻由 y 转变为了 y'。

那么若我们采用小区型句法，在其最简单的形式中一个单一单元包含了不止一个单元，于是有

$$Yo\,(\langle X_1 o\langle\,(X_2 o\,y_2')\,(X_3 o\,y_3')\rangle\rangle o\,y_1')$$

它表明（同样，这里的菱形括号可以被略去）X_2、X_3 两者一起和由它们所组成的一对单元连同 X_1 共同界定了 y_1。接着我们可以让内部的这一对单元彼此邻接：

$$Yo\,(\langle X_1 o\,(\,(X_2 o\,y_2')\,(X_3 o\,y_3')\,)\rangle o\,y_1')$$

我们也可以在它们之间界定一个分布式区域：

$$Yo\,(\langle X_1 o\,(\langle\,(\,(X^2 o\,y_2')\,(X_3 o\,y_3')\,)\rangle o\,y)\rangle o\,y_1')$$

在这些情形中，公式同时描述了空间的关联结构以及那些边界。我们也可以完全略去内外边界之间的空间，从而创造出"街区"的形式，

其中外部边界仿佛紧密地吸附在内部单元的每一个点上（尽管实际上 75
必定存在额外的内部空间结构，以便空间可达）：

$$Y o\left(X_1 o\left(X_2 o y_2'\right)\left(X_3 o y_3'\right)\right)$$

在更为复杂的克拉尔形式中，我们仍然可以看到公式

$$Y o\left(\langle\langle\langle X_1 o\left(X_2 o y_2'\right)\rangle o\langle\left(X_3 o y_3'\right)\left(X_4 o y_4'\right)\rangle\rangle o y_1'\right)$$

指明了所有不同的空间关联及边界——同样，这里采用菱形括号仅仅
只是为了指明所有的配对关系，而在配对之间即界定了 y'。

最后，我们可以来看最简单的非分布式结构，即闭合单元本身，
这种形式源于 X 转变成为一个边界。我们可以从该语言的基本概念
入手来描述这种转变。以一个并不包含 Y 部分的凸状 X 为例（图
20）。现在，如果我们希望将这个 X 进行变形，从而在某种意义上包
含部分 Y 的话，我们必须在其中引入一个凹面（图 21）。这个凹面
在它所包含的区域内，始终具有一定的形式。X 看似在这块区域内
分叉出了两只手臂，而正是这两只手臂起到了包含作用。一条边界
只不过是 X 分叉后继而自我协调而形成。某种意义上，这两只分开
的手臂又被联系在一起，进而形成一个十足的环形。由于我们感兴
趣的所有边界都是可以穿越的，所以我们知道这种"自我协调"基
于一个事实，即这两只分开的手臂之间会有一小段 Y，而正是这段
Y 使得这个环形变得完整。这实际上定义了另一种"经过变换"的
Y，我们可以把它称为"门槛"并将其标记为 y''。那么，通过把配
对括号应用在单个对象上——这就是所谓分叉——然后运用中间关
系来定义门槛，我们就可以非常简单地表示 X 的这种自我协调过程
（图 22）：

$$Y o\left(\langle X\rangle o y''\right)$$

这种于所有变换之中最基本的变换刚好一次性地恰当运用了有关
该语言的全部基本概念。这就是我们称之为 X 的内在结构。

这段相当复杂的论述向我们揭示，在我们提到的所有类型的案例
中，都可以对通过放置边界而生成的内部空间组构进行描述。我们已
经知道，可以通过"连贯性规则"——即空间中的空间彼此相连——
来对外部空间进行描述。换句话说，即使我们将局部关联情况复杂化，
进而把空间界定为 y' 或是 y，我们还是能够运用这种表意文字语言对 76
空间结构进行描述。如果我们现在能够充分认可这一点，那么就可以
立即阐明这些公式的结构，并转而关注公式的生成规则，我们只涉及
开放单元、封闭单元以及它们的关联，并把封闭单元——连同它的全
部内在结构——称为 X，而把开放单元称为 y。

完成了上述步骤，我们只需要一条规则就足以指明 X 与 y 在公式

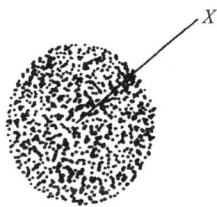

图20

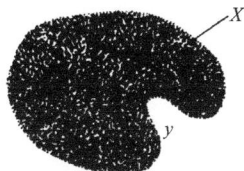

图21

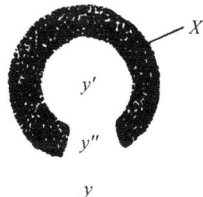

图22

中出现的位置。如果我们将公式中一处只有单元符号而没有 o 介入的位置界定为一个场所——这暗示如果有符号 o 存在，那么即存在两个场所，且分别位于 o 的两侧——那么我们唯一要指出的就是：除非以单一 X 起始，否则公式均以 y 结尾，其余所有单元均为 X。换句话说，分布式的公式以 y 结尾而其余均为 X，非分布式的公式则一律由 X 组成。

如此一来，不考虑随机过程与单元的自我协调过程，在分布式的案例中，$(( )( ))$ 就变成了 (Xy)，$(( )( )o( ))$ 变为 $(XXoy)$，而 $(( )( )o( )( )o( ))$ 就成了 $(XXoXXoy)$；在非分布式案例中，$(( )o( ))$ 变为 (XoX)，$(( )o( )( ))$ 变为 $(XoXX)$，而 $(( )o( )o( )( ))$ 变为 $(XoXoXX)$。我们可以直观地把分布性理解为运用 y 将单元胶合在了一起——即依靠单元彼此之间的间隙将它们连接在了一起，而把非分布性理解为运用 X 将单元捆绑在了一起，即依靠同时叠加在单元周围的边界将它们彼此联系在了一起。因此，源于组团型生成机制的珠环形式、源于中央单元型生成机制的广场形式，以及源于环状街道型生成机制的街道系统具有共同之处，即其中的封闭单元由一个空间系统胶合在一起，在它们成长的过程中，始终维系着与该系统的直接关联。而同心形式、小区形式，以及克拉尔形式则都是由某种层级叠加的边界捆束在一起，从而赋予了系统以不连续性。

有关 X 与 y 的规则表明，运用公式进行关联性描述的空间组构在现实中究竟将如何体现。与其说它是一条抽象公理，不如说它是一种经验假设：这些都是人类找到的有可能组织出有效空间的方式，这样空间就具有关联特性，进而满足不同的人类意图。基于这点，我们可以获得有关人类空间组织真实模式类型潜在原则的一种精炼化描述。不过，为了达到我们最初的目标——即揭示这些精炼化描述自身形成了一个系统，并且由它们所描述的形式可以被理解为一种变换系统，我们不得不更为小心谨慎地求证。我们已经说明，这种表意公式能够对形式背后的空间关联进行描述，从而我们始终能够通过扩展公式来表达有关 X 与 y 的复杂性。于是，如何揭示这些模式本身为一个变换系统的问题，就转变为如何揭示这些公式自身即是依据规则而建立的问题。论证须分三步进行。首先，我们要说明建立公式的规则。其次，我们必须说明公式是如何遵循建构规则，从而生成不同类型的。再次，我们必须要说明对公式进行怎样的扩展而不会改变它的类型；这暗示我们，同时也要说明怎样的扩展会使公式从一种类型转变为另一种类型。

一项公式是一个从左向右的符号序列，在 Yo 的右侧至少有一个初始单元符号或是一串单元符号序列，其中或有 o 介入，或者没有 o 介入，每个单元都至少与公式中另一个已有的单元一起被围以括号〈 〉或是（ ）。公式中仅有单元符号出现，而没有 o 介入的地方即为一个场所（正如我们已经知道的）。紧随其后而不是先于 o 的场所是客体场所，而所有其他场所都是主体场所。

我们可以通过如下所述来定义句法的不等价性（从而也委婉地定义了等价性）：有 o 跟随的主体场所与无 o 跟随的主体场所不等价，而主体场所与客体场所亦不等价；单一场所与多个场所不等价；封闭单元与开放单元也不等价（考虑到闭合单元表达式的内在结构，这一条其实是由第一条规则而来）。如果公式包含了一个或更多的不等价单元或场所，那么公式就是不等价的。

于是，我们可以将一组基本的不等价公式定义为这样一些公式：它们拥有至少一个而不多于两个主体场所；在每个场所中拥有至少一个而不多于两个单元符号（"两个"是有关多重性的最低体现形式）；公式中没有重复的关联与场所；除了围在每个公式外的那对圆形括号外再没有其他任何圆形括号。

因此，基本公式是模式的基本语言学差异的最低体现，它体现了在开放与封闭单元系统的约束下对主体与客体、单数对象与复数对象进行组织的不同手段。我们首先可以通过列表的方式，来阐述这组可能存在的基本公式；在其中，我们把公式记为 Z 并将它们按照 $Z_{1\ldots 8}$ 依次编号（参见第 72 页的清单），我们还可以用一张表格的形式来阐述这些公式，表格依据模型的基本属性来绘制，它们体现了从由单一主体主导实现的非分布式关联到由多个主体主导实现的分布式关联，从不具备包含关系的对称型关联到具备包含关系的非对称型关联（图 23）。

这样一来，我们可以合理地把那些在同样的关联中重复添加相同对象的公式视为同一种类型——因为一项公式即创立了一系列组织原则，任何基于这些相同原则生成的更为复杂的模式都可以被视为属于相同的类型。因而递推（即重复性的）过程可以被视为是将某种特定 78 的组织原则应用于一组逐一添加的数量不明的单元上。我们已经描述了其中一些过程。集群过程，亦即随机过程，是将若干未经协调的单元添进基本生成机制（即初始的一个未经协调的单元）的过程。组团过程则是将相邻单元添入基本生成机制（即由封闭单元与开放单元组成的一对单元）中的过程。中央空间过程是将单元添入介于基本生成机制中一对初始单元之间的中央空间周围。环状街道过程则是将单元添加于基本生成机制中的初始环形之上。

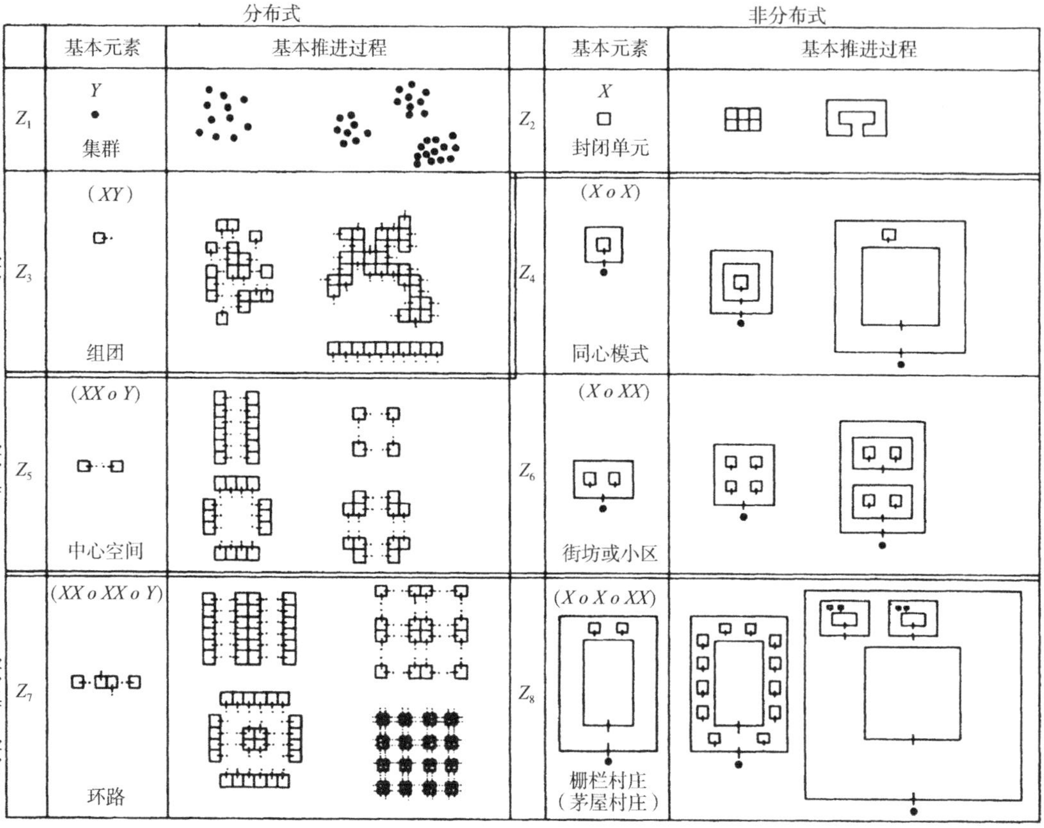

图 23　基本公式与递推过程

基本公式列表：

$Z_1 : y$

$Z_2 : X$

$Z_3 : (Xy)$

$Z_4 : (XoX)$

$Z_5 : (XXoy)$

$Z_6 : (XoXX)$

$Z_7 : (XXoXXoy)$

$Z_8 : (XoXoXX)$

　　这些分布式过程还可以以更为复杂的方式重现。比方说，通过
79　与单个单元集群相同的生成方式，一系列的单元集群能够被再次围
以括号进而生成由集群组成的集群。同样也能生成由组团形成的组
团。在组团过程中，如果我们在更多的封闭单元之间围以括号，那
么我们也能够生成一种形式，在这种形式中定义出珠环轮廓的孤岛
们变得越来越不规则，且逐渐被蜿蜒曲折的庭院所渗透——而我们
只需要让更多的封闭单元随机地彼此连接即可。对于中央空间型过

程来说，如果我们引入括号从而使每个初始单元自身变为一组连续的单元集群，并且仍然要求它们与中央空间直接相连，那么我们将可以得到由绵延的封闭单元队列夹裹着一个中央空间的形式——即一条长街而非一片乡村草坪。我们还可以用同样类型的基本生成机制来替换这个基本生成机制中的每个封闭单元——同时要求所有封闭单元都与由它们的布局所界定的空间 y 直接相关——于是我们便可以由此发展出"交叉十字路"的形式，我们可以将对象进一步添加到它的每条"支路"上去。

在环状街道型生成机制里，我们可以以 o 型关联的方式引入更多的主体单元，从而界定了一个同心扩展的环形街道系统。我们可以随心所欲地延续这个过程，只要我们在必要的地方引入圆括号，以便指明新的环形将位于哪些现有的环形之间。或者，我们也可以以加括号的方式添加多组单元，但并不产生新的 o 型关联，这样我们便指明了一种对称性扩展的环状街道过程，即我们新加入的环形与系统中已有的环形相邻并相交。举例来说，如果公式中的第二组封闭单元变成了一对单元组群，那么结果是外围组群与内部这一对离散的组群将界定出一对彼此相交的环形，而非单一的环形。显然，我们也可以扩展这个过程从而获得足够多的这种对称的环形。对环状街道生成机制的这两种对称与非对称性的扩展方式，都帮助我们洞悉了有关街道系统的本质结构。这种系统的本质是这些环形——而非诸如单一的线性空间等——在所有合理的大的系统当中，每一条街道都是由一对环形产生的独特的交集，而每一片广场或是集市都是由多个环形构成的独特的交集。这似乎精确地捕捉到了有关街道的特性，即：它是一个独特而鲜明的实体，不过只有当它同时从属于一个庞大得多的空间关联系统时，它才具有这样的特点。

非分布式形式中对关联的重复也会依据被重复之关联的不同而有所不同。如果创造出边界的转换——即自我协调的单元——得以在同一个对象上不断地重复，那么我们将会得到一个多重单元的对象，其单元数目即变形被重复的次数。我们已经知道，重复同心型关联将会产生更多的同心型关联，尽管在有些情形中，新单元与 o 型关联被添入基本形式中时并未被赋予圆形括号——言下之意即指被赋予了方形括号——意味着添入的第三个单元将位于内外边界之间。住宅区或街区型句法都能够重复封闭单元或是重复那些包含着封闭单元的边界，对封闭单元的重复将会产生一个层次关系较少的形式，而对边界的重复则会生成一个层次关系更多的形式。对克拉尔型句法来说同样如此。最简单的重复即在公式的结尾处增添新的对象单元，但是增添更复杂

80

的关联同样也是可能的，这当然包括有关整个结构的关联。不管是哪一种情形，正如在分布式案例中那样，句法的重复形式取决于新单元被加入的位置中由何种结构关系的主导。

不过，在目前阶段，这种尝试的局限性已经逐渐变得清晰起来。我们应用这些简单的生成性概念所面对的情形越复杂，那么这种关联结构似乎就越是笼统，随之而来的描述也就越发贫乏无力。我们至多可以指出，通常我们能够通过参照基本生成机制及它们的递归过程来对空间模式的全局形式给出一个近似而不完美的概述。下一章中，我们将通过一种不太一样的手段来使用这些基本生成机制，从而对复杂的实际案例进行分析。

我们进而限制了本章的宗旨：这一章仅仅表明无论空间秩序变得如何复杂，它似乎仍然源于特定的基本关联性概念，这些概念或独立，或联合起来作为潜在随机过程的约束条件。实际上它表明，如果我们向一个生长的集合中添加一个单元，那么这个新加入的单元可能位于其余单元的外部，在这种情况下它可以与其余单元毫无关系，可以具有连续的相邻关系，也可以与其余单元共同界定一个空间或是界定一个环形。或者，它也可能位于其余单元的内部，那么它可能以同心方式单独地位于单元的内部，也可能与其他多个单元并列位于上一级边界之中，或是夹在内外边界之间，这些可能性实际上都是存在的。因此我们认为，人类的空间组织逻辑既是对这些可能性的探索，也被这些可能性束缚着。

我们运用表意文字语言，这是为了表明我们无须超越原始对象与关联，就能够严格地表述这些结构以及它们固有的复杂性，即那些开放与封闭单元，以及分布式与非分布式、对称性与非对称性等基本的句法关联。

在接下来的三个章节中，只有这些将被引入分析方法中，有关对象与关联的基本概念才会得到阐释。某种程度上，这些生成结构连同有关它们的表意文字语言都被丢在了一边，并且不会再次出现。我们不过是借用它们来说明：基本空间语汇中那些根本的复杂形式类型是建立在这些基本概念之上的一个变换系统。不过，对于应用它们进行分析来说，这些结构太过复杂，以致难以作为一个客观而基于观察的分析过程的可靠基础。在进行这种分析时，我们仅仅依赖对基本对象以及关联本身的考察。我们可以推测，这些也能够展现为一种生成句法，这很有趣。不过接下来的论述，并不取决于这种推测的正确与否。尽管空间分析建立在与生成句法学相同的基础之上，但它却是一种独立的思维结构。

81

　　实际上，本书的论证至此开始沿着两个方向展开。接下来的三个章节取用了有关对象与关联的基本空间概念，并把它们发展成了一系列关于空间模式的分析手段，我们希望通过这些手段能够推断出有关模式的社会含义。再接下来的三章则取用了随机过程约束的一般模型，把它作为一种认识途径进而全面地理解社会结构的空间维度。因此，沿这两个方向展开的论述，都没有完全运用到我们所陈述的生成模型，但两者都建立在该生成模型的基础之上。尽管我们也许已经穷尽了生成句法本身，然而在随后论述中，由此建立的空间及认知学概念是关键的分析阶段中所尝试运用的工具。

第三章　聚居地布局分析

摘要

　　我们借用一系列基本的生成性概念，运用生成句法来描述空间秩序，以此构成了一套聚居地形态分析方法的基础，同时还引入了概念，用于研究那些关联之中所涉及空间的种类与数量。该分析模型将人类聚居地视为两极系统，被安置在基本单元或建筑物（比如房屋）与载体（聚居地外界）之间。我们把位于这两个领域之间的空间结构，看作是接合两种不同类型关联的一种方式，即系统中那些居民之间的关联和系统中居民与外来访客之间的关联。这种分析方法的精髓在于：首先它建立了一种方法，能够兼顾聚居地的整体与局部结构；其次，由此而来，它建立了这样一种方法来描述空间，使其社会根源与社会后果构成了这种描述本身的一部分。不过，我们必须承认，到目前为止，这种联系只能说是不证自明的，而非已被证明的。

个体与类别

　　在这个阶段，读者也许期望运用句法手段的最终成果，给某种有关理想化聚居地形式进行分类索引，继而通过直观地与理想形式进行比较，并选出最接近的形式，这样任何现实案例都能够被类型化并标签化。出于我们之前论述句法的方式，即我们运用案例来图解句法表达式与空间模式之间的联系，使其尽可能地显而易见，于是我们在不经意之中更加强化了读者的这种期望。不幸的是，这种案例的选择带有明确的偏向性，它们的规模都很小，结构简单且一致；而这无疑给予读者这样一个错觉，即只需进行简单的直观比较，我们就能够分析所有的聚居地形式。

　　读者应当摒弃这种想法，且绝不要抱有上述那种期望。句法理论的根本观点并非主张聚居地形态与社会力量相互联系，而是产生聚居地形态的机制与产生社会力量的机制之间相互联系。只有在那些最为 83

简单的案例中，我们才可能指望那些社会因素与生成机制足够少而统一，以至于我们能够立刻识别出它们。而绝大多数的真实案例往往是独特的个案。很重要的一点是因为对研究分析来说，一个案例与另一个案例之间的差异点经常与其相似点同样显著。甚至对同属一大类的例子来说，也是如此。

我们以 19 世纪绘制的英国北部地区地图中规模依次渐变的三对聚落为例 [图 24 (a) — (f)]。英国北部地区六个不同规模的聚落，既存在共性，又有不同点。缪克（Muker）与米德斯穆尔（Middlesmoor）是其中最小的两个聚居地，尽管均为珠环形式的变体，却与法国的案例有所不同。不像法国聚居地那样仅有一个大的组团，这些英国聚居地中有若干个小型组团，它们所界定的空间相对模糊一些，也更为宽敞。总体来说，较之同样类型的法国案例，它们显得更为松散。赫普顿斯托尔（Heptonstall）和科克斯沃尔德（Kirkoswald）规模适中，它们均拥有珠环状组成部分与强烈的向外线性延伸的部分，所有线性部分都呈现为一串串珠子的形式，但其珠子特性各不相同。格拉辛顿（Grassington）和霍斯（Hawes）是其中规模最大的，它们仍然具有珠环的特性，不过大多是在更为广阔的尺度上体现出来。同样，它们还具备代表绝大多数英国城镇的一个全局特征：尽管局部发展出大量环状形式，整体仍然呈现出线性布局形式。实际上，在上述任何一个案例中，句法说似乎都印证了外来访客的直觉感受，即这组聚居地存在着某种属类相似性。尽管如此，每个案例仍然能够作为一个独特的个体而极易识别。

不过，通过句法我们有可能表明，这些聚居地由相同走向差异、由等价的同类事物分化为不同的个体，其所经由的途径也正是由局部生成机制发展为全局形态的过程。我们不能简单地认为，某几类特定的生成机制赋予了每个个体的全局组构特性。这种全局组构特性源于这些生成机制在实际应用中的变体是如何支配一个聚集扩张的生长过程的。因此，我们要把句法理论从一系列抽象的法则推进为一种操作技术，所需要的并非一种识别过程，而是一套分析方法，使得我们能够捕捉和表达的，不仅是这些聚居地由局部发展到全局形态过程中，存在那些共同的生成机制，还包括那些显著的个体差异。我们必须找到某种方法，能够兼顾其共性与个性。

埃尔萨瑟（Elsasser）以理论生物学家的视角出发，通过对个性进行定义，为我们提供了一个有益的起点。他提出，任何组合系统——比如说排布在网格中的黑色与白色方块——都会生成一定数量的不同结构或个体。[1] 理论上，可能出现的结构数目超过目前为止现实世界

（a）缪克（Muker）

图24 （a）—（f）英国北部地区六个不同规模的聚落，既存在共性，又有不同点

中已出现的实际案例的，其超越得越多，则每个现实案例作为独一无二的可能性也就越高。越是如此，就存在越多的个性与有关个体的理论难题。埃尔萨瑟通过对比，形象地阐述了个性难题的普遍存在：一个简单的 10×10 网格所能够生成的可能结构数目是 10^{200}，而宇宙起始到现在所流逝的时间才大约是 10^{18} 秒。

86

个体性难题的另一个提法即"组合爆炸"，就像大多数运用排列组合方法来模拟某些"相似差异"现象的尝试都会碰到的那样。由于排列组合系统总是倾向于生成过多不同的个体，因而首要问题常常是先针对系统生成的众多个体，定义出等价的类别。而句法理论通过把等价类别定义为，由施加于潜在随机过程之上的相同约束条件所生成的全部形态，期望以此从一开始就规避这个难题。因此，这项理论告

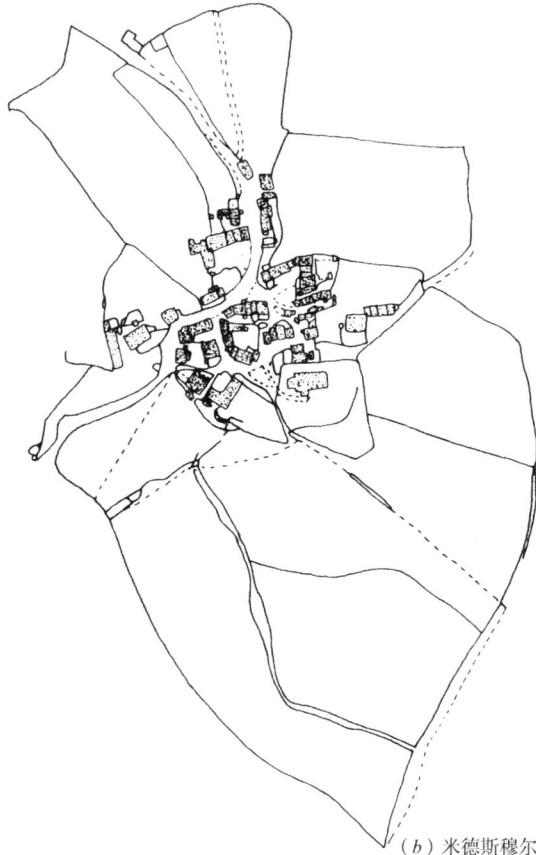

图 24（续）   （b）米德斯穆尔（Middlesmoor）

诉我们，在探索现实世界的空间模式时，该忽略什么，同时又该专注于什么。这样一来，一个基本问题便涌现了出来：若是空间句法理论接纳了个体的概念，是否意味着同时也重新接纳了组合爆炸？随之而来的是，是否我们在发表有关空间形态的普适性观点——甚至只是普适性的描述——时，都不得不面对重重限制与约束？

87   答案是否定的，原因在于我们并未考虑具体数目。读者可以回想之前我们讨论空间结构的概念时，对捉迷藏游戏进行的分析。我们说明了该游戏所依据的抽象空间模型同时包含拓扑与数值两方面因素；也就是说，要在一个特定的地点使该游戏具备游戏性，那么必须要存在足够数量（但不能过多）的特定的空间关联。目前为止，我们对句法理论的阐述实际上忽略了具体的数值维度，而仅仅区分了单数与复
88 数情形，并允许随意重复所有递归过程。然而，具体数值控制着特定的句法关联在一个复合体中的实现程度，显然若不能指出特定关联类型的呈现程度，我们就无法对现实案例进行恰当的描述。实际上，这套分析方法将会主要涉及如何量化地表示不同的生成机制对特定聚居地形式的作用程度，这样才能便于我们解决有关个体性的难题。一般

（c）赫普顿斯托尔（Heptonstall） 图24（续）

说来，我们认为经由结构可以对形式进行等价的分类，而具体数值则造就了个体。

我们可以以两种不同的方式将数值引入句法当中。首先，可以谈论作用于一个特定空间或对象的某种句法关联的数目。其次，可以量化被赋予那些关联的空间（或是对象的大小）。若我们牵涉形状的问题，那么后者在数值上也许会变得更为复杂。形状被平面化地视为关于布局的一部分，它常常牵涉某个空间或对象在这个或另一个维度上延展的不同，以及有关空间的面积周长比等。

然而究竟通过计算什么，才能够彰显出一个聚居地结构与另一个之间的差异呢？从这个角度出发，聚居地的平面格外没有意义。大多数聚居地看似都是由一些相同的"元素"组成的：包括"闭合"的元素，比如住宅、店铺、公共建筑等，这些闭合元素通过聚合过程，又界定了一个或多或少带有公共性质的"开放"空间系统——街道、小巷、广场等等，它们将整个聚居地紧密联系在一起，从而形成一个连贯的系统。究竟是什么赋予某个聚居地以空间个性，同时又给予它与同类聚居地之间的共性？

89

图 24（续）　　　　　　　　　　　　　　　　　　　　（d）科克斯沃尔德（Kirkoswald）

　　日常经验和常识告诉我们，答案只能从两者之间的联系中寻找：房屋依据它们聚集在一起的方式，塑造了一个开放空间系统；而正是这个开放空间系统的形式和形状，构成了我们关于该聚居地的体验。但若是句法分析与定量分析专注于由闭合元素的布局，来界定开放元素形状所借助的这种关联，则会面临巨大的困难。很重要的一点（与闭合元素不同，闭合元素无论作为单体抑或街区都清晰可辨）在于，一个聚居地的开放空间结构是一个连续的空间。那么到底该如何对其进行分析，同时又不违背其连续性本质呢？

　　在这里，我们感受到了巨大的困难。如果像在规划实践中那样，把系统表述为一个拓扑网络，那么我们将会丢失大量有关系统的特质。同一等级的分类过于庞杂，以致我们既无法对其个性进行分析，亦无法深究该系统的普遍性特质。从另一方面来说，如果我们依据建筑学方法，把系统的某些部分称为"空间"，另一部分称为"路径"[2]（可能源于我们潜意识认为所有传统聚居地均由"街道与广场"组成），那么在大多数实际案例中，我们将不可避免地苦于区分哪些是"空间"，哪些又是"路径"，通常这类难题会被主观而武断地处理，于是损害了从这样的分析中所能得到的益处。[3]

（e）格拉辛顿（Grassington）   图24（续）

    因此，在对聚居地进行分析之前，首先存在着这样一个问题：不仅从聚居地本身的开放空间系统自身方面，也从它与闭合元素（房屋）的互动界面方面，如何对该开放空间系统进行可视化呈现，最好是客观地呈现，并以此识别和计算句法上的关联。接下来的一节内容是通过建立基本模型，对聚居地进行描述、分析与诠释，从而尝试着解决这个难题。借助一些具有启发性的案例，我们描述了一个循序渐进的分析过程。我们将这一整套方法、模型与过程称为"阿尔法分析法"（alpha-analysis），其目的是区别于我们将在下一章中介绍的建筑物室内分析 [伽马分析法（gamma-analysis）]。[4]

90

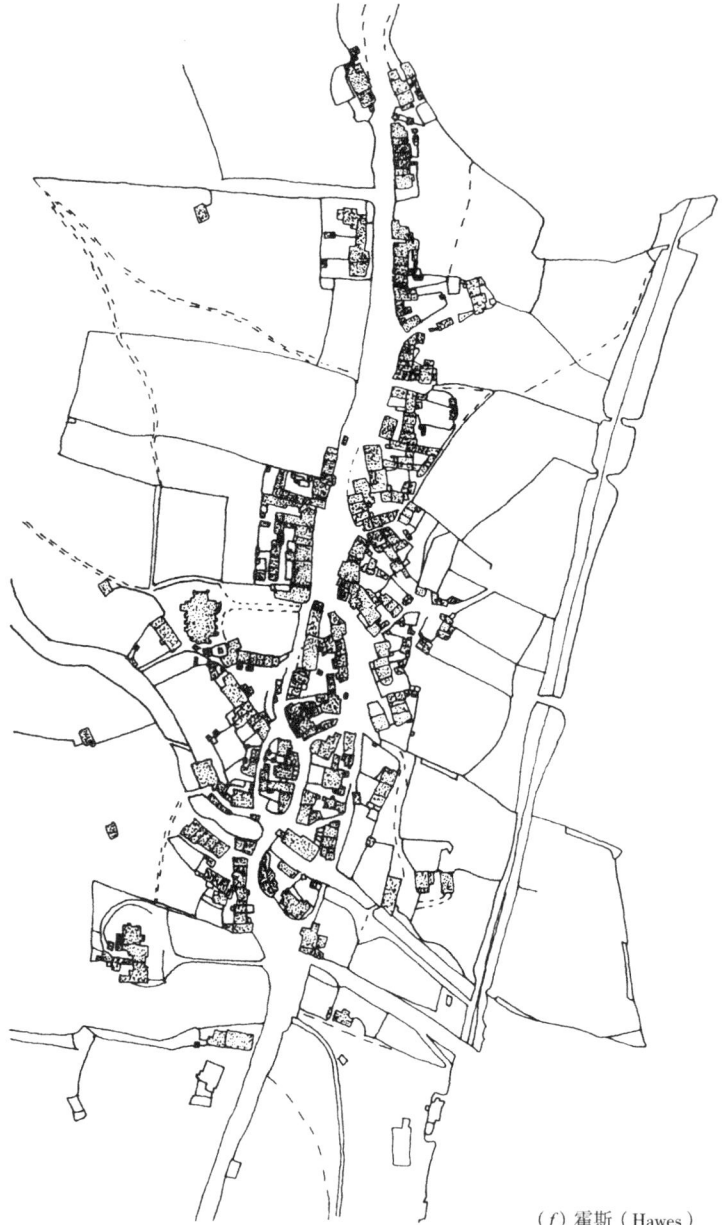

图24（续）

(f) 霍斯（Hawes）

呈现、分析与诠释的句法模型：阿尔法分析法

阿尔法分析（有关聚居地的句法分析）的核心问题是如何能够图解呈现出连续开放空间。图25是用常用方式描绘的法国小镇G的底层平面图。图26对该系统进行了一种图底倒置，将开放空间施以阴影，而略去了房屋部分。问题在于我们如何以一种结构与定量的角度来分析图26的构成方式。

图 25　位 于 法 国 瓦 尔（Var）地区的小镇 G

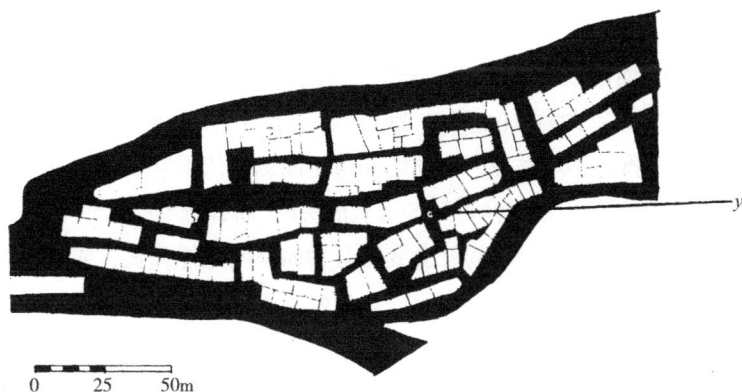

图 26　小镇 G 的开放空间结构

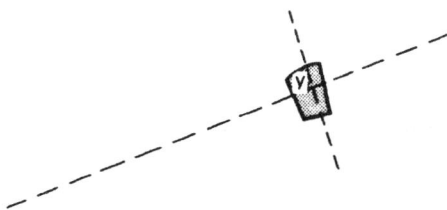

图 27　从凸向与轴向两个角度来观察点 y

　　乍看之下，这个倒置的图像似乎是由一系列不规则且相交的环形构成的某种变形网格。然而，根据我们在前一章讲述的内容进一步观察，就能得到更多信息。从局部层面来看，该空间系统似乎处处都近似一个珠环状系统，因为随处可见空间放大，进而形成不规则的珠子形状，或是收窄形成珠链，而同时又与自身相接，因此从一处空间到其他任意一处空间总有可供选择的路线。

　　不过，我们无法通过指明怎样算是一颗珠子或一段珠链，从而解决这个描述上的难题。我们需要同时从这两个属性方面，来观察整个系统，或者确切地说，依次从这两个方面进行观察。我们可以将"链

91

性"（stringiness）界定为与空间在一个维度上的延伸相关，而"珠性"（beadiness）则与空间在两个维度上的延展有关。该空间结构中的任意一点（如标记为 y 的一点）都可以被视作一个呈线性延伸的空间的一部分。我们用穿过该点的虚线表示该点沿一条直线所能达到的最大全局或轴向延展。然而，点 y 同时也是一个完全凸形空间的一部分，我们以阴影区域将之表示出来；该空间不仅描述了沿第一个维度的最大延展，还表达了沿第二个维度的延展。因此在第一个例子中，我们认为可以依据空间的一维与二维延伸情况以及这两者之间的关联，来表示一个空间系统与另一个空间系统的差异。

这两种类型的延伸都能够被客观地描述。用数量最少的一系列直线穿越全部凸形空间且保持所有轴向直线的连接关系（有关过程细节见后文的 1.03 节），即为一张能够表示该聚居地开放空间结构的轴线图（图 28）。而以数量最少、体型最大的一组凸形空间覆盖整个系统（有关过程细节见后文的 1.01 节），则可以得到一张凸形图（图 29）。从这些图中，我们不难发现，不同的城市空间结构依据它们组成部分的轴向、凸向延展程度以及两种延伸形式的关联，而有所不同。举例来说，若系统非常规整，凸形空间就会变得与轴向空间同样狭长，或者就像小镇 G 似的，很多轴线都会穿越一系列彼此相邻的凸形空间。

92

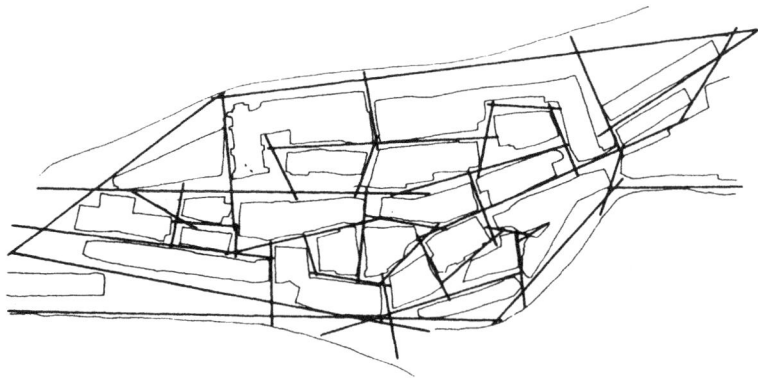

图 28　小镇 G 的轴线图

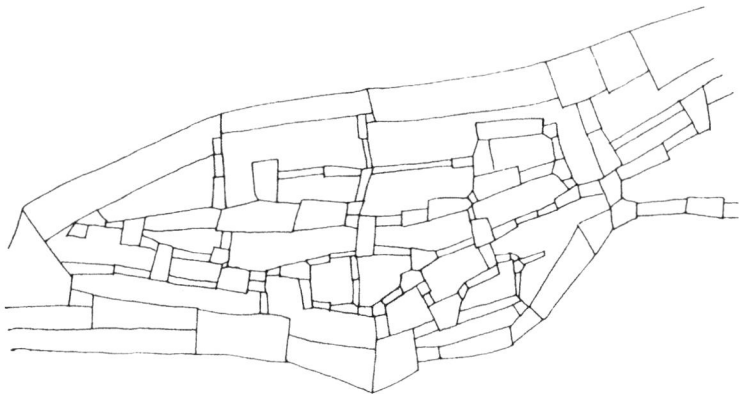

图 29　小镇 G 的凸形图

由于这种空间结构（我们可以从轴向、凸向，或是轴向与凸向延展之间的关联角度来考量）源于建筑物或其他诸如花园、公园等有边界区域的布局，因此我们同样可以通过探讨这些房屋、店铺、公共建筑等与空间如何相邻，抑或直接还是间接地对空间开放等，来对其进行描述。如果建筑物与一个轴向或凸形空间直接可达，则我们称该空间由这些建筑物构成；但如果与该空间相邻的建筑并非直接可达，则我们称该空间未被建构。如此，我们就可以根据这些轴向与凸形空间系统的内在结构、它们彼此的联系、它们与界定系统的建筑物的关系，以及它们与系统外部世界的关联等方面，来对其进行讨论。

现在我们引入两个关键的概念。一是空间的"描述"，这是建筑物及其他空间的一系列句法关联，它们共同界定了一个特定的空间；二是空间的"共时性"（synchrony），这表明被赋予那些关联之中的空间数量。使用"共时性"这个提法来描述空间一开始会显得古怪，但我们这样使用它是源于从聚居地结构的句法生成背景考虑，它符合一个基本的经验事实。所谓的"结构"通常是一个共时性的概念，它描述了某一时间节点上维系的一系列关联。生成性句法模型则引入了有关结构的"历时性"（diachronic）概念，其中结构是逐步生长起来的。

93

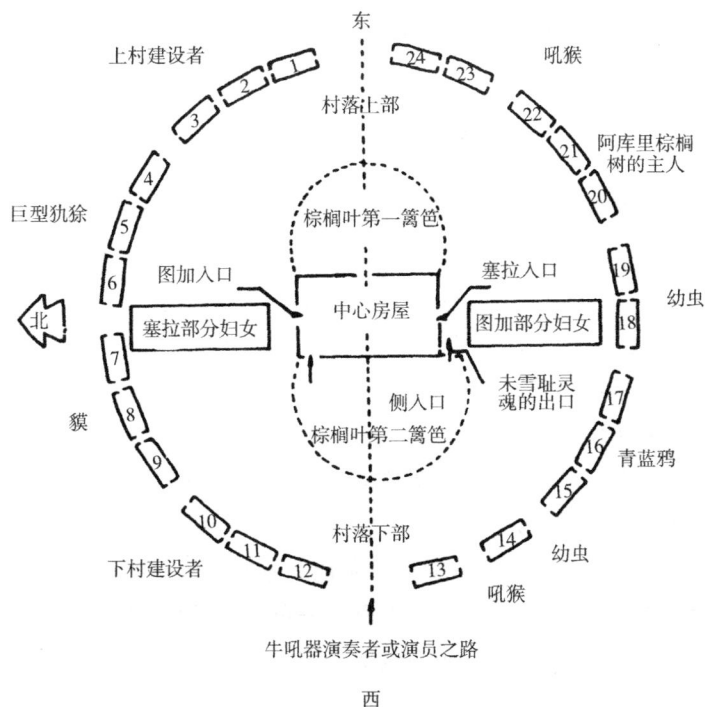

图 30 博罗罗（Bororo）人村落图解，根据列维-施特劳斯（Lévi-Strauss）的绘制改绘

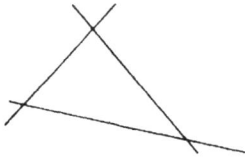
图31

将空间赋予特定关联中的要点在于，它使得那些关联得以同时发生。这样使得它们作为一种共时性的关联结构得以体验。被赋予这些关联之中的空间越多，这种共时性就越是被强调。于是，我们可以在某种特定描述中，赋予更多的双维度空间来增加其"凸向共时性"；而通过向某个描述中，赋予更多单一维度的空间来增加其"轴向共时性"。因此，列维－施特劳斯所描述的博罗罗（Bororo）村落在这两方面都是高度共时性的，其原因是它的中心区域包含有大量的凸形空间。博罗罗人村落同时也极具描述性，这是由于大量的对象（即房屋）与那个空间相关联。[5]

一旦空间系统被呈现了出来，我们就可以将它作为一个句法关联系统加以分析。这也就意味着，我们将从对称－非对称和分布式－非分布式等基本属性方面来分析它。在展示这个分析过程之前，我们需要先将轴向或凸向空间系统转译为一个图形，在这个表述方法中，我们以小圆圈表示空间，以连接它们的线表示它们之间的关联。比方说，

94

图32
可以被表示为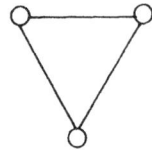

图33
而轴线图

图34
可以被表示为

轴线图遵循数学上习惯的抽象提法，若是空间 a 对 b 的关系等同于 b 对 a 的关系，则我们把这两个空间的关联称为对称的。举例来说，图35中 a 与 b 的关系是对称的，正如它们各自与 c 的关系同样也是对称的。与此相反，在图36中，从 c 的角度来说，a 对 b 的关系不同于 b 对 a，因为由 a 出发须经过 b 方能到达 c，而由 b 至 c 却无须经过 a。这种类型的关联被称为非对称，我们可以发现这种关联总是涉及有关"深度"的概念，因为我们从一处空间走到另一处空间必须要经过其他某些空间。

若从空间 a 至空间 b 存在一条以上不交叉的路线，那么我们就把这两个空间 a 与 b 之间的关联称为分布式，而若只存在一条不交叉的路线，则我们把这种关联称为非分布式。须注意的是，该属性完全独立于对称－非对称属性。举例来说，从 a 的角度看，图37结合了

图35
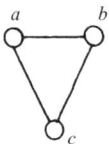

图36

非分布式和对称特性；而图 38 则结合了分布式和非对称性。实际上，在一个非分布式系统中，从系统中一点到其他任意一点，绝不会存在一条以上的路线；而在一个分布式系统中，那些路线总是会形成许多环路。

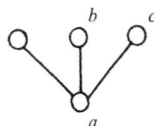

图 37

这些基本的描述性与关联性概念已经足以使我们对不同的空间形态进行定量分析。事实上，我们可以从轴向与凸向、分布式与非分布式、对称与非对称等角度，在局部和整体层面对任何一个城市空间结构进行量度。尽管阿尔法分析法旨在提供一种严谨而"客观"的描述，从而便于不同城市形态之间的比较，但该分析的目的并不仅仅是提供另一种描述，而是为了表达这些差异如何源于它们特定的形态、结构和不同的社会意图，同时又是如何体现在其中的。看起来，这些基本概念似乎已足以允许我们构建一个有关城市空间结构的通用描述框架。我们把这个框架以一系列的基本假设呈现出来，它们涉及城市空间的根本法则及其基本"社会逻辑"。

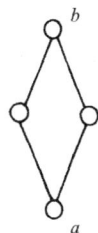

图 38

这些基本假设如下：

95

（a）我们选取研究的每个聚居地，或聚居地的某一部分至少由这些组成：

一组基本单元或建筑物（住房、店铺以及其他类似重复的元素）集合，我们称之为 X；

一个环绕空间，它游离于聚居地之外，并不从属于聚居地，或许是未建好的乡间，或许仅仅是一个城镇的周边部分。不管它究竟是什么，我们都把它视为一个单一实体，即我们感兴趣的这个系统的载体，并将其记为 Y；

这些建筑物中的一些或全部可能还叠加着一些次一级的边界（花园、住区边界、庭院边界等），它们介于聚居地的无边界空间与这些建筑物之间。我们把这类次一级的边界统称为 x；

一个由 X 或 x 界定的连续开放空间系统，其形态与结构完全由 X 和 x 的布局决定。我们将这个开放空间结构称为 y。因此，任何结构，比如街道与广场的结构都可以被简单地视为 y；

每个聚居地都在系统的封闭部分与开放部分之间构筑了一个界面；该界面可能是一个 X-y 界面，也可能是一个 x-y 界面（X-Y 界面是一组完全分散的建筑物，x-Y 界面则是一组完全分散的次要边界）；

（b）于是我们可以将每个聚居地都视为由部分或全部 X-x-y-Y 组成的一个序列。这个序列可以被看作一个"两极"系统，其中一极（最为局部）以 X 表示，而另一极（最为整体）以 Y 表示。X 极由许多实体组成，包括该聚居地的所有建筑，而 Y 则可以依据我们的意图而被视为一个毫无分别的单一实体，只要它能够代表研究系统外部包含或承载着该系统的世界。因此，系统的界面包括介于 X 与 Y 之间的全部结构；

（c）系统的两极对应于使用该系统的两类不同人群之间的一个基本社会学差异：X 是聚居地居民占有的领域，而 Y 是外来访客的领域（即那些可能出现在系统中的外来人员）。因此，该界面是有关两个不同类型的关联之间的界面：一类是存在于系统内居民之间的关联，另一类则是居民与外来访客之间的关联。每一种聚居地形式都同时受到这两类关联的影响，而每一种句法分析都能够，且必须同时从这两方面进行分析。可以毫不夸张地说，有关空间分析的句法理论就依赖于从这两方面进行比较；

（d）聚居地的 y 空间，即公共开放空间结构不仅需要从这两方面进行思考，还须以我们前面提及的那两种方式进行思考。换言之，还需要从它的轴向特性与凸向特性方面进行考量，既要单独分析，又要考虑它们彼此的联系。既然轴向特性指示了线性（单维度）整合空间系统的最大全局延展情况，而凸向特性指示了双维度整合空间系统的最大局部延展情况，则它们在社会学层面的指代对象也随之而来。轴向特性涉及系统的全局架构，因而表明了从 Y 的视角出发系统的组织情况，或者换句话说，与进入以及穿越该系统的人流运动相关；而凸向特性则更多涉及系统的局部架构，因而表明了从 X 视角出发系统的组织情况，换句话说，即已经存在于系统中的静态元素视角下的系统组构情况；

（e）系统中的每一个凸形空间或轴向空间都有其特定的描述，亦即存在与 X、x、y 以及 Y 的一系列特定的句法关联，依据其对称 – 非对称性与分布式 – 非分布式的程度，我们可以对它们进行描述与量化。这些数值表明了空间受单一或多重控制的程度。也就是说，该空间在多大程度上参与进一个环路系统，以及就全局系统而言，该空间的整合或隔绝程度，比如，一个空间在多大程度上使得聚居地的其余部分变得浅近而直接可达；

（f）每个凸形空间或轴向空间都有其特定的共时性。也就是说，有特定数量的轴向或凸形空间被赋予一个描述之中。随着赋予其中的空间数量的增多，将一条轴线沿直线方向拉长或是使凸形空间显著增大，就会给予其描述以更多的强调。另一方面，将大量具有同样描述的空间赋予一个市场，有别于将同样数量的空间赋予一个练兵场，原因在于后者的句法描述形式不同于前者。一般来说，为数不多的空间就足以构成一个描述，而为数庞大的空间则会进一步深化这个描述。也就是说，它会强调该描述的象征性。

（g）描述越是呈现为对称性（总是针对X与Y而言），那么不同的社会种群（比如当地居民和外来访客）就越是存在整合的趋势。相反，描述越是呈现为非对称性，那么不同的社会种群就越是存在隔离的趋势。当描述更多地呈现为分布式（同样是针对X与Y而言），表明了一种趋向于分散的空间控制；而若描述更多地呈现为非分布式，则表明了一种趋向于单一而强势的空间控制；

（h）最后，这些有关空间的描述可能既与构成系统的日常建筑相关，也与位于城市结构中的各种公共建筑有关。比方说，系统的整体组织可以完全由日常建筑构成，而那些公共建筑要么隐匿在主要轴线系统之外，要么与日常建筑的关联方式雷同。或者，将是另一种极端情况，即日常建筑被挪到了全局轴线系统之外，而仅仅由主要的公共建筑构成了该全局系统。

分析的步骤

在这样的框架之下，我们可以通过一个实例来阐述分析的步骤。[6]进行阿尔法分析需要有精确的地图。虽然我们曾用比例尺为1∶10000的地图成功进行过分析，但最佳比例大约是1∶1250，最好标明了所有建筑的入口。如果无法精确知道入口的位置，我们就只能对部分关键句法属性进行分析，而不是全部。我们将要分析的案例是图25中的小镇G。若有拍摄的照片，也能提供一些有益的帮助。不过接下来的分析过程并不依赖这些相片记录，我们只需依据地图本身就可以完成所有的分析。

一、标有数字的地图

1. 凸形图

1.01　绘制一张有关聚落的凸形图（参见图29），即在图中，y型空间被分解到若干尽可能大的凸形空间之中，因而所有的y型空间都被纳入它所能被归入的最大的凸形空间之中。有关凸形的严格数学定义为：在凸形边缘任意一点所作切线均不会穿越凸形内的任意一点。也许这样理解凸形会容易一些，即当从凸形内任意一点向其他任意一点连线时，直线并不会跃到凸形本身的边界之外。图39给出了一个凸形空间的例子，并连同给出了一个存在凹面的空间实例。事实上，绘制一张凸形图非常容易。只需找到最大的凸形空间，将其纳入

97

98

进来，然后找到仅次于它的凸形空间，依此类推直到将所有空间计算在内。如果从直观区分比较困难，那么我们可以分两步来界定凸形空间：首先，利用圆形模板找出在 y 型空间的哪些地方可以绘制出最大的圆形；然后，在不违背凸形定义以及不损害其他空间大小的前提下，尽可能地扩展每一个圆形。无论使用哪一种方法，都须事先解决一个问题，即必须决定我们将忽略哪些层面上的有关 X 或 x 的细节。实际上，我们需要确定建筑物或边界的变形，在何种情况下才会对凸形空间的变化产生影响，这点在实践中并不像听起来那么困难与含混，只要在该聚居地样本中始终如一地贯彻这个决定，就不会成为一个问题。而当我们进行环境细化(landscaping)的时候则会进一步引出一个难题。环境细化是指 y 型空间中那些源于 X 或 x 之外的品质差异的形成，它对环境进行了"微调"。由于"微调"本身是一个与空间相关的问题，因而解决这个问题的最好方式莫过于绘制两张凸形图：一张最简化的地图，仅把 X 与 x 考虑在内；还有一张最为繁复的或经过微调的地图，把有关 y 型空间的所有深层差异都囊括进来。我们同样可以运用这个方法来处理 X 与 x 中的微妙连接关系。

2. 凸形特性的度量

1.02　一旦我们绘制完成凸形图，我们就可以度量 y 型空间在多大程度上被分解为凸形空间。通常来说，最简易且最有效的方式就是将凸形空间的数量除以建筑物的数量。这说明相应数量的建筑物对应有多少的"凸形转接"：

$$凸形转接度 = \frac{凸性空间的数量}{建筑物的数量} \qquad (1)$$

对于小镇 G 来说，该数值为 114/225 或 0.912。显然，较低的数值表明凸形的分裂较少，因而有更多的共时性，反之亦然。不过，如果我们对该网格的凸向变形程度感兴趣，那么我们可以通过与一个具有同样数量"孤岛"(我们把孤岛定义为完全由 y 型空间包围的一组由连续相接的建筑物组成的街区)的规整网格中可能存在的最少凸形空间的数量进行比较。如果孤岛的数量是 I，而凸形空间的数量是 C，那么该系统的"网格凸形度"即可这样计算：

$$网格凸形度 = \frac{(\sqrt{I}+1)^2}{C} \qquad (2)$$

上述公式将凸形图与正交网格进行了比较。在这个正交网格中，凸形空间在一个维度上完全延展并覆盖系统，而在另一维度上则填满阶梯似的间隙。该公式会得到介于 0 与 1 之间的数值，较高的数值表明网格的变形较少，而较低的数值则表明网格发生了较大的变形。小

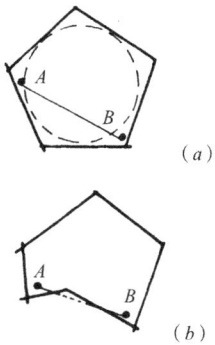

图 39

(a) 凸形空间：空间内任意两点的连线都不会跃出空间；

(b) 凹形空间：A 与 B 之间的连线跃到了空间之外

99

镇 G 的相应数值为（$\sqrt{24}$ +1）^{2}/114=0.305。

3. 轴线图以及轴向特性的度量

1.03　接着我们绘制一张聚居地轴线图。首先找到在 y 型空间中，可以绘出的最长的直线，然后将它绘制于覆盖在上方的描图纸上，然后再绘出第二长的直线，依此类推直到所有的凸形空间均被直线穿越，且所有轴线与其他轴线的可能具有的交接关系都无遗漏且无重复地交代清楚（参见图 28），这样我们便可以计算它的"轴向转接度"。最简明的方式就是比较轴线数目与建筑物的数目：

$$轴向转接度 = \frac{轴线数量}{建筑物数量} \quad （3）$$

数值较低表明具有较高的轴向特性，而数值较高则意味着更多的轴向断裂。小镇 G 的相关数值为 41/125 或 0.328。在一些案例中，用同样的方式对轴线数量与凸形空间数量进行比较，同样能够为我们提供有用的信息。此时较低的数值意味着凸形空间具有较高的轴向整合度，反之亦然：

$$凸形空间的轴向整合度 = \frac{轴线数量}{凸性空间数量} \quad （4）$$

小镇 G 的相关数值为 41/114 或 0.360。我们同样可以通过下式将其与具有相同数量孤岛的正交网格进行对比：

$$网格同轴度 = \frac{（\sqrt{I} \times 2）+2}{L} \quad （5）$$

其中 I 是孤岛的数量，L 是轴线的数量。同样，其结果是一个介于 0 与 1 之间的数值。然而，此时较高的数值表明更接近于一个网格形态，而较低的数值则意味着更大的轴向变形。这样一来，两个等式显然是有差别的，因为轴线允许相互之间渗透，而凸形空间却不行。小镇 G 的相关数值为（24×2）+2/41=0.288。一般来说，0.25 及更高的数值表征了一个"网格状"的系统，而 0.15 及更低的数值则表征了一个轴向上发生了较多变形的系统。如果系统中存在着仅有单一联系的空间，那么我们应当分两次来计算网格同轴度：其中一次将仅有单一联系的空间包含在内进行计算；另一次则将其剔除在外进行计算。根据定义，仅有单一联系的空间并不会对孤岛的数量产生影响。

4. y 型图

1.04　以凸形图和轴线图为开端，我们可以对相关句法特性做出更多有用的呈现。首先我们可以绘制出 y 型图，它将凸形图转化为了一张示意图，即在该示意图中，我们用点来表示空间（实际上我们用一个个小圆圈标明了凸形空间），而通过点与点之间的连线来表明它们之间的联系（比如邻接关系），参见图 40（a）。要绘制 y 型图，只需在每个凸形空间里放置一个圆圈（当然还是利用描图纸）。接着，若凸形空间之间共用一条边或一条边的一部分（但不包括仅共用一个顶点的情况），那么我们就将相应的圆圈连线。当然，我们同样可以绘制出有关轴线系统的类似图示。不过总的说来，该图示的结构将会过于复杂，我们很难直观地获取多少句法方面的信息。

图 40

（a）小镇 G 的 y 型图。每个圆圈都是一个凸形空间，每个相邻可达的空间之间都以线相连

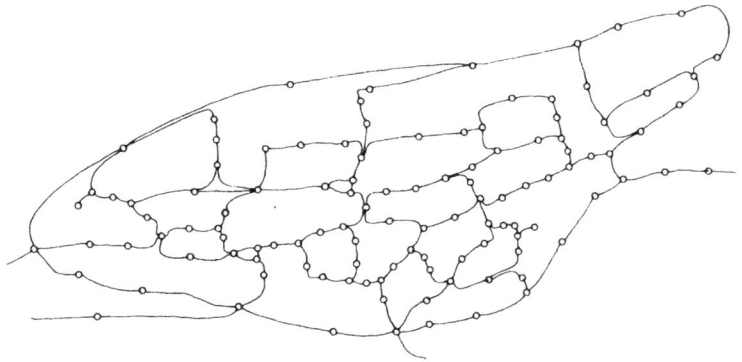

5. y 型图的数值特性

1.05　不过，即便在当下这个阶段，直观地表明相应的数值特性也是有益的。以 y 型图的拷贝图为基础，我们只需把相应的数值填在适当的点与线上，于是它们的分布就显而易见。自然，每一轮更换一张新的 y 型图的拷贝图可能会更便利一些。

101　（a）轴向连接指数：y 型图上的每一根线都表征着两个凸形空间之间的一个关联。因而，从一个空间至另一空间便可以绘制一条连线。大体上，该连线沿轴线方向可以延伸至其他空间。这条轴向延伸的轴线所能够到达的凸形空间数量，就是 y 型图中相应关联的轴向连接指数，因此我们可以把它标示在每个关联的上方。当然，若连接两个空间的连线无法延伸至其他空间，该数值即为 0。这些数值可以表明当人们位于某一个空间时，对其他空间的感知程度。在小镇 G 中，这些数值相对较高，是因为同时存在大量的凸形空间以及位于其间强有力的轴线联系 [图 40（b）]。

（b）轴向空间指数：现在我们从轴线的角度来考虑凸形空间。系统中的每个空间都可能沿着几个不同的方向因循轴线而与一定数量的其他凸形空间发生联系。这些空间的总数就是该空间的轴向空间指数，因而我们可以把它标记在图中紧邻空间的位置 [图 40（c）]。

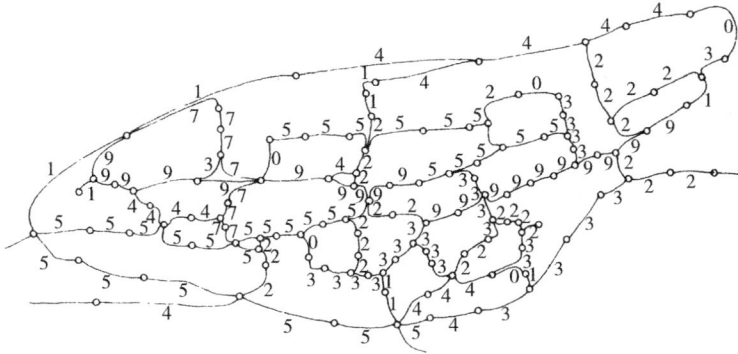

图40（续）

（b）小镇G的y型图，标示了轴向连接指数。圆圈间的每条连线上的数字表明凸形图中经过该关联的最长轴线所穿越的其余凸形空间的数目

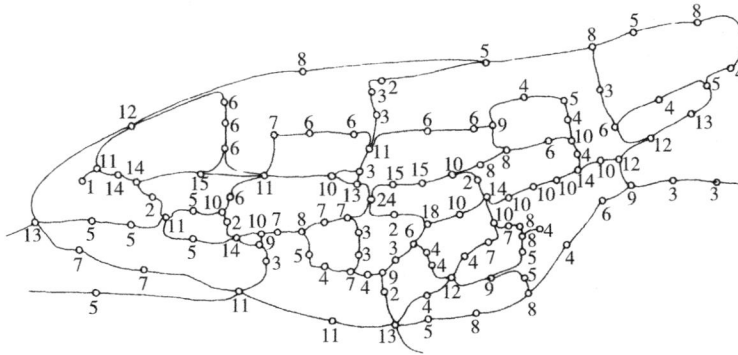

图40（续）

（c）小镇G的y型图，标示了轴向空间指数。每个圆圈上方的数字表明在所有方向上与该空间发生轴向关联的凸形空间的总数

（c）房屋－空间指数：我们在每个凸形空间旁记录下与其毗邻且直接可达的房屋数量，亦即该空间的"建构度"。在小镇G中我们应该注意到，极少有凸形空间对应的数值为0[图40（d）]。

102

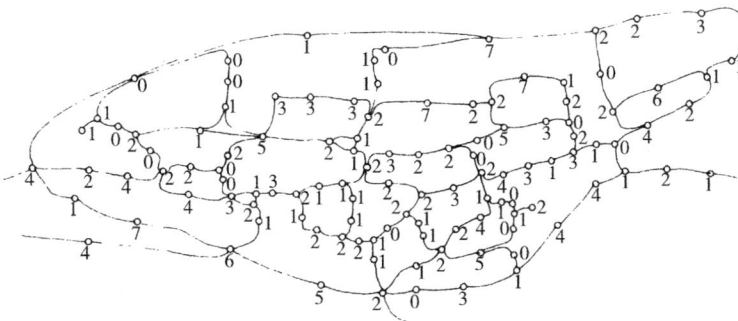

图40（续）

（d）小镇G的y型图，标示了房屋－空间指数。每个圆圈上方的数字表明了参与建构该空间的房屋数量

（d）距离房屋入口的深度值：这一次我们在每个空间旁记录下该空间距离最近一处房屋入口的拓扑深度。在一些案例中，比如小镇G，这些数值自然为1[图40（e）]。然而，在另一些案例中，可能会出现一些有趣的数值分布。比方说，在最近规划的许多住宅区中存在着一个倾向，即空间距离系统入口附近的房屋入口很遥远。

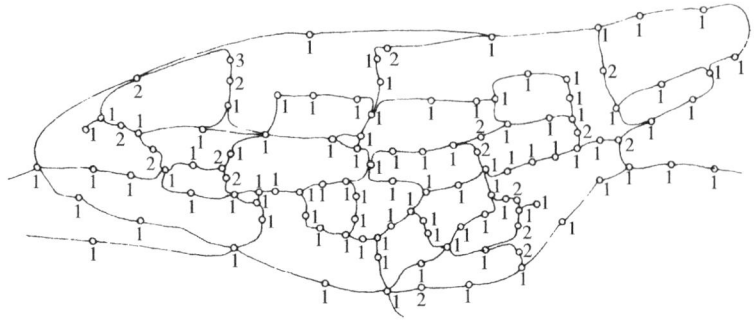

图 40（续）

（e）小镇 G 的 y 型图，标示了距离房屋入口的深度值。每个圆圈上方的数值表明该空间距离最近的房屋入口的深度值

（e）该凸形空间系统的环形度：这是指系统内存在的环形数目与相应数量的空间在平面上所能形成环形的最大数目间的比例。我们可以通过下式进行计算：

$$凸型环形度 = \frac{I}{2C-5} \quad\quad (6)$$

式子中 I 是孤岛的数量（显然孤岛数量与环形数量相同），C 是系统内的凸形空间数量。小镇 G 的相应数值为 24/2×114-5=0.108，对于一张凸形图来说，这是很高的数值。事实上，环形度测量了 y 型空间系统基于自身的分布式特性（与 X 或 Y 形成对照）。

6. 轴线图的数值特性

1.06　同样，我们可以在轴线图上标出一些有用的数值，尽管这次我们使用的是轴线图本身的拷贝图，而无须将它转化为示意图：

（a）轴线指数：在每条轴线上标出该轴线穿过的凸形空间的数目[图 40（f）]。

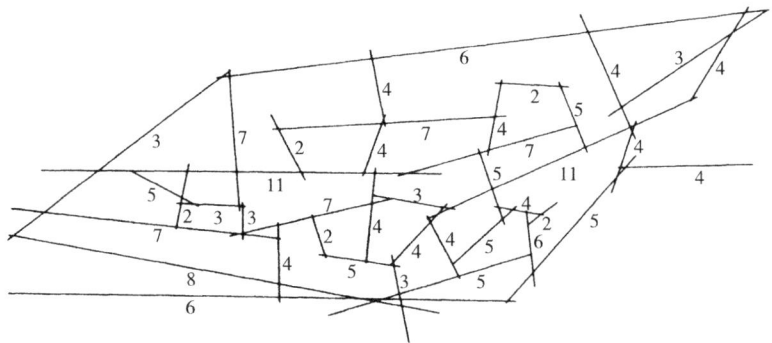

图 40（续）

（f）小镇 G 的轴线图，标示了轴线指数。每条轴线上方的数字表明了它所穿越的凸形空间的数量

（b）轴向连接度：在每条轴线上标出与它相交的轴线数量[图 40（g）]。

（c）环形连接度：在轴线上标出它所参与形成的系统中环形的数量，但是只当轴线围绕着单一孤岛时才将其作为环形计算在内，也就是说，我们忽略掉那些由一个以上孤岛形成的环形[7][图 40（h）]。

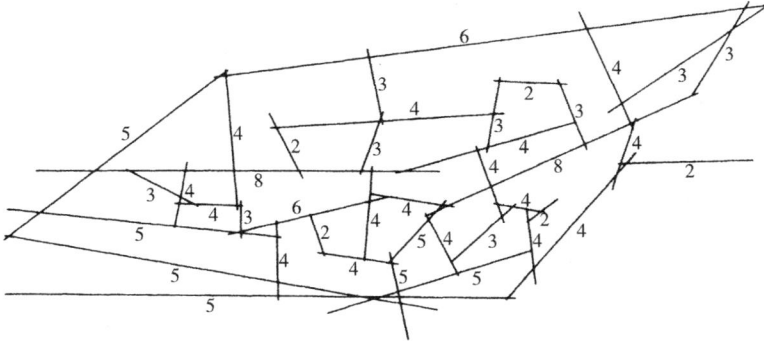

图 40（续）

（g）小镇 G 的轴线图，标示了轴向连接度。每条轴线上方的数字表明了与该轴线相交的轴线数量

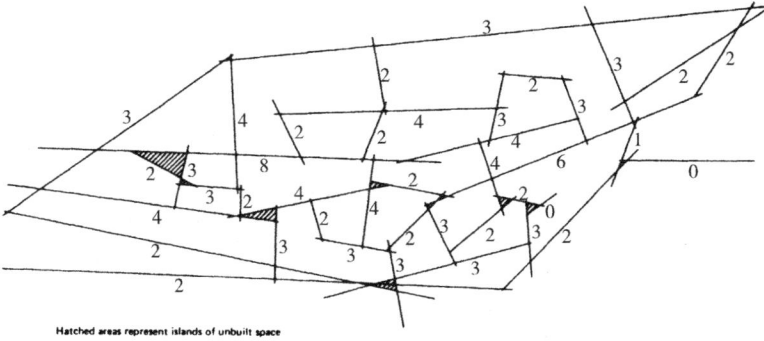

Hatched areas represent islands of unbuilt space

图 40（续）

（h）小镇 G 的轴线图，标示了环形连接度。每条轴线上方的数字表明了共用该轴线的一条边（而非一个顶点）的孤岛数目

（d）距离 Y 的深度值：在轴线图中每条轴线上标出其距离 Y 的深度值 [图 40（i）]。最简便的方法是先标记好所有深度为 1 的轴线，然后标记所有深度为 2 的轴线，依此类推。载体 Y 的深度值为 0，因此我们必须首先将它识别出来。在小镇 G 中，或者实际上对于任何有限的聚落而言，我们利用通往聚落的道路作为这个载体。而对于居住小区而言，我们则可以利用其周边街道系统。

104

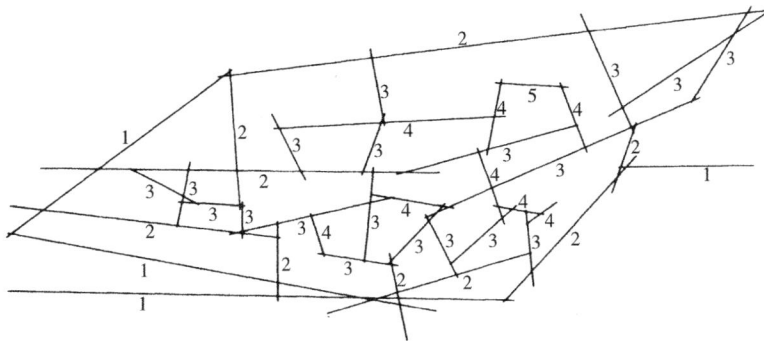

图 40（续）

（i）小镇 G 的轴线图，标示了距离 Y 的深度值。每条轴线上方的数字表明了它距离聚落边缘的深度值

（e）轴线图的环形度：我们可以通过下式计算：

$$轴向环形度 = \frac{2L-5}{I} \qquad （7）$$

其中 L 是轴线的数目。上述数值较凸形图的相应数值要高，由于轴线图未必位于同一水平面，因此该数值可能会超过 1，尽管现实中很少会出现这种情况。小镇 G 的相应数值为 $24/2 \times 41-5=0.312$。

7. 界面图

1.07 另一张重要的图是凸形界面图（图 41）。我们采用 y 型空间图来绘制这张图，并以小圆点来标记系统内的每座房屋及有边界的空间。接着，若房屋或边界与凸形空间相互邻接且直接可达，我们就在相应的圆点与圆圈之间绘制连线。对小镇 G 而言，它的界面图差不多就是该聚落的通达性地图。然而，如果系统中存在大量房屋或边界相对远离 y，那么我们可以同时绘制一张完整的通达性地图，这只需要在界面图的基础上推进一步，即把那些房屋与次级边界，次级边界与次级边界之间相邻而直接可达的关联也添加进来。

105

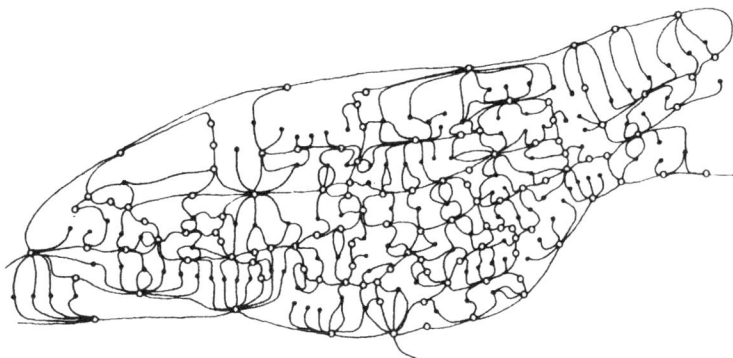

图 41 小镇 G 的界面图。小圆点表示房屋，圆圈表示凸形空间，它们之间的连线则表示直接可达的关系

8. 反界面图

1.08 我们可以基于 y 型图来绘制反界面图（图 42）。以小圆点表示所有的房屋与边界，而当房屋或边界与凸形空间之间相邻却不能直接可达时，我们就相应地在它们之间绘制连线。因此，在此前连接房屋及边界与凸形空间之间的连线是表示安置了入口的墙面，而在这里，它们之间的连线则意味着实墙面。界面图与反界面图之间的关系可以立刻显示出凸形空间是如何被房屋建构（亦即相邻且直接可达）出来的。

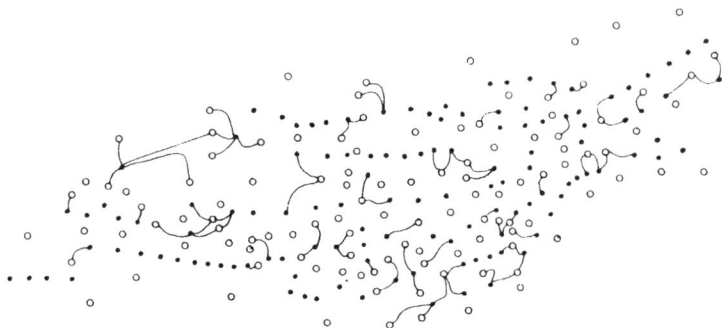

图 42 小镇 G 的反界面图，连线表示邻接但不直接可达

9. 分解图与逆向分解图

1.09　我们可以通过绘制一张分解图来更加直观地探讨这一特性。我们以只保留了圆圈（亦即忽略原先那些连线）的 y 型空间图为基础，只有当两个凸形空间都至少与一个房屋入口毗邻且直接可达时，我们才将它们之间加以连线 [图 43 (a)]。对于小镇 G 而言，在进行这样的处理之后，包括大多数环形在内的 y 型空间图的绝大部分都完好无缺。然而，在其他一些案例中，y 型空间结构将会"分解"成彼此分离的碎片。我们把那些经处理后 y 型图大致保持完好无缺的案例称为连续性建构，因为其中每一处凸形空间都至少与一个入口邻接且直接可达。而在其余案例中，呈现出连续性的是那些未被建构的空间系统，也就是说，其中的空间远离房屋的入口。我们同样可以直观地将它表示出来，还是以 y 型图为基础，只有当两个空间均不与任何房屋相邻且直接可达时我们才对它们进行连线。图 43 (b) 展示的即小镇 G 的逆向分解图。

106

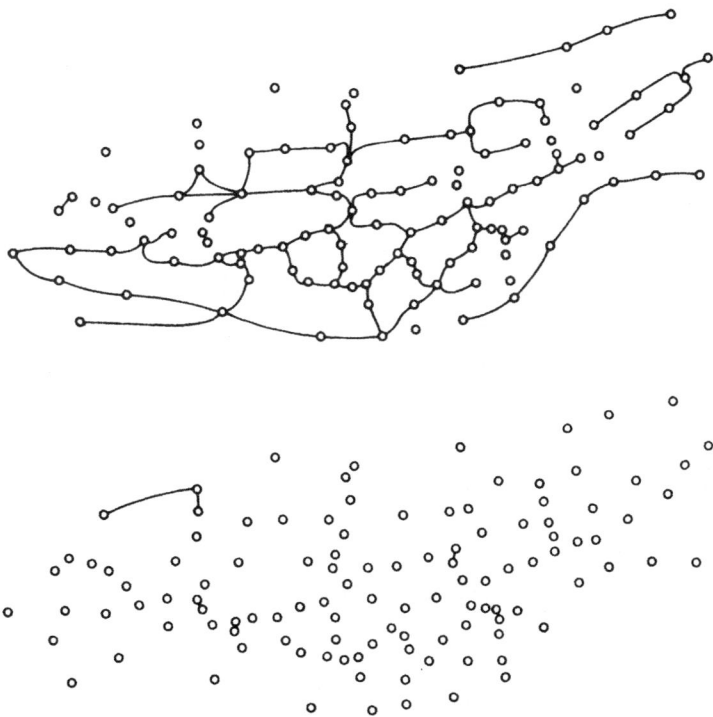

图 43

(a) 小镇 G 的分解图，仅当两个凸形空间同时至少与一个房屋相邻且直接可达时我们才对其连线。这张图显示了凸形空间被房屋入口建构的连续程度。对于小镇 G 而言，在经历分解处理之后它的大部分结构都得以保留——对于大部分传统聚落形态而言均是如此

图 43 (续)

(b) 小镇 G 的逆向分解图。只有当两个空间均未被房屋入口建构时，我们才对相应的圆圈进行连线

10. 关系图解

1.10　在这个阶段，能够直观表示相应特性的地图还包括界面关系图解或通达性关系图解。在一张关系图解中，我们选取某一点，通常是该系统的载体，作为基底，然后把距离该点 1 个拓扑距离的所有点水平排列在它的上方，接着把距离该点 2 个拓扑距离的所有点排列

在 1 个拓扑距离的那些点上方，依此类推，直到距离基准点的所有不同深度层级都被计算在内。当然，未经调整的图中，那些两点之间的连线都会保留在调整过后的关系图解之中，尽管在关系图解中为了完成相应的连接可能我们不得不剧烈地延长原先的连线。图 44 [（a）–（b）] 是通过计算机得到的有关小镇 G 的轴线关系图解，分别以空间 7 与空间 37 为基点。当系统中看起来存在某种独特的深度值分布（比如房屋的深度值分布）时，绘制相应的关系图解就很有价值。我们发现，在许多最近建设的住宅小区中，房屋常常集聚在远离 Y 的位置，彼此之间也很隔绝，往往位于图中呈现为非分布式的位置，而不是那些呈现为分布式的地方。这样的特性既适用于轴线图，也适用于凸形空间图，如果需要，它们均可以被转化为关系图解。在这个阶段，分别依据界面图或通达性图的分布式组成部分与非分布式组成部分，绘制两张关系图解也是有价值的。最佳策略取决于我们想把哪一部分显示出来。当然，从系统中的任意一点同样可以绘制任何类型的关系图

107 解。举例来说，某人可能希望比较从系统内部一点观察到的系统与从载体观察到的系统有何不同，或者从系统内部两个不同点来观察系统有何不同。有的时候，这会给我们一些启发，但如果我们进行得过于深入且缺乏计算机的辅助，那么将会是一件非常吃力的事情。在接下

108 来与数值有关的一节中，我们通过利用计算机进行数值分析而非直观描述，从而使得从系统中所有点来对系统进行观察的想法变得切实可行。然而，事实证明，通过数值分析，我们可以把过去无法做到的各种直观描述变为可能。总的说来，它们将会与系统的全局特性密切相关，而仅凭我们的双眼难以识别出来。

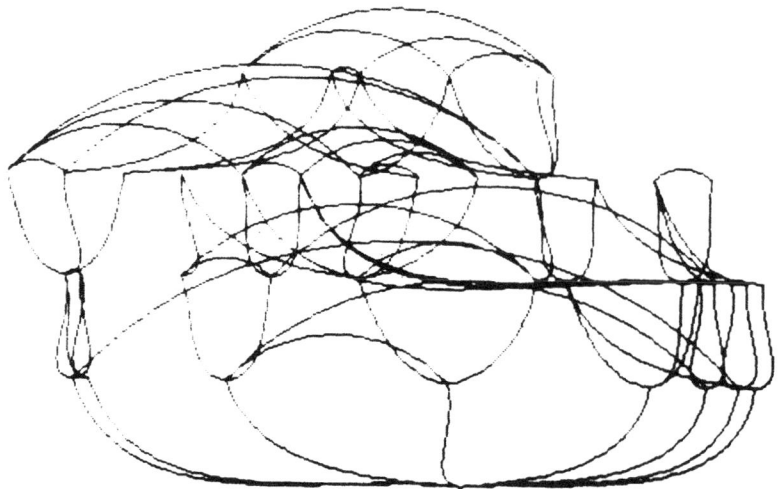

图 44

（a）以图 45 中编号的空间 7 为基点绘制的小镇 G 的轴线关系图解。注意与图 44（a）相比的整体浅度和从基点开始在深度 2 和 3 处的空间聚集

图 44（续）

（b）以空间 37 为基点绘制的
小镇 G 的轴线关系图解，整
体较深且大多数空间位于从
基点开始的深度 4 和 5 之处

二、数值及相应的地图

1. 空间的句法描述

2.01 在直观描述的基础上，我们得以观察到每个空间，无论是轴
向空间抑或凸形空间（甚至是一处房屋或边界），都具有特定的句法属性：
相对于其他空间而言，它要么呈现为分布式（有一条以上的路径与它相
连），要么是非分布式（只有单一路径与它相连）；要么呈现为对称性（相
对其他空间的关系等同于其他空间相对它的关系），要么是非对称的（关
系不等价，即相对第三者来说，其中一个空间控制着通往另一个空间的
路径）。我们前面已经把空间的相关句法特性称为有关该空间的描述，而
从数值方面来进行句法分析的目的，在于以一种简明的方式来表达有关
全局系统及空间的极为复杂的关联特性，从而深化我们对该系统的描述，
尤其是我们通过它得以从全局系统的角度来考察那些个体空间。

2. 整合度的测量

2.02 我们已经介绍过有关拓扑深度的概念，即一段轴线或一块
凸形空间，要么距离房屋或载体很多拓扑步数（也就是很"深远"），
要么仅几步之遥（也就是很"浅近"）。有关拓扑深度之间的关联必然
涉及非对称性的概念，因为只有当从某空间出发必须穿越中介空间才
能到达其他空间时，我们才说该空间远离了其他空间。我们可以通过
比较系统距离系统内某一特定点的深度与其理论上可能达到的深度来
对相对非对称性进行度量，进而对这一特性进行概括。当所有空间与
初始空间直接相连时，就会得到理论上可能的最小深度，而当所有空
间呈线性序列依次远离初始空间时，也就是系统中每添加一个空间即

增加一个深度层级时，就会得到理论上可能的最大深度。要计算系统距离任意一点的相对非对称值，我们就要计算出系统距离该点的"平均深度"，即依据每个空间距离初始空间的拓扑步数赋予其相应的深度值，然后将这些数值相加，再除以系统内撤除初始空间后的空间总数。接着，我们可以通过下式来计算相对非对称值：

$$相对非对称值 = \frac{2(MD-1)}{k-2} \tag{8}$$

其中 *MD* 是平均深度，*k* 是系统中的空间数量。据此我们可以得到一个介于 0 与 1 之间的数值，较低的数值表明系统距离该空间比较浅近，亦即该空间倾向于整合系统，而较高的数值则表明该空间有被系统隔绝的趋势。因此，我们可以更加简单地把相对非对称性（或者说相对深度）理解为是对整合度的度量。当然，对于除了规模最小的那些系统外的所有系统而言，这些计算都应当由计算机完成。我们在表 1 中展现了小镇 G 的"整合度"数值表，与图 45 中的空间相对应。注意，较低的数值表明该空间具有较高的整合度。基于系统内所有点的平均相对非对称值是一个重要的数值，它总体度量了整个系统的整合程度。

3. 控制值的度量（*E*）

2.03 可以以一种更简单，但更费力的方式来计算并测量控制值。每个空间都与特定数目 *n* 的空间直接相接，因而每个空间都给予其相邻空间 1/*n* 的控制值，然后依据一个空间被分配到的数值进行累计便是该空间的控制值。事实上，一方面，每个空间都将一个单位数值进行切割，并划分给予它直接相连的空间，而同时又从与它直接相连的那些空间中索取相应的控制份额。那些控制值高于 1 的空间具有较强的控制性，而低于 1 的那些空间具有的控制性就较弱。需要注意的是，控制值是一种局部性的度量，因为它仅仅涉及某个空间与和它直接相连的那些空间之间的关联，而整合度则是一种全局性的度量，因为它涉及某个空间与系统中所有其他空间之间的关联。我们在表 2 中给出了小镇 G 的控制值数值表。

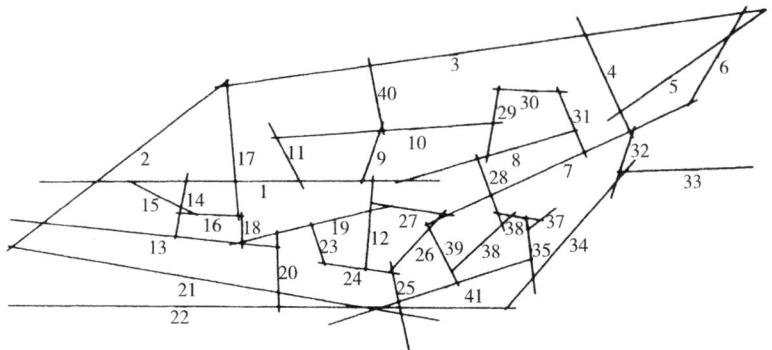

图 45 经过编号的小镇 G 轴线图，附有表格注明了每条轴线的"整合度"与"控制值"。须注意，较低的"相对非对称值"意味着较高的整合度，反之亦然；而较高的控制值则恰恰意味着较强烈的控制

表 1

点编号	相对非对称性	真实相对非对称性
37	0.15000000	0.99580078
30	0.13589744	0.90217849
33	0.13333333	0.88515625
10	0.13076923	0.86813401
23	0.12692308	0.84260066
29	0.12564103	0.83408954
18	0.12435897	0.82557843
16	0.12179487	0.80855619
35	0.12051282	0.80004507
11	0.11923077	0.79153395
38	0.11666667	0.77451172
36	0.11666667	0.77451172
40	0.11666667	0.77451172
15	0.11666667	0.77451172
5	0.11538462	0.76600060
9	0.11025641	0.73195613
34	0.10897436	0.72344501
14	0.10769231	0.71493389
20	0.10384615	0.68940054
39	0.10000000	0.66386719
22	0.09871795	0.65535607
32	0.09743590	0.64684495
13	0.09743590	0.64684495
41	0.09615385	0.63833383
25	0.09615385	0.63833383
31	0.09615385	0.63833383
6	0.09487179	0.62988272
24	0.09487179	0.62982272
19	0.08974359	0.59577825
17	0.08974359	0.59577825
26	0.08846154	0.58726713
4	0.08846154	0.58726713
28	0.08846154	0.58726713
8	0.08846154	0.58726713
3	0.08717949	0.57875601
12	0.08589744	0.57024489
21	0.08461538	0.56173377
27	0.08205128	0.54471154
1	0.07564103	0.50215595
2	0.07435897	0.49364483
7	0.07307692	0.48513371

平均值	0.1041	0.6913
标准差	0.0185	0.1231
偏态系数	0.3599	0.3599
峰度系数	−0.6776	−0.6776
最小值	0.0731	0.4851
最大值	0.1500	0.9958
非零元素数量	41	41

各点的控制值（E）数值列表   表 2

元素编号	控制值
1	2.3667
7	2.1167
19	1.7833
3	1.7000
10	1.5000
36	1.3333
35	1.2000
34	1.2000
13	1.2000
16	1.1667
24	1.1500
32	1.1250
41	1.1000
22	1.1000
26	1.0750
25	1.0500
21	1.0500
8	1.0417
29	1.0000
28	0.9583
2	0.9417
14	0.9083
31	0.8750
4	0.8750
39	0.8583
12	0.7917
20	0.7667
38	0.7500
40	0.7500
5	0.7500
27	0.7417
17	0.7417
9	0.7083
30	0.6667
15	0.6250
6	0.6250
18	0.6167
37	0.5000
33	0.5000
23	0.4167
11	0.3750

4. 依据不同的系统规模对数值进行转换

2.04　关于 RA（相对非对称性）值还有一些值得注意的地方。对于任意一个给定的系统而言，有关空间的 RA 值列表能够真实地表述整合度的分布。当我们对从句法角度看规模相当（亦即空间数量类似）的系统进行比较时，这点同样是适用的。但是，如果我们想要对那些规模迥异的系统进行比较，我们就必须再做一次变换，以消除规

111

具有 k 个空间的系统的 D 值表，亦即具有 k 个单元的
菱形复合体的 RA 值表　　　　　　　表3

1		51	0.132	101	0.084	151	0.063	201	0.051	251	0.044
2		52	0.130	102	0.083	152	0.063	202	0.051	252	0.043
3		53	0.12	103	0.083	153	0.063	203	0.051	253	0.043
4		54	0.127	104	0.082	154	0.062	204	0.051	254	0.043
5	0.352	55	0.126	105	0.082	155	0.062	205	0.051	255	0.043
6	0.349	56	0.124	106	0.081	156	0.062	206	0.050	256	0.043
7	0.34	57	0.123	107	0.081	157	0.061	207	0.050	257	0.043
8	0.328	58	0.121	108	0.080	158	0.061	208	0.050	258	0.043
9	0.317	59	0.120	109	0.080	159	0.061	209	0.050	259	0.043
10	0.306	60	0.119	110	0.079	160	0.061	210	0.050	260	0.042
11	0.295	61	0.117	111	0.079	161	0.060	211	0.050	261	0.042
12	0.285	62	0.116	112	0.078	162	0.060	212	0.049	262	0.042
13	0.276	63	0.115	113	0.078	163	0.060	213	0.049	263	0.042
14	0.267	64	0.114	114	0.077	164	0.060	214	0.049	264	0.042
15	0.259	65	0.113	115	0.077	165	0.059	215	0.049	265	0.042
16	0.251	66	0.112	116	0.076	166	0.059	216	0.049	266	0.048
17	0.244	67	0.111	117	0.076	167	0.259	217	0.049	267	0.042
18	0.237	68	0.109	118	0.075	168	0.059	218	0.048	268	0.041
19	0.231	69	0.108	119	0.075	169	0.058	219	0.048	269	0.041
20	0.225	70	0.107	120	0.074	170	0.058	220	0.048	270	0.041
21	0.22	71	0.106	121	0.074	171	0.058	221	0.048	271	0.041
22	0.214	72	0.105	122	0.074	172	0.058	222	0.048	272	0.041
23	0.209	73	0.104	123	0.073	173	0.057	223	0.048	273	0.041
24	0.205	74	0.104	124	0.073	174	0.057	224	0.047	274	0.041
25	0.200	75	0.103	125	0.072	175	0.057	225	0.047	275	0.041
26	0.196	76	0.102	126	0.072	176	0.057	226	0.047	276	0.041
27	0.192	77	0.101	127	0.072	177	0.056	227	0.047	277	0.040
28	0.188	78	0.100	128	0.071	178	0.056	228	0.047	278	0.040
29	0.184	79	0.099	129	0.071	179	0.056	229	0.047	279	0.040
30	0.181	80	0.098	130	0.070	180	0.056	230	0.046	280	0.040
31	0.178	81	0.097	131	0.070	181	0.055	231	0.046	281	0.040
32	0.174	82	0.097	132	0.070	182	0.055	232	0.046	282	0.040
33	0.171	83	0.096	133	0.069	183	0.055	233	0.046	283	0.040
34	0.168	84	0.095	134	0.069	184	0.055	234	0.046	284	0.040
35	0.166	85	0.094	135	0.068	185	0.055	235	0.046	285	0.040
36	0.163	86	0.094	136	0.068	186	0.054	236	0.046	286	0.039
37	0.160	87	0.093	137	0.068	187	0.054	237	0.045	287	0.039
38	0.158	88	0.092	138	0.067	188	0.054	238	0.045	288	0.039
39	0.155	89	0.091	139	0.067	189	0.054	239	0.045	289	0.039
40	0.153	90	0.091	140	0.067	190	0.054	240	0.045	290	0.039
41	0.151	91	0.09	141	0.066	191	0.053	241	0.045	291	0.039
42	0.148	92	0.089	142	0.066	192	0.053	242	0.045	292	0.039
43	0.146	93	0.089	143	0.066	193	0.053	243	0.045	293	0.039
44	0.144	94	0.088	144	0.065	194	0.053	244	0.044	294	0.039
45	0.142	95	0.087	145	0.065	195	0.053	245	0.044	295	0.039
46	0.140	96	0.087	146	0.065	196	0.052	246	0.044	296	0.038
47	0.139	97	0.086	147	0.064	197	0.052	247	0.044	297	0.038
48	0.137	98	0.086	148	0.064	198	0.052	248	0.044	298	0.038
49	0.135	99	0.085	149	0.064	199	0.052	249	0.044	299	0.038
50	0.133	100	0.084	150	0.064	200	0.052	250	0.044	300	0.038

模差异可能对真实系统的 RA 数值水平产生的巨大影响——尽管规模差异并不会对 RA 值的分布产生任何影响。实际上，我们要做的就是，将我们得到的 RA 值与相应的"菱形"分布模式的"根基"处（即位于关系图解底部的空间）的 RA 值进行比较。这与几何形状并无关系，它仅仅表明在这样一张关系图解中，有 k 个空间位于平均深度水平，有 $k/2$ 的空间分别高于和低于平均水平一级，有 $k/4$ 的空间分别高于

112　和低于平均水平两级，依此类推，直至仅剩下一处空间位于最浅近的地方（根基）与最深远的地方。我们在表 3 中给出了一张不同规模系统的 D 值列表，亦即菱形分布模式的 RA 值列表。我们需要做的，只是从表中找到与真实案例空间数量相同的系统的 D 值，然后将每个空间得到的数值与该数值相除。这样我们就得到了该空间的"实际相对非对称值"，即 RRA 值：

113
$$RRA = \frac{RA}{D_k} \qquad\qquad (9)$$

或是该系统的平均实际相对非对称值：

$$\overline{RRA} = \frac{\overline{RA}}{D_k} \qquad\qquad (10)$$

小镇 G 的相应数值为 0.1041/0.151=0.689。在几乎所有情况下，我们都可以通过 D 值来得到相应的 RRA 值。唯一的例外是当我们在一个聚居地中基于 X 来计算 RRA 值的时候。在这种情况下，由于我们要计算距离为数众多的根基（系统中的所有房屋）的深度值，不同于前面与一个完整的菱形进行比较，这次我们将它与一个"金字塔"或者说半个菱形的形态进行比较。我们在表 4 中给出了相应的 P 值列表。除此之外，一切如前所述。这里再重申一遍，只有当我们对不同规模的系统进行比较时，才会用到 RRA 值。对于观察某一个特定的案例而言，由计算机输出的普通数值就足以满足我们的需要。不过，当我们使用到 RRA 值时，无论是基于 D 值或是 P 值，该数值都不会仅仅介于 0 与 1 之间，而是高于 1 或是低于 1。数值远低于 1 意味着高度整合，而数值接近 1 或是高于 1 则意味着更为隔离。

5. 基于 X 的凸形空间整合度

2.05　一般来说，我们基于轴线图来进行数值分析。不过在进行到这步之前，我们可以建立起一两个有关凸形图的数值特性：基于 X 的凸形空间的 RRA 值（实际相对非对称值），以及凸形空间的 E 值（控制值）。我们把深度值赋予每一个凸形空间，在此基础上，可以计算出基于 X 的 RRA 值：即赋予那些与建筑物相邻且直接可达的空间以数值 1，赋予那些距离两步之遥的空间以数值 2，依此类推。将这些数值简单相加后除以凸形空间的总数，就可以得到平均深度值，然后我们依据公式计算出 RA 值，再除以相应空间数所对应的 P 值即可。小镇 G 的相应数值为 0.168，非常的低。比这高得多的数值可以在最近的住宅区规划中找到，典型地表征了凸形空间与房屋入口的疏远。

具有 k 个空间的 P 值表，亦即具有 k 个单元的金字塔形复合体的 RA 值表。
仅在基于 X 计算实际相对非对称值时适用　　　　　表 4　　114

k	RA	k	RA	k	RA	k	RA	k	RA	k	RA
1		51	0.036	101	0.0188	151	0.0128	201	0.0097	501	0.0039
2											
3	0.410										
4	0.331										
5	0.278	55	0.034	105	0.0182	155	0.0125	225	0.0087	550	0.0036
6	0.241										
7	0.212										
8	0.190										
9	0.172										
10	0.157	60	0.031	110	0.0174	160	0.0121	250	0.0078	600	0.0033
11	0.145										
12	0.135										
13	0.126										
14	0.118										
15	0.111	65	0.029	115	0.0167	165	0.0117	275	0.0071	650	0.0030
16	0.105										
17	0.099										
18	0.094										
19	0.090										
20	0.086	70	0.027	120	0.0160	170	0.0114	300	0.0065	700	0.0028
21	0.082										
22	0.079										
23	0.076										
24	0.073										
25	0.070	75	0.025	125	0.0153	175	0.0111	325	0.0060	750	0.0026
26	0.068										
27	0.065										
28	0.063										
29	0.061										
30	0.059	80	0.024	130	0.0148	180	0.0108	350	0.0056	800	0.0025
31	0.058										
32	0.056										
33	0.054										
34	0.053										
35	0.051	85	0.022	135	0.0142	185	0.0105	375	0.0052	850	0.0023
36	0.050										
37	0.049										
38	0.048										
39	0.047										
40	0.045	90	0.021	140	0.0137	190	0.0102	400	0.0049	900	0.0022
41	0.044										
42	0.043										
43	0.042										
44	0.042										
45	0.041	95	0.020	145	0.0133	195	0.0100	450	0.0044	950	0.0021
46	0.040										
47	0.039										
48	0.038										
49	0.038										
50	0.037	100	0.019	150	0.0129	200	0.0097	500	0.0039	1000	0.0020

6. 凸形空间的控制值

2.06　我们可以通过凸形图本身，而非 y 型图，来最佳地计算并记录下 E 值（控制值）。这里，我们的兴趣在于凸形空间的大小、它们距最近的房屋入口的深度以及相应的 E 值之间的关联。以小镇 G 为例，从房屋视角来看，该凸形空间系统几乎没有什么深度，同时我们可以识别出那些较大的凸形空间，因为它们具有比其邻接空间更高的

E 值。另外，它们相对房屋的连接度却没有什么特别之处。因此，凸形空间的大小与增加相应空间片段的连接度有关，而与增加相对房屋的通达性无关——虽然这总是基于连续建构的原则。

7. 以 X 的视角观察系统

2.07 通常来说，基于 X 的凸形空间的 RRA 值与凸形空间的 E 值，能够表明从构成聚居地的那些房屋，来看系统的一些重要方面，即当地居民眼中的系统。基于 X 的 RRA 值较高——当然得是一个超过 1 的数值——将表明房屋群体彼此隔绝的程度，尽管它无法指出这些房屋群体的规模大小。凸形空间的 E 值的分布与房屋入口的关系则表明了该凸形空间系统受房屋控制的程度。其中，房屋可能建构起了全部或绝大部分凸形空间（就像在小镇 G 中那样），或者集中于那些具有或强烈或微弱的 E 值的空间附近。以监狱为例，出于众所周知的原因，具有强烈控制性的凸形空间决不会由牢房建构而成。

8. 轴向整合"核心"

2.08 现在假设，我们已经具有该轴线系统中所有空间的整合度值与控制值，而我们的兴趣就在于这些数值是如何分布的。一个很好的切入点是重新绘制轴线图，先从 RA 值最低（亦即最为整合）的轴线画起，然后由低到高依次绘制。观察那些系统中最整合的轴线的位置以及它们所关联的对象，总会是一件非常有趣的事情。不过，更重要的是考察那些强烈整合的空间形成了怎样的模式类型。一个有效的方法是根据系统中前 10%、前 25% 以及前 50% 最为整合的空间分别绘制地图，如果系统庞大而复杂，也可以自己定义要绘制出的整合度最高的空间数量。图 46 表明在小镇 G 中，这样处理之后形成了这样一个系统，它强烈地偏向小镇的一端，即离小镇最近的大型市镇的方向，也偏向其中许多的外围边缘部分，但是强烈整合的轴线同时穿过了小镇中心并形成了两个环形，一个接近小镇 G 的中心，另一个则将小镇 G 的中心与其外围联系起来。我们可以把这样一张图理解为该聚落的"核心"。接着我们可以从另一个极端入手，绘制出前 25% 最不

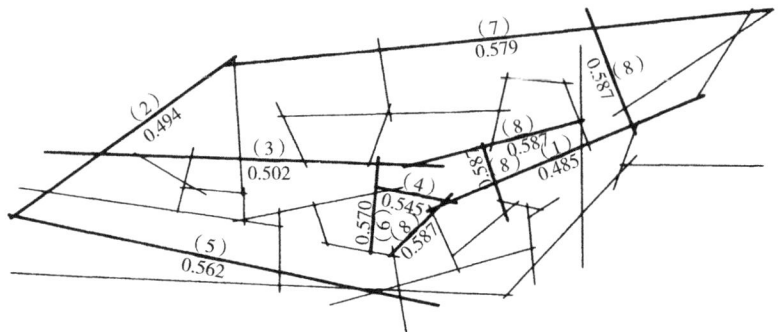

图 46 小镇 G 的整合核心。在本案中，亦即它前 25% 的最为整合的空间，并依据整合度的大小对相应的 **RA** 值进行了编号。具有相同 **RA** 值的空间都被纳入核心之中，从而使得该核心要大于而非小于 25% 的轴线数量

整合的空间，也就是 RA 值最高的那些空间。图 47 显示了它们在小镇 G 中的分布，表明它们倾向于聚集在该聚居地较为安静的区域。

9. 高整合度地图与低整合度地图

2.09　我们可以将此进一步扩展并在一张图上绘制出所有低于平均 RA 值的轴向空间，而在另一张图上绘制出所有高于平均 RA 值的空间。图 48（a）表明，在小镇 G 中，具有较低 RA 值的空间系统构成了一个内部包含有一个 Y 形的圆圈形状，而较高 RA 值的空间系统则填塞了由 Y 形生成的三块空隙以及圆圈的外围部分 [图 48（b）]。每张图中相应空间的数量同样值得关注，因为它们数量的多少将会意味着更为整合或者更为隔绝的空间。图 49 显示了将图 48（a）与图 48（b）结合起来的情况。

116

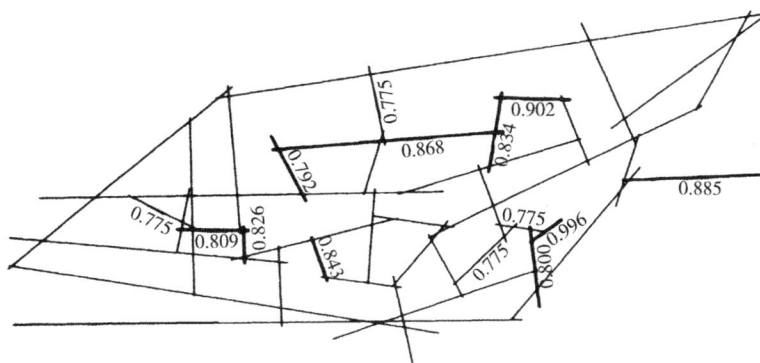

图 47　小镇 G 中前 25% 的最为隔绝的空间

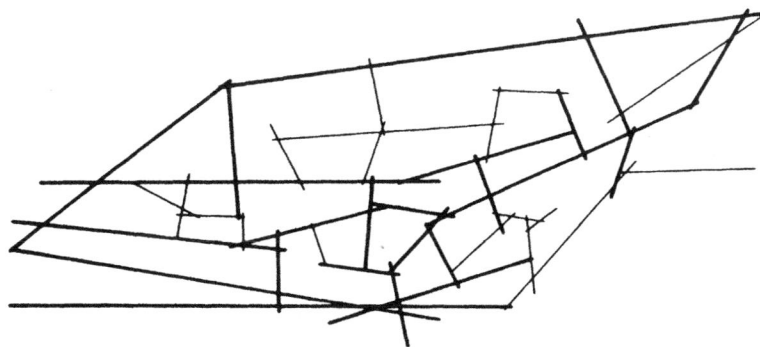

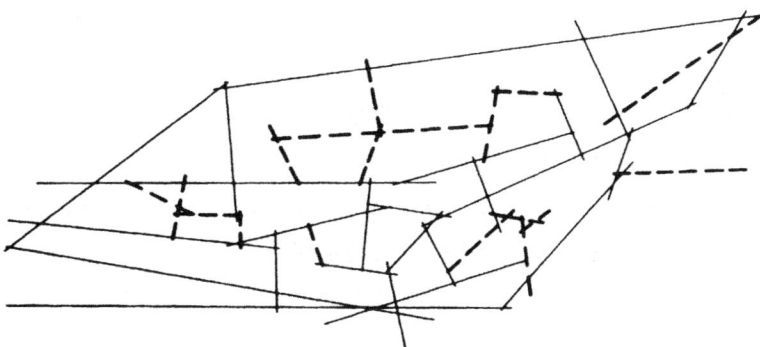

图 48（a）小镇 G 中高于平均整合度的空间 ;（b）小镇 G 中低于平均整合度的空间

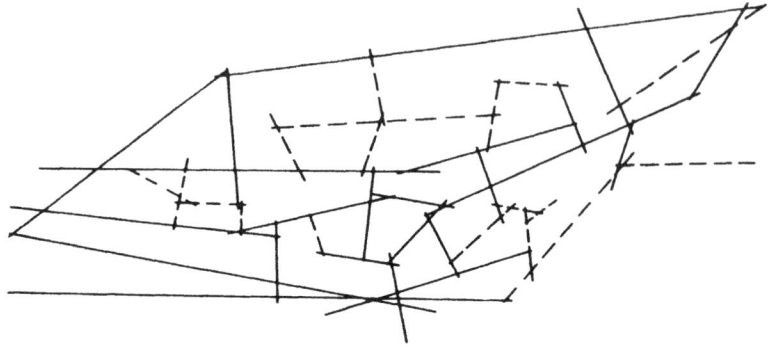

图 49 小镇 G 的整合 - 隔离地图。图中以实线表示整合的空间，虚线表示隔离的空间

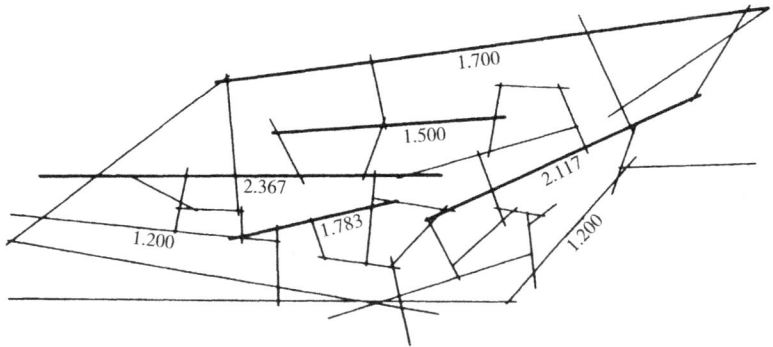

图 50 小镇 G 中的轴向空间，它们承载了总控制值的 25%。事实上，它就是一张 "高度控制" 地图。我们把 37 号空间剔除在外，从而只是针对该分布式系统给出了数值

10. 控制值核心

2.10 对于 E 值或者控制值而言，我们的处理方式略有差异。在这里我们并非选取数值排名前 25% 的轴线，而是选取累计达到总控制值 25% 的最少的一组轴线。我们只需绘制一张轴线图，从 E 值最高的轴线开始，由高至低，直到它们累计达到系统总控制值的 25% 为止。

117 图 50 显示了小镇 G 中这些轴线的数量相当之少 [排除了非分布式空间（即图 45 中标记为 37 的空间）带来的影响]。

11. 叠加地图

2.11 接下来，我们可以通过重新排列这些特性进而得到一整个系列的地图，也就是说，一张标明同时具有高整合度（低 RA 值）与高控制值（高 E）的空间地图，一张标明同时具有低整合度与高控制值的地图，以及一张标明同时具有高整合度与低控制值的地图和一张标明同时具有低整合度与低控制值的地图。如表 5 所示，我们可以分别在 25% 的水平（++/--）与 50% 的水平（+/-）来绘制相关的地图，当与 RA 值相关时，百分比的基数是相应的空间数量，而当与 E 值相关时，百分比指代的则是控制值的总额——同样，这里我们在绘制高度控制地图时，也剔除了非分布式空间 37 所造成的影响。

图 51－图 58 (*a*) 对照表　　　　　　　　表 5

整合度 *RA* 值	控制值（*E* 值）		整合度 *RA* 值	控制值（*E* 值）	
	强 *E*++	弱 *E*－－		强 *E*+	弱 *E*－
强 *RA*－－	图 51	图 52	强 *RA*－	图 55	图 56
弱 *RA*++	图 53	图 54	弱 *RA*+	图 57	图 58 (*a*)

12. 有关该聚居地的一些主要特点

2.12　　基于这些地图，我们可以得到一系列的观点，它们彰显出　　118
有关该聚居地局部与整体结构的一些信息：

（*a*）只有三根轴线位于同时具有高整合度（*RA*－－）与高控制值
（*E*++）的地图中。其中一条轴线位于该聚落的边缘（图 51），另两条
轴线则联系着小镇的中心与两端，当中一条指向小镇的另一座重要邻
镇。这两条轴线均通向而不穿越小镇的中心。既然同时高度整合，那
么所谓的高度控制就必然也是基于整体的高度控制（因为整合度是一　　120
种基于整体的度量），于是很显然，一定是这三根轴线构成了该聚居
地最有力的整体控制结构。

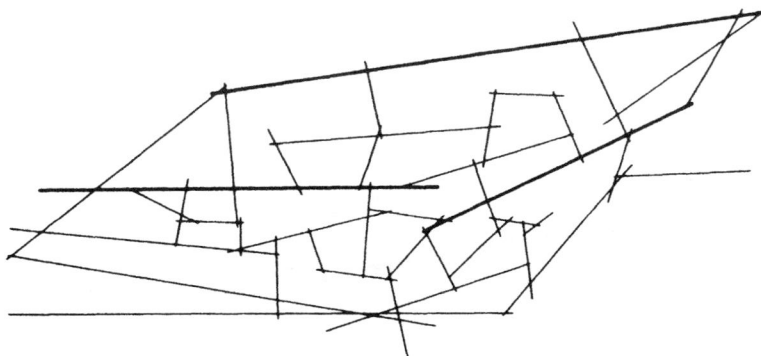

图 51　小镇 G 中同时具
有高整合度与高控制值的
空间（***RA*－－*E*++**）

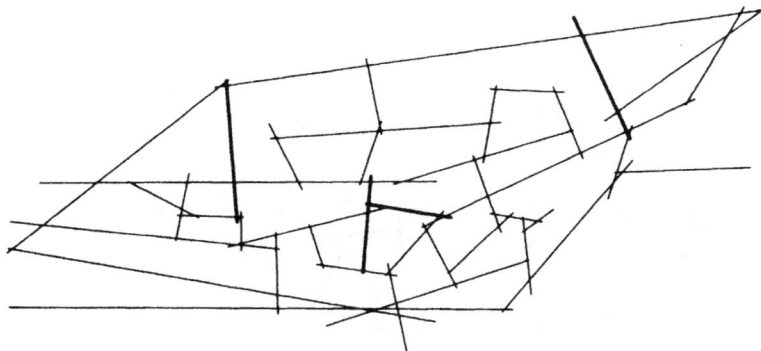

图 52　小镇 G 中同时具
有高整合度与低控制值的
空间（***RA*－－*E*－－**）

112 空间的社会逻辑

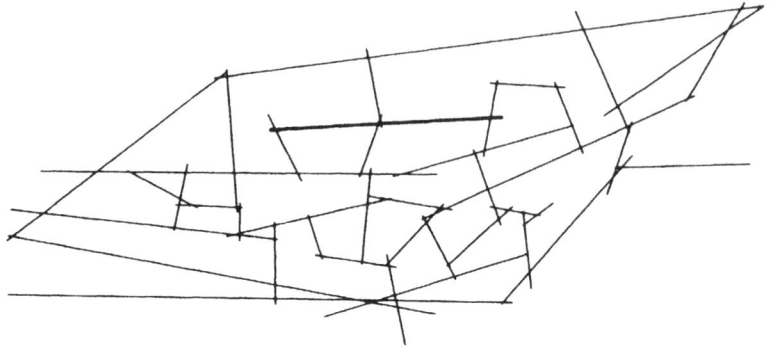

图 53　小镇 G 中同时具有低整合度与高控制值的空间（*RA++E++*）

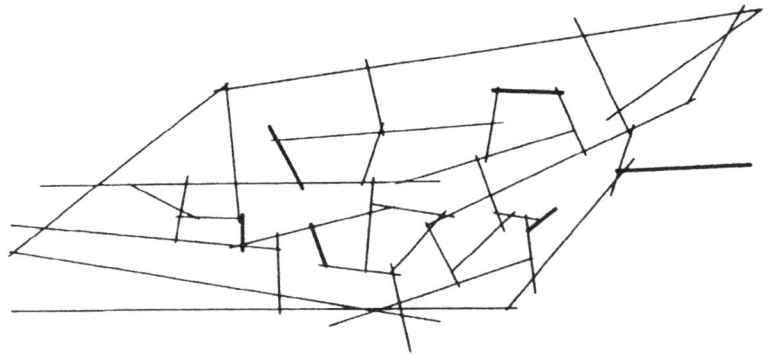

图 54　小镇 G 中同时具有低整合度与低控制值的空间（*RA++E--*）：总体而言，这些空间均很短小，从居住和使用方面来说也是"死气沉沉"

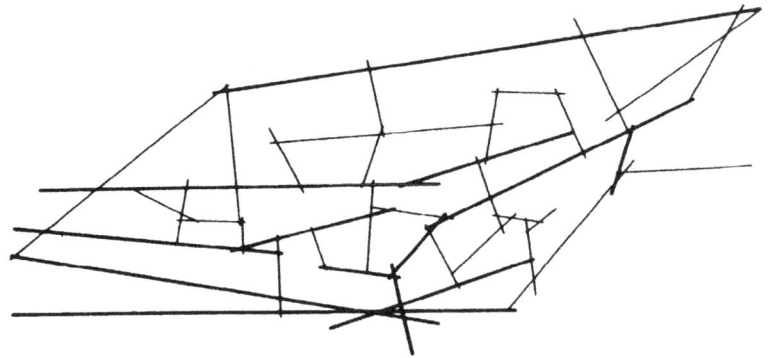

图 55　小镇 G 中同时具有较高整合度与较高控制值的空间（*RA-E+*）：这张图涵盖了小镇 G 中大多数比较大的凸形空间（同时参见图 61）

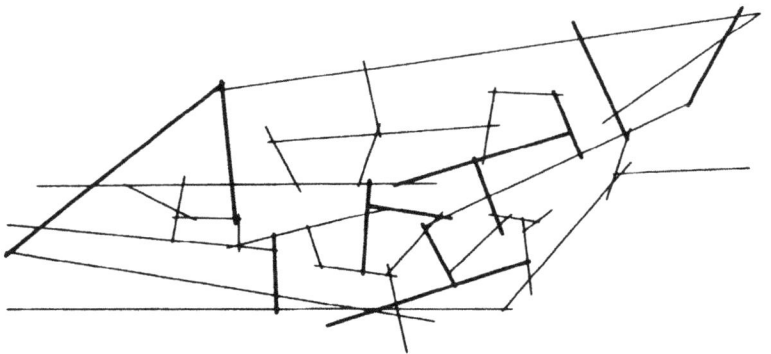

图 56　小镇 G 中同时具有较高整合度与较低控制值的空间（*RA-E-*）:注意，这些轴线并没有从外围渗透到小镇 G 的中心，与图 55 中显示的那些轴线形成对照

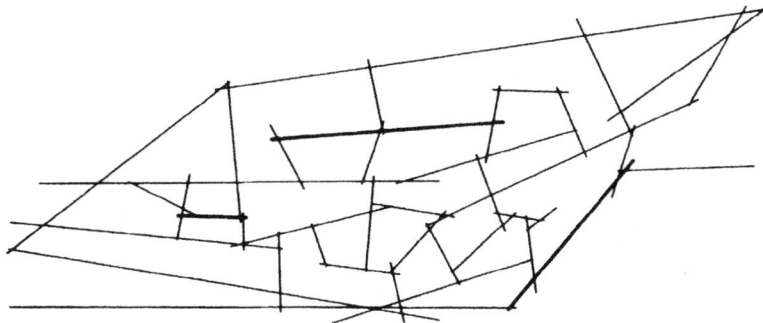

图 57 小镇 G 中同时具有较低整合度与较高控制值的空间（*RA+E+*）

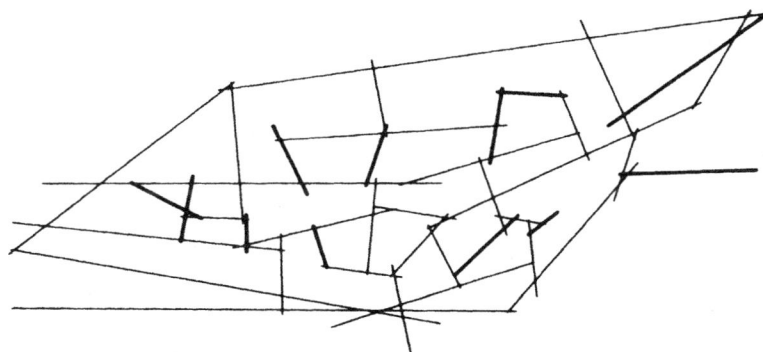

图 58 （*a*）小镇 G 中同时具有较低整合度与较低控制值的空间（*RA+E−*）

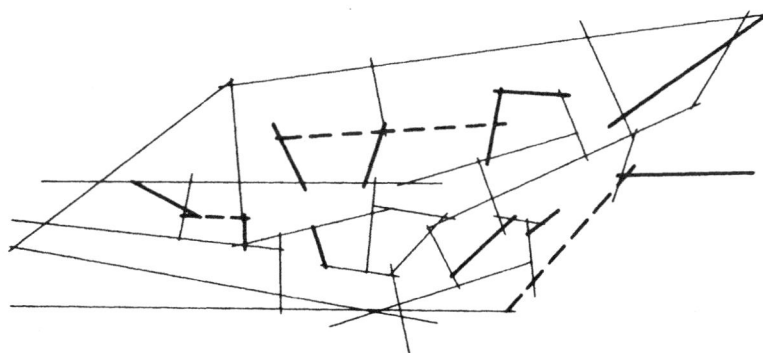

图 58 （*b*）小镇 G 中具有较低整合度的空间，它们的控制值或高或低 [即把图 57 与图 58（*a*）叠加起来]

（*b*）高度整合地图与高度控制地图之间最为显著的差异在于，高度整合（*RA−−*）却只有微弱控制（*E−−*）的纵向轴线的数目。对这些图（图52）进行仔细观察后我们发现，这四根最为匹配的轴线无一例外地分别与那三根既高度整合又高度控制的轴线（图 51）相交。因此，这些轴线通过横切过系统的全局控制轴线，从而将系统整合在一起。如此一来，它们就把三块最不整合的区域拉到了距离彼此的全局整合空间不远的地方。

（*c*）在高度控制地图中，存在着三块完好独立的空间（参见图59），其中两个空间我们同样可以在低整合度（*RA+*）– 高控制值（*E+*）的地图中找到（图 57）。如果我们将图 57 中的三个空间都添加到低整合度（*RA+*）– 低控制值（*E−*）地图当中 [图 58（*a*）] ——它自身显得支离破碎,则它们立即就形成了三块整合度较低的组群区域 [图58(b)]。

13. 将轴向与凸向联系起来

2.13 最后,如果我们从凸形图中抽取所有具有显著凸向延伸的
121 内部空间（图60），再尝试着将它们叠加到不同的地图上,我们会发现,
目前为止最为匹配的地图是同时拥有高整合度（$RA-$）与高控制值（$E+$）
的地图（图61）。除了一块靠近教堂的空间外,这张轴线图几乎把所
有主要的凸形空间连在了一起。而对于其他地图而言,这些大型空间
的分布就显得较为随机一些。

三、解读

1. 系统的整体取向

3.01 当然,前面得到的这些观点还远远没有穷尽我们进行直
观与数值分析的可能性,不过它们确实使得我们能够依据本章早先阐
述过的那些假设（第89—91页）来对系统进行粗略的解读。在前面,
我们最后指出的那一点也许也是最为根本的 : 在小镇 G 中,凸形空间
122 被赋予到强势的全局系统中 ; 也就是说,它被赋予到那些同时具有高
整合度与高控制值的空间之中。不同于运用领地性理论对其进行阐释
时所要求的那样,空间并没有被赋予到局部性的关联当中。我们可以
确认这一点,因为并没有多少房屋被特别地赋予那些凸形空间放大的
地方。另一个事实同样可以印证这点,即该聚落的整体内在结构呈现
为一个嵌有 Y 形的圆形,它的特点就在于从外部指向系统内部的那三
条主要路径。这样我们就不可避免地得到这样一个结论 : 较之居民与
居民之间的界面而言,小镇 G 的全局结构更大程度上建构了当地居民
与外来访客之间的界面。

2. 系统在局部层面的控制

3.02 这只是事情的一面。我们还应该注意到,系统被切分为核
心——圆圈里的 Y——以及相应的三片整合度较低的区域。这些区域
很少为外来人员所渗透,并且,它们也正好位于那些房屋密集的地方。

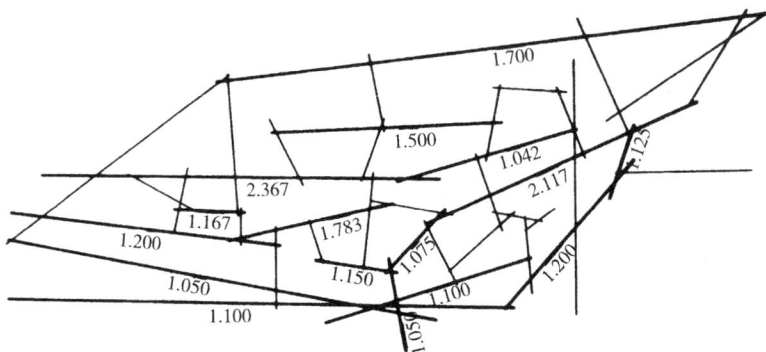

图 59 小镇 G 中的轴向空间,它们承载了总控制值的 50%,亦即一张"高度控制"地图

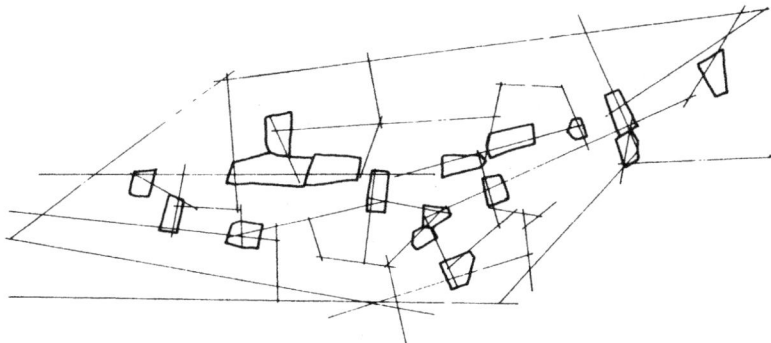

图60 位于小镇 G 内部最大的凸形空间

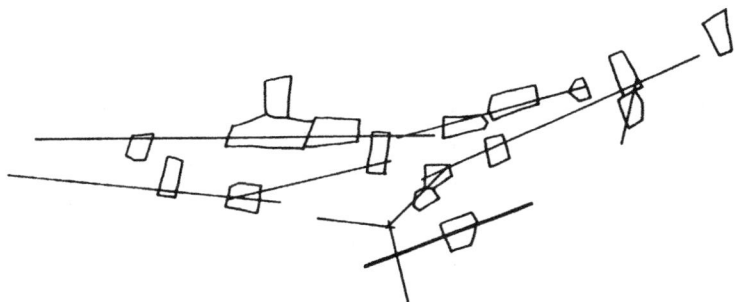

图61 图中，同时具有高整合度与高控制值的内部轴线叠加在了那些最大的凸形空间之上。这表明在该系统中，更多的空间被赋予在那些全局而非局部的关联之中

同时，这些"安静的"地区却并非源于切断了自身与聚居地主要结构之间的联系。如此一来，尽管该系统作为整体来说适合于对外来人群的吸引与控制，但同时也存在着一个由居民主导的全局结构，它正是由这些安静的地区所组成，彼此间具有有力的横向联系，并通过纵向轴线与主要外来人群界面有效的连接。因而，居民眼中的聚居地一定不同于外来访客眼中的聚居地。低整合度地区所具有的高度通达性似乎更是为了便于居民外出，而非引导陌生人进入。外来访客在控制方面的优势与当地居民在整合方面的优势相互制衡。系统作为整体来说适合于外来人群的进入，不过与此同时，它也便于对这些陌生人进行控制。

3. 系统性的解读

3.03　显然，与其说解读是一套按部就班的程序，不如说它更是一门艺术，我们决不可能在进行解读之前，便知晓哪一项空间特质最能切中要害。不过只要条件允许，那么有条不紊地进行分析确实还是有益的。在目前整个阶段，系统性的解读实质上意味着以下三点：

（a）首先，我们通过那些直观与数值的分析，总结出该系统的主要空间特征——也包括那些虽然没有通过直观与数值分析显现出来，但我们感觉确实存在着的其他特征；

（b）其次，把那一系列的假设作为一般性的解读框架——须牢记的是，空间句法在这一方面只是一项学说，可能不足以令人完全满意地对一个事物作出解释；

123　　（c）最后，也是最为简单的一点，就是试着把该聚居地看作是两类不同社会关联之间的一个界面：一类是存在于当地居民之间的关联；另一类是当地居民与外来访客之间的关联。我们可以尝试建立一个关于该界面的结构如何促进并控制这些关联的全局观。不过，在尝试着这么做的时候，一定要记住，居住区的内在结构可能对我们全面地理解该系统而言非常重要。

一些差异

对于许多同类的聚居地而言，小镇 G 的这些整体与局部特性都具有典型的基因意义。同样地，其他类型的聚居地将会拥有与此不同甚至截然相反的特性。在此以理论阐述为主，没有机会去考察这些跨越不同文化的所有变异，这将是接下来的一部书（《空间是机器》）的主题。在当前的论述中，更重要的是展现这种分析技术如何指出并阐明有关不同聚居地形式的某些重要方面，这对发展一项空间的社会性理论而言至关重要，也正是本书的主旨所在。

我们可以从一个离家不远的地方切入：19 世纪伦敦市中心地区，而逐步发展为当今被称为巴恩斯伯里（Barnsbury）地区。它的西边以喀里多尼亚道（Caledonian Road）为界，东边以利物浦路（Liverpool Road）为界，北边以奥福德路（Offord Road）为界，而南边以哥本哈根街（Copenhagen Street）为界（图 62）。[8]

我们没有给出该地区的凸形图，不过基于 X 的 RRA 值为 0.105（也就是说，几乎全部凸形空间都被建构了），网格凸形度为 0.372。这两个数值均接近小镇 G 的相应数值，只不过它的建构度还要略好一些，凸向共时性也更多一些。

图 63 是该地区的轴线图，它的网格同轴度为 0.232，略低于小镇 G（主要源于那些广场没有被轴向组织起来），而它的轴向环形度为 0.316，比小镇 G 略高。它基于全部轴线的平均整合度为 0.704，略逊于小镇 G。当我们绘制出该轴线图的整合核心以及最为隔绝的那些轴线时，就显得格外有趣。

图 64 显示了最为整合的十一根轴线（选取的数目与小镇 G 中相同），并且依据整合度大小依次编号。而所有轴线中整合度最高的一根轴线是（令人满意，但也远远谈不上显著）那条"社区线"（village-line），即相对较短的一根轴线。这里网格出现了变形，同时聚集着主要的商店、酒吧以及车库。整合度位列第二的轴线将"社区线"

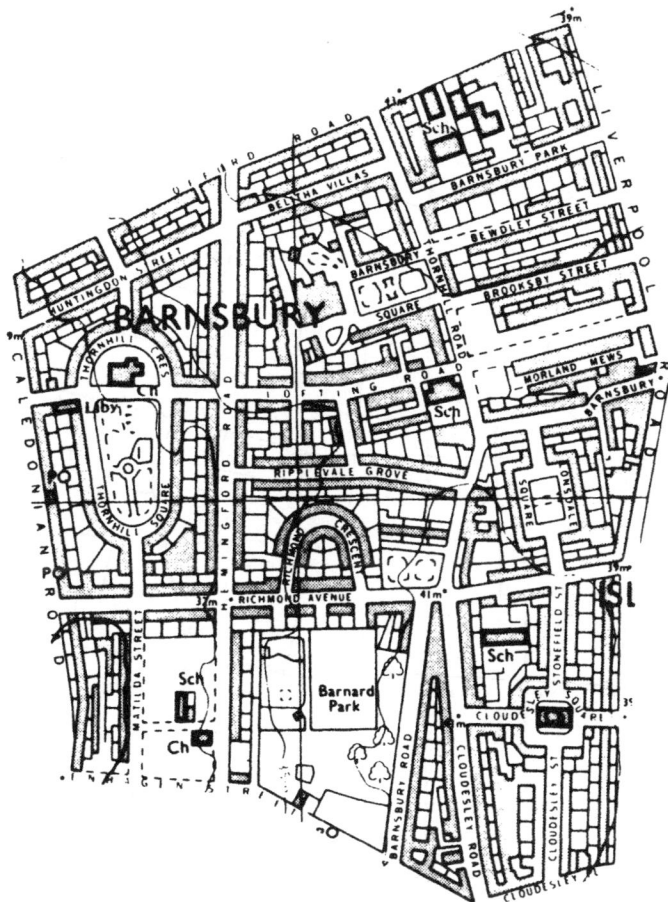

图62　伦敦北部巴恩斯伯里地区（Barnsbury）的英国地形测量局测绘图

与西边的载体相连，第三的轴线位于东边的载体本身，第四的轴线则将"社区线"与北边的载体连接了起来，其余等等不再赘述。换句话说，这些整合的轴线迅速建立起了一个类似于小镇 G 的模式：即长轴线从载体伸向内部，位于中心的轴线则短一些，同时也将部分载体包含在内。整合地图的其余部分则将此进一步放大为一个不完全的网格。

　　因此，从拓扑学角度说，小镇 G 和巴恩斯伯里从轴线上看都呈现为不完整的轮轴，它的轴心位于句法意义上的中心，而那些轮辐则连接着中心与不完整的轮缘。如同在小镇 G 中一样，我们发现那些高度隔绝的空间（虽然对于大多数来说仍然紧密相连）（图65）生成了轮轴空隙处的区域。而在这个案例中，这些轴线几乎包围了所有主要的广场。这点与小镇 G 恰恰相反，在小镇 G 中，较大一些的凸形空间坐落在小镇的整合结构上。但在该案例中，这些较大的凸形空间——尽管周围环以边界——却显著地位于那些相对隔绝的地方，尽管这些地方距离该地区的整合结构亦非常浅近。

124

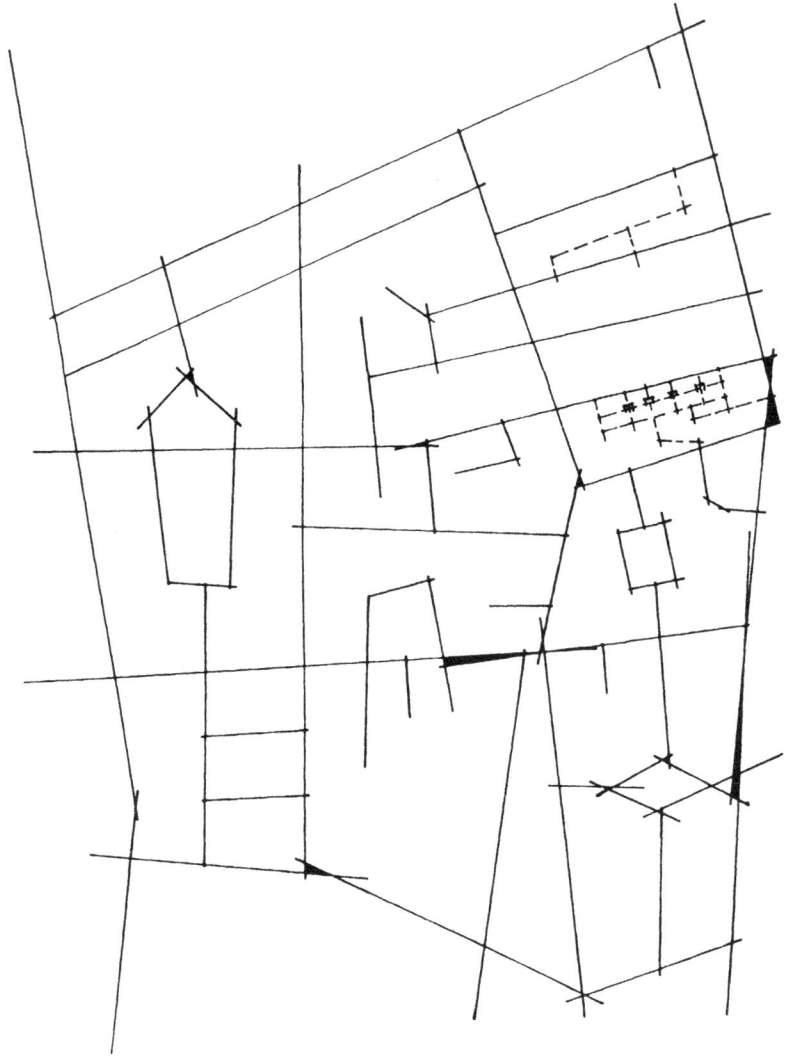

图 63   巴恩斯伯里地区的
轴线图

　　轴向与凸向之间的关联以这样一种方式构成了巴恩斯伯里地区
别具一格的模式。不过这只是其中一种方式，还存在着另一种，它与
最为隔绝的结构无关，却与最整合的那些轴线有关，这涉及该社区
（village）是如何被界定的。从轴向空间角度看，该社区非常显眼。不
仅由于它是系统中最为整合的轴线，同时也是因为意外出现了相当明
显的网格局部变形。不止于此，在每个方向上均有一条长轴线将这条
社区线与载体直接相连。因此从轴向上看，该社区由于局部变形且与
周边的整体连接，所以清晰易辨。该社区的变形布局距离周边地区仅
一步（拓扑步数）之遥，故而我们在全局系统都能观察到该变形。与
此同时，该变形构成了其局部空间的认同感。上述这些特性被证明为
伦敦的许多城区所共有，并形成了一个最为典型的形态效应。

125

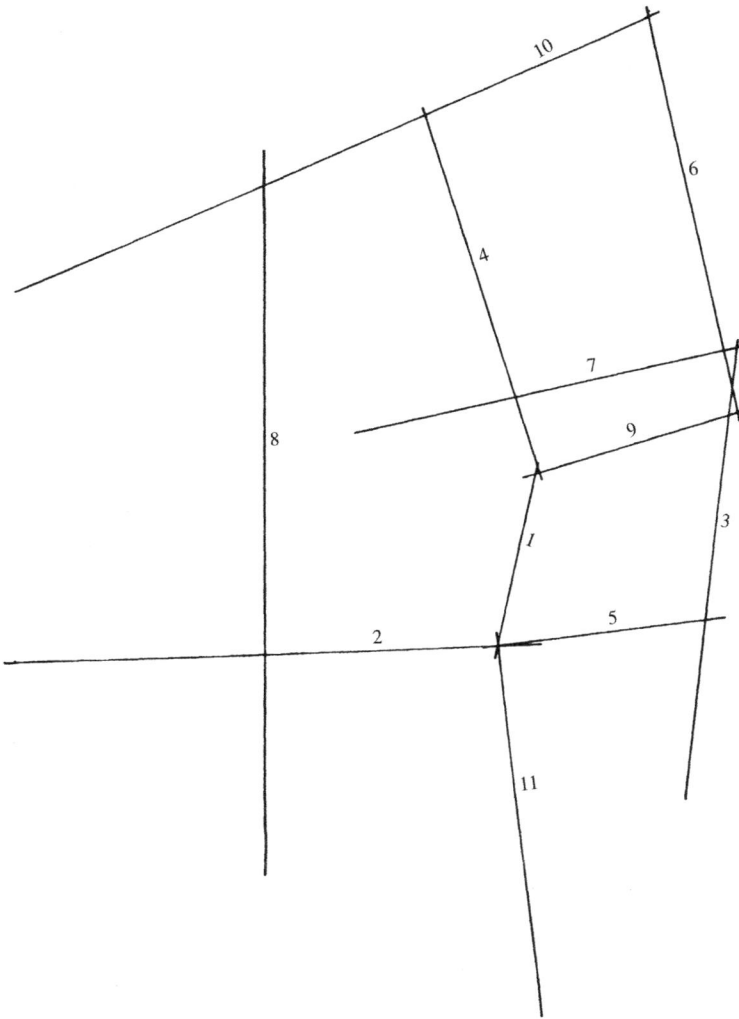

图 64　巴恩斯伯里地区的
整合核心，根据整合度数
值大小依次编号

同时，从凸向上看，该社区也能够被辨认出来，因为它是系统中仅有的一系列被单根轴线覆盖的相对较小的凸形空间，这是定义伦敦局部地区的一种惯用空间手法。凸形空间出现的频率突然地急剧增加，并由强有力的轴线联系起来。这再次表明，即使在局部层面，巴恩斯伯里中"社区"的空间定义也与凸向特性相关。这种主要空间变量的变换同样也是定义伦敦地区局部的一种典型方式。

126

现在，让我们把注意力转向非常不一样的系统：一个精心打造的现代住宅小区（实际上大约只有其一半），其中为了重现传统欧洲城镇的诸多普遍特性，而作出了精心而谨慎的尝试（在高层建筑风行时期的一种抵抗）。我们的任务是运用句法方法，来观察这些特性是否真的被重现出来；如果没有，则我们试着考察有哪些差异。

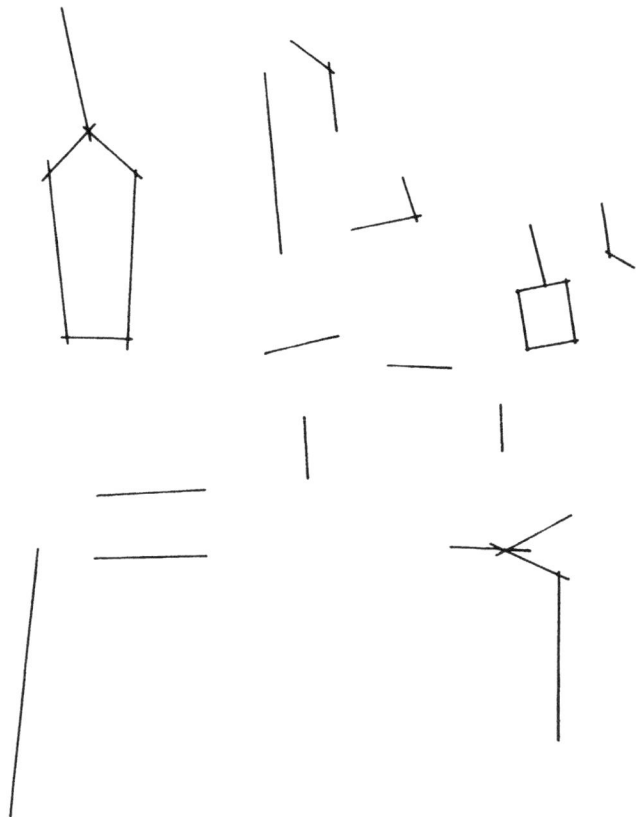

图 65　巴恩斯伯里地区的
隔离地图

粗略看一下总平面，我们就能立即领会，为何该住宅小区看起来
就如同一个真实的复制品（图 66）。小区规划显然有许多局部呈环形
的形式。同样，它显然试图通过使住宅直接开向开放空间——尽管是
围以高墙的屋前花园——来建构其开放空间结构。于是问题就转化为：
这样做究竟在多大程度上重现了传统聚居地的整体空间特性？

127

我们可以先从最为整体的层面切入，小区在这个层面上嵌入了周
边地区之中。图 67 是一张小区建成之前该地区的轴线图。图 68 是一
张小区建成之后的轴线图。哪怕只是粗略地对其进行观察，我们都可
以发现一些相当惊人的特性。显然，该轴线图展示出了该新建住宅小
区与周边地区在规模等级上发生的巨大变化，即总体来说，位于其中
的轴线较之周边地区短小得多。然而更为重要的是，这些较短的轴线
彼此之间以及它们与外部之间的关联方式发生变化，共同构建了基于
周边空间的高度轴向的非连续性，即没有一条轴线从周边地区延伸至
小区的内部，并增加了人们进入小区的拓扑距离。这个特性本身实际
上足以排斥穿越小区的外来人流，使得大部分空间在多数时间内都无
人问津。

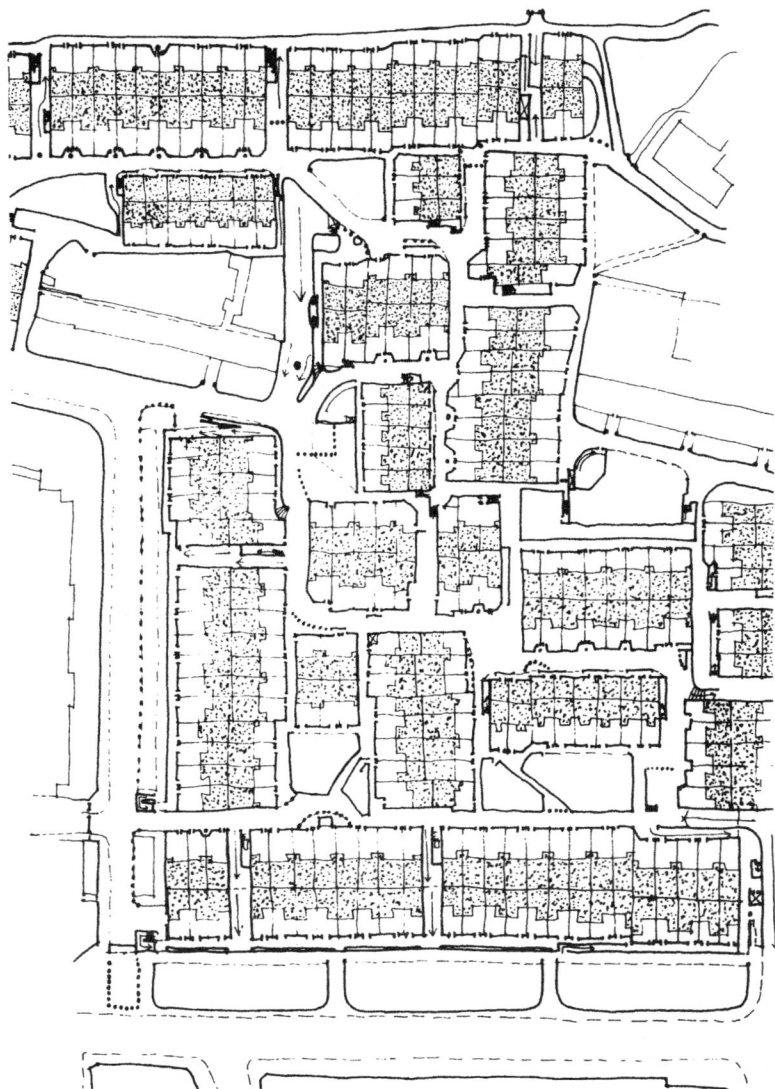

图 66 伊 斯 灵 顿 区
（Islington）马格斯路住宅
小 区（Marquess Road
estate）的一部分

不过，该小区相对外部来说，增加深度的方式还并非是其区别于
传统方式的唯一之处。就其自身而言，它的轴线图较之小镇 G 要隔绝
得多，其平均 *RRA* 值为 0.9，与小镇 G 的 0.664 形成对照。对于如此
规模的一个系统而言，这可谓是巨大的数值增加。其原因非常明显：
为数众多的轴线仅仅是经由单根轴线搭在另一根轴线上，来添加系统
的深度，因而环形依靠自身无法增加系统的整合度。该系统的轴向环
形度与初看起来完全不同，它的轴向环形度是 0.160，而小镇 G 为 0.227。
同样，在网格同轴度上，对比小镇 G 的 0.263，它也出现了大幅下降，
只有 0.121。

以 *X* 的视角来看，该住宅小区与传统聚落相比仍然少有相似之处。
它基于 *X* 的凸形空间 *RRA* 值高达 0.91，而小镇 G 仅有 0.203。如果进

128

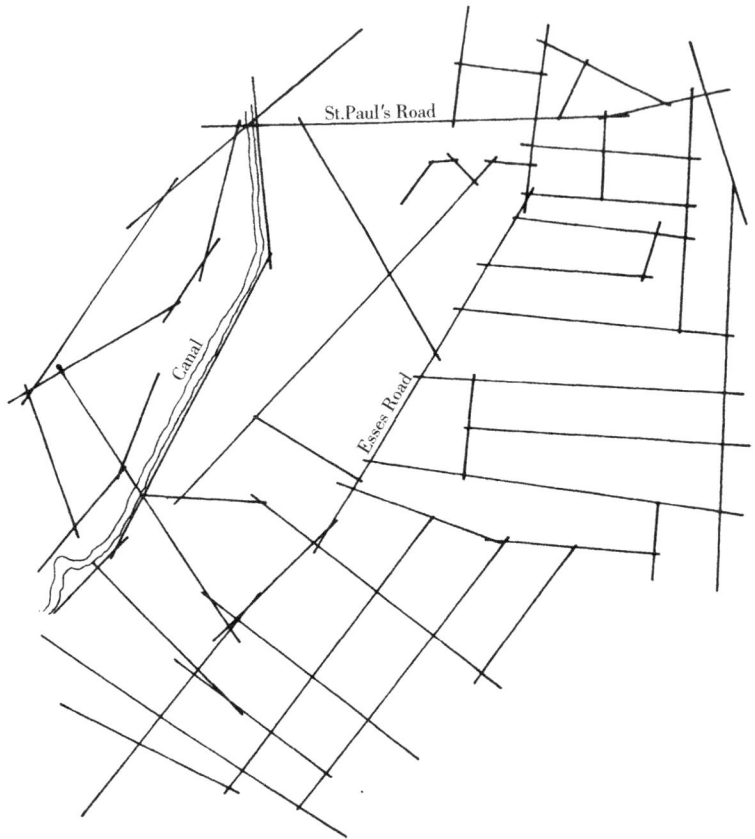

图 67　1897 年马格斯路
地区的轴线图

129　一步标记出凸形空间距离房屋入口的深度值，我们就会发现，那些较
高的数值聚集在住宅小区的入口附近。这是现代住宅小区与外部世界
相隔离的一种更微妙的、可能不易察觉的方式。从内部来看，该凸型
空间系统分离而破碎。图 69 显示的分解图表明，被建构的空间组群
倾向于形成一个个孤岛，这些孤岛相互之间被那些未被建构的空间隔
离开来。

　　最后，如果我们选取最为整合的十一条轴线（与描述小镇 G 的整
合核心时选取的轴线数目相等），则我们会发现，它们形成了一个紧
挨着小区边缘的结构，根本未能渗透到小区更深的地方（图 70）。

　　25% 水平的控制地图同样具有启发性。它显示出，这个有力的控
制系统支离破碎地遍布于小区之中。我们不得不得出这样一个结论，
即从各方面看起来，该小区呈现为一种**缺乏有效全局结构**的空间模式。

　　尽管与传统聚居地相比有着强烈而典型的不同，该住宅小区仍然
是个分布式系统。我们观察到的相关特征极为普遍地出现在现代布局
130　形式之中，其中不同等级的边界叠加于原始单元之上。比方说，内部
由围以边界的地块组成的封闭式住宅小区，都是高度非分布式的系统。

图68　马格斯路住宅区建成后该地区的轴线图

这样的系统非常有趣——它们背后的社会逻辑也同样有趣——因为在很多方面，它们具有与传统聚居地形态截然相反的句法特性。既然当今出现的"空间病"与这样的系统息息相关，我们不妨试着来揭示一些典型的特性。

我们可以从一个错误的观念谈起。现代空间理论几乎在任何情况下都强调三条相关准则：空间应当根据不同等级，通过一系列从"公共到私密"的明确分区依次进行布局[9]；对空间进行布局的目的必定在于，通过将他人排斥在外，进而鼓励特定的空间被特定的人群所使用和认同[10]；那些为特定人群所认同的空间应当彼此隔离。[11]人们在讨论空间时普遍抱有这些观念，往往理所当然地将它们视为一个"好"的空间序列模范，而非一项能够被清晰表述的理论。奇怪的是，这经常被设想为（有时甚至被明确地阐述）那些传统聚居地建设的指导原则，尽管我们对小镇 G 考察后得到的结论，几乎与此截然相反。[12]

然而，如今这些原则被外化为一系列迥异的形式，我们可以简要

132

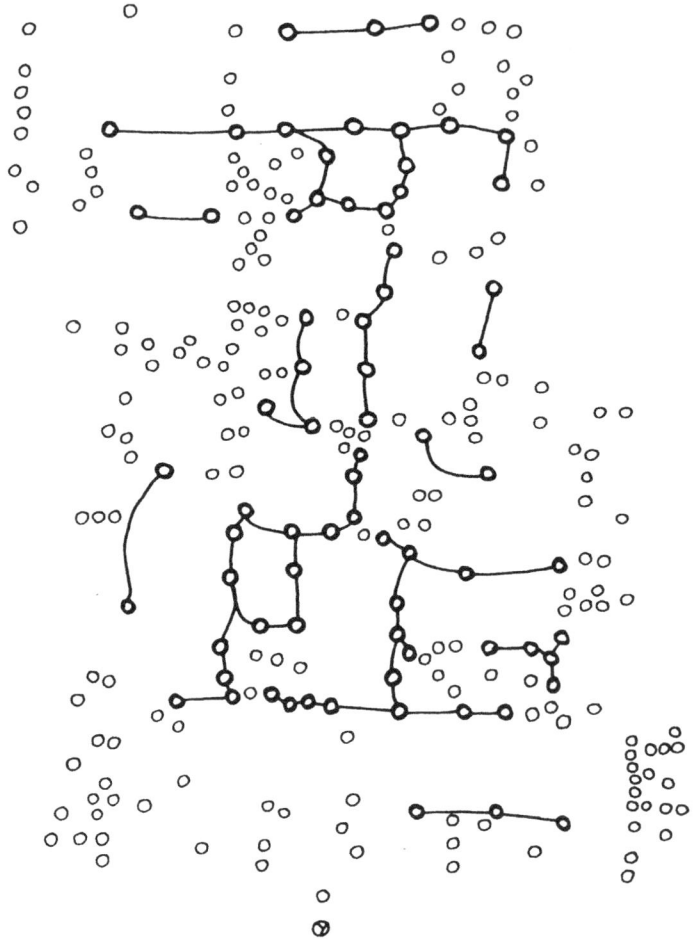

图69　马格斯路住宅区局部的"分解"示意图，表明与房屋入口相邻的凸形空间如何由那些"未被建构"的空间（亦即面对实墙的空间）形成了一个个彼此隔离的孤岛。注意，这已经是最宽松的解读了。如果我们把所有凸形空间的连接转合都考虑在内，那么这种"分解"效应将要明显得多

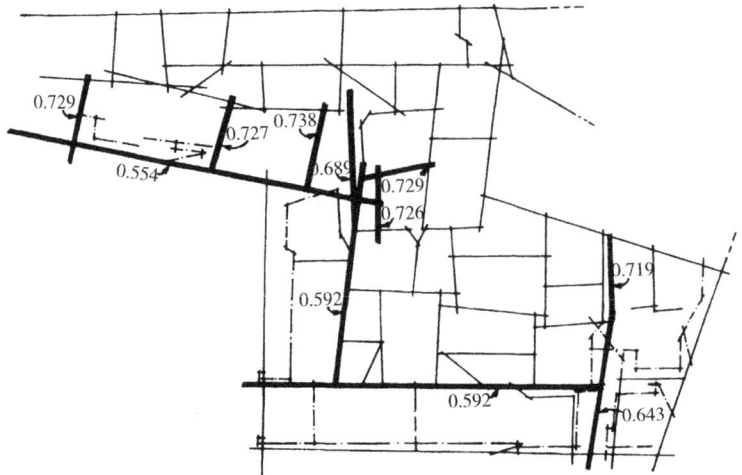

图70　马格斯路住宅区局部的整合核心

地对它们暗含的抽象空间模型作一阐述。该模型呈现为一种非对称、非分布式的结构，或者简单地说，呈现为"树"形，到处都在不断地分叉，从而变得越来越幽深，那些基本单元则位于树形结构最为幽深的地方（图71）。

如果我们不是从载体 Y 的视角观察模型，而是从一座房屋或是基本单元的角度来看待这个系统（为了阐明这点，我们可以自左向右展现出从该房屋至空间 Y 的行进过程），那么立即就会发现，从该房屋的角度来看，该系统具有一致而连贯的特性：即当我们从该房屋入口离开时，每远离一步，我们与最近的其他房屋入口之间的距离亦变得如同与该房屋单元之间的距离一样遥远。出于这个缘由，我们把该模型称为"拒绝邻居"模型——尽管也许我们谈论"拒绝邻居"原则要更好一些，因为该模型自身很少会以其单一纯粹的形式在现实中出现（图72）。

然而我们可以观察，它作为一种指导原则是如何贯彻于没落的伊克大院（Ik）（图73）的形态之中的，这可以通过它的一处房屋为视角展现出来。如图74所示，我们在有关该系统非分布式的阐释中，引入了一个新的惯例：即每当较高一级的边界被叠加到一处房屋或房屋组群之上时，我们同时将它表达为一个实心圆点及与其首尾相接的环路，从而指明该边界的范围。[13]

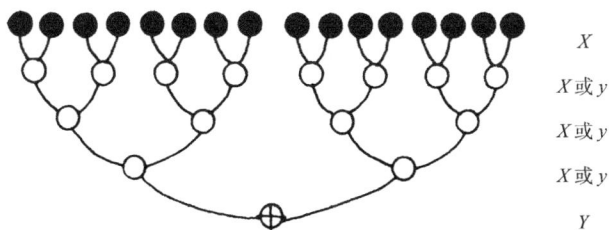

图71　一个"处处分叉"的树形系统

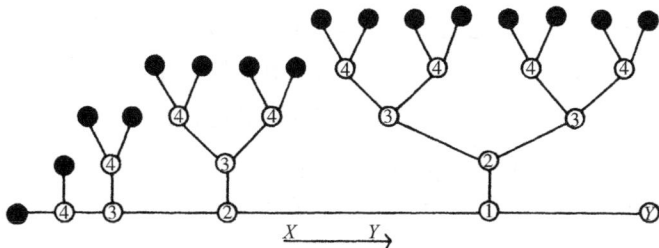

图72　由左向右，从它的一个终点来观察这个"处处分叉"的树形系统

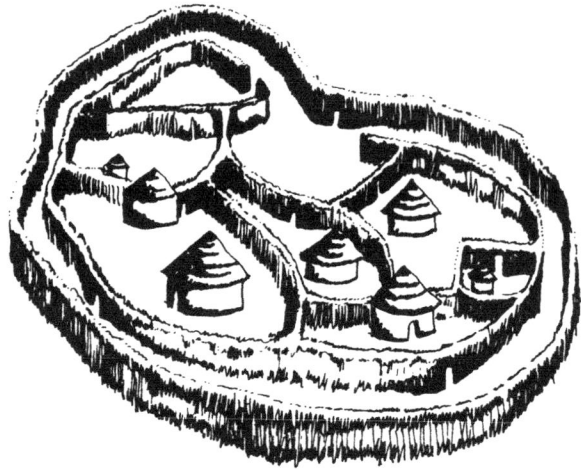

图 73　伊克大院

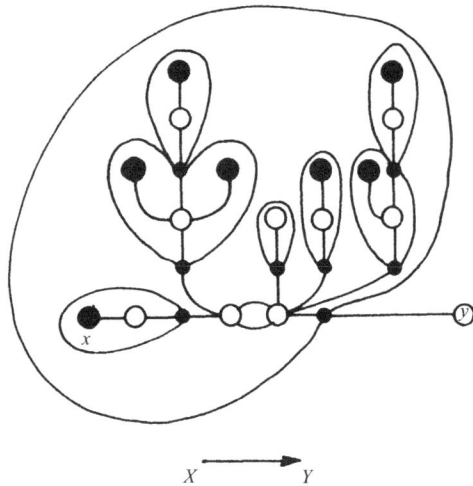

图 74　伊克大院，由左向右，显示了从它的一个基本组成单元观察到的情况

虽然其中房屋的密度较高且彼此毗邻，但与边界、空间及通达性相关的句法模式却排斥了居民日常生活中与邻居之间作为邻居应该具备的偶然接触，即在他们自己的住处附近与邻居的接触。先不论这种接触是多么偶然——空间在轴向上的分裂决定了这种相互接触的概率在任何情况下都是极小的，因为轴线的短小明显大大降低了相遇的可能性——我们看到，它们在某种程度上好像被排斥到了居住地自身之外的地方。这显然与小镇 G 截然相反，在小镇 G 中，偶然的接触将不可避免地发生在那些住户附近，而其中通达的视线将尽可能地降低空间上的断裂对这类偶然接触造成的影响。

现在，让我们观察伦敦一处非常普通的地方——苏默斯小镇（Somerstown）的一部分，紧邻尤斯顿路（Euston Road）的北侧——处在两个不同发展时期的状况。图 75 是该地区在 19 世纪时的最初面貌，

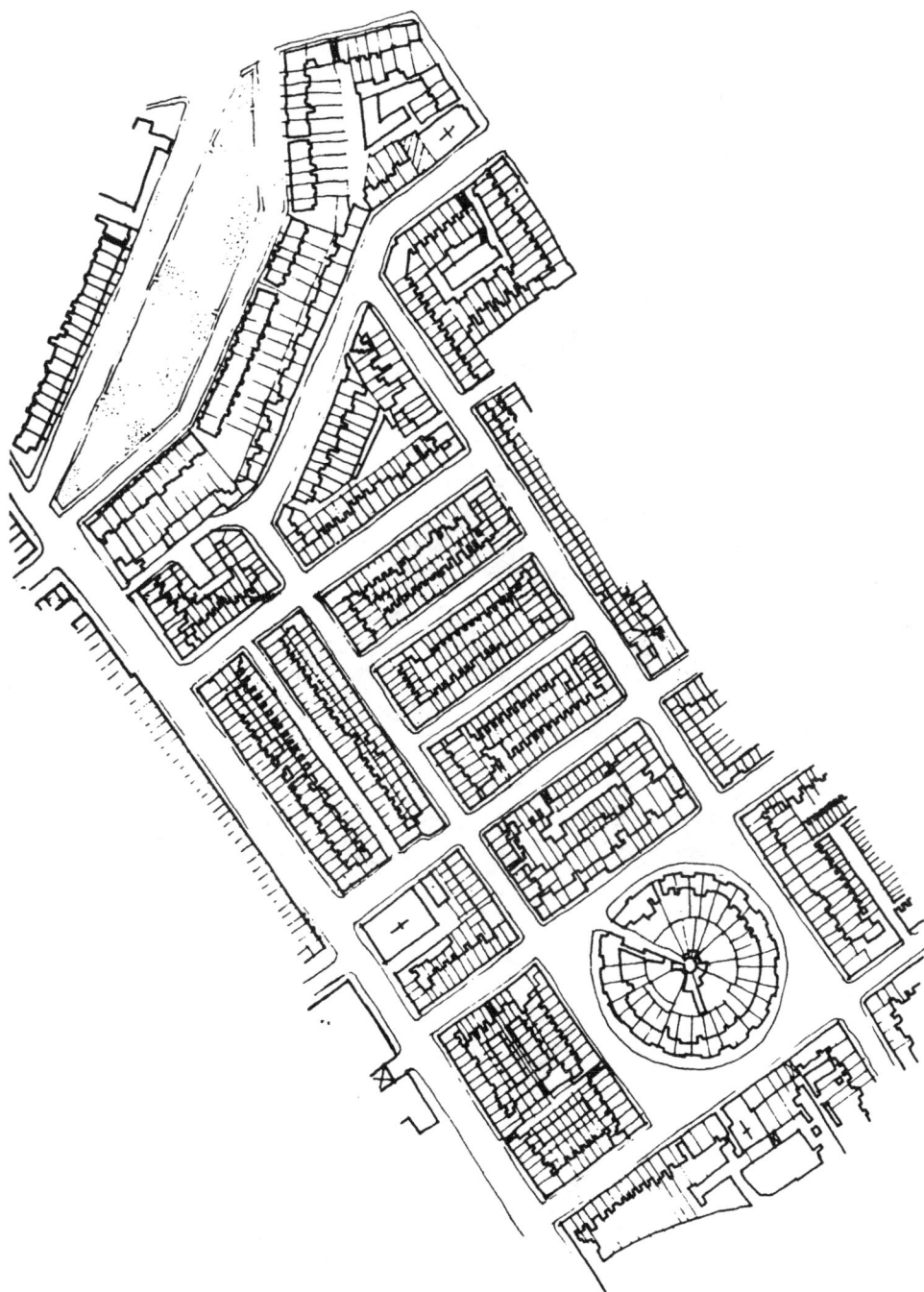

来自英国国家测绘局

图 75　19 世纪伦敦的苏默斯小镇

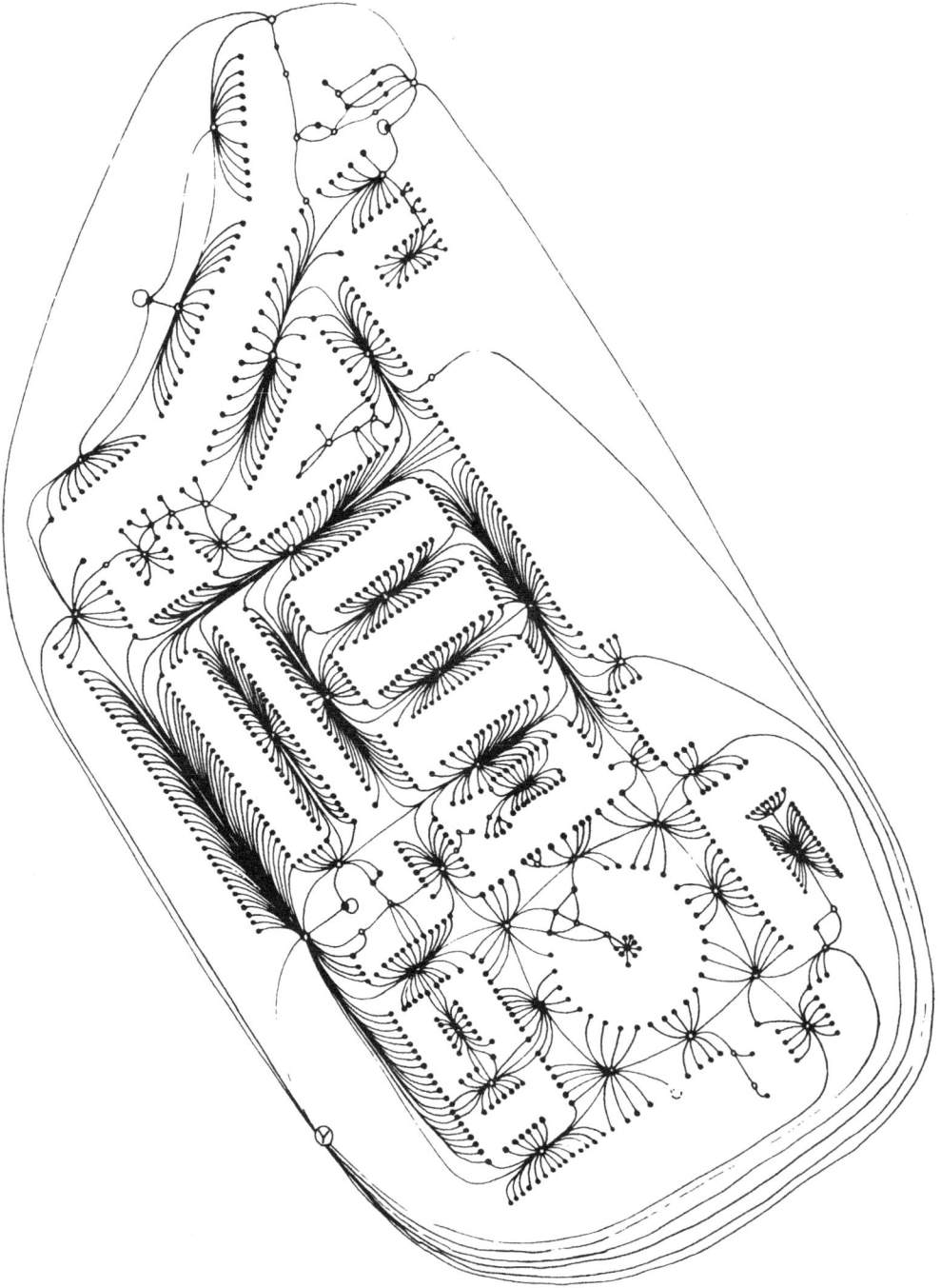

图 76　19 世纪苏默斯小
镇的界面图

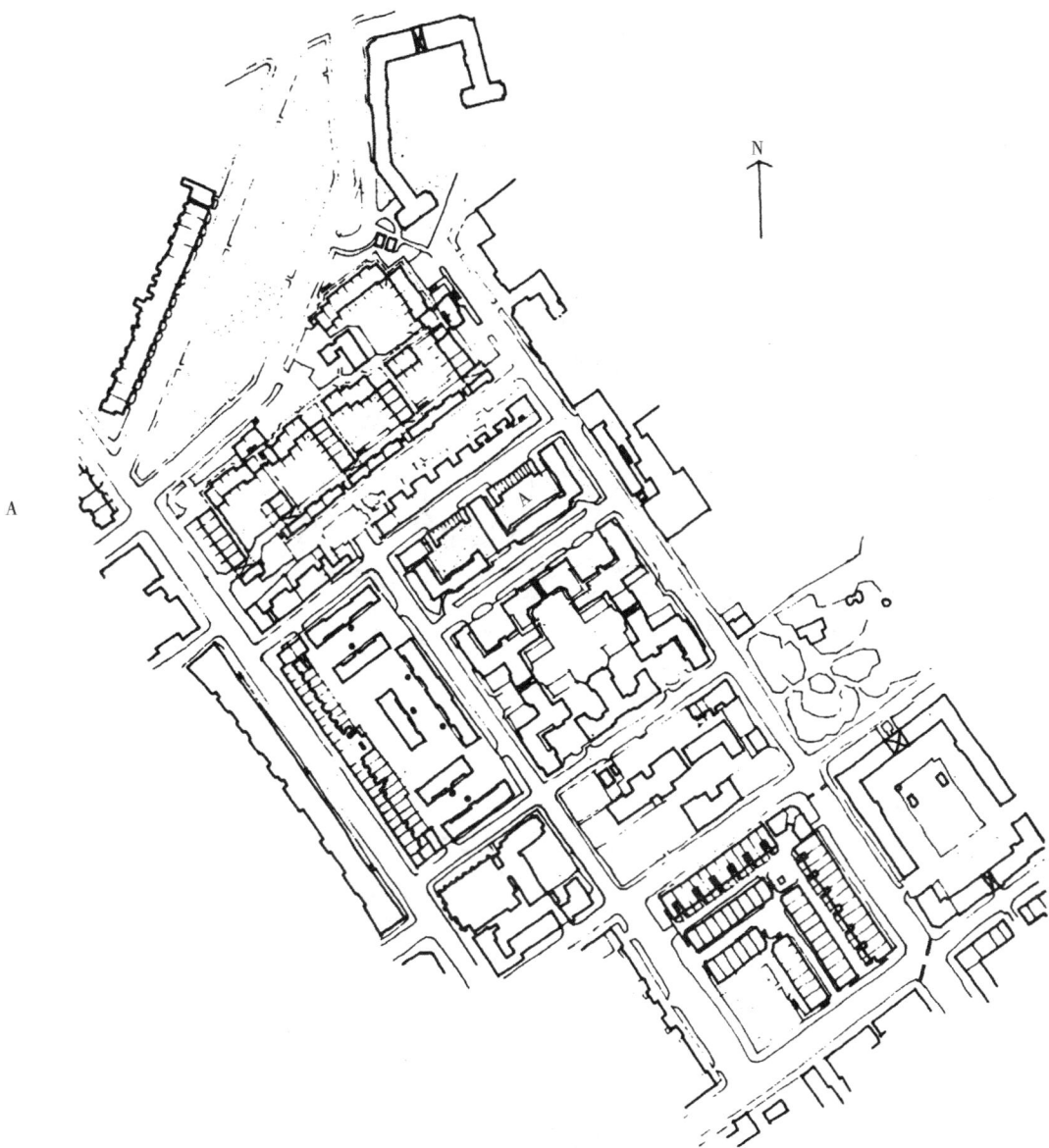

图77　20世纪逐步改建
后的苏默斯小镇

图 76 则是包括其封闭与开放空间的界面图，图 77 显示了在过去约半
个世纪中逐步改造后的该地区的面貌，而图 78 则是与此相应新绘制
的界面图。在绘制过程中遵循了与伊克大院（参见图 74）相同的惯例，
即我们通过一个圆点及与圆点首尾相接的环路来表明每块住宅区的边
界。由于图 78 仅仅用来表明界面，所以只是展现了这些较高层级的
边界以及它们相应的环路，而这恰恰代表了一个游走于该开放空间系
统中的观察者的切身体验。

接着，我们选取标记为 A 的这个地块，首先将它放大（图 79），

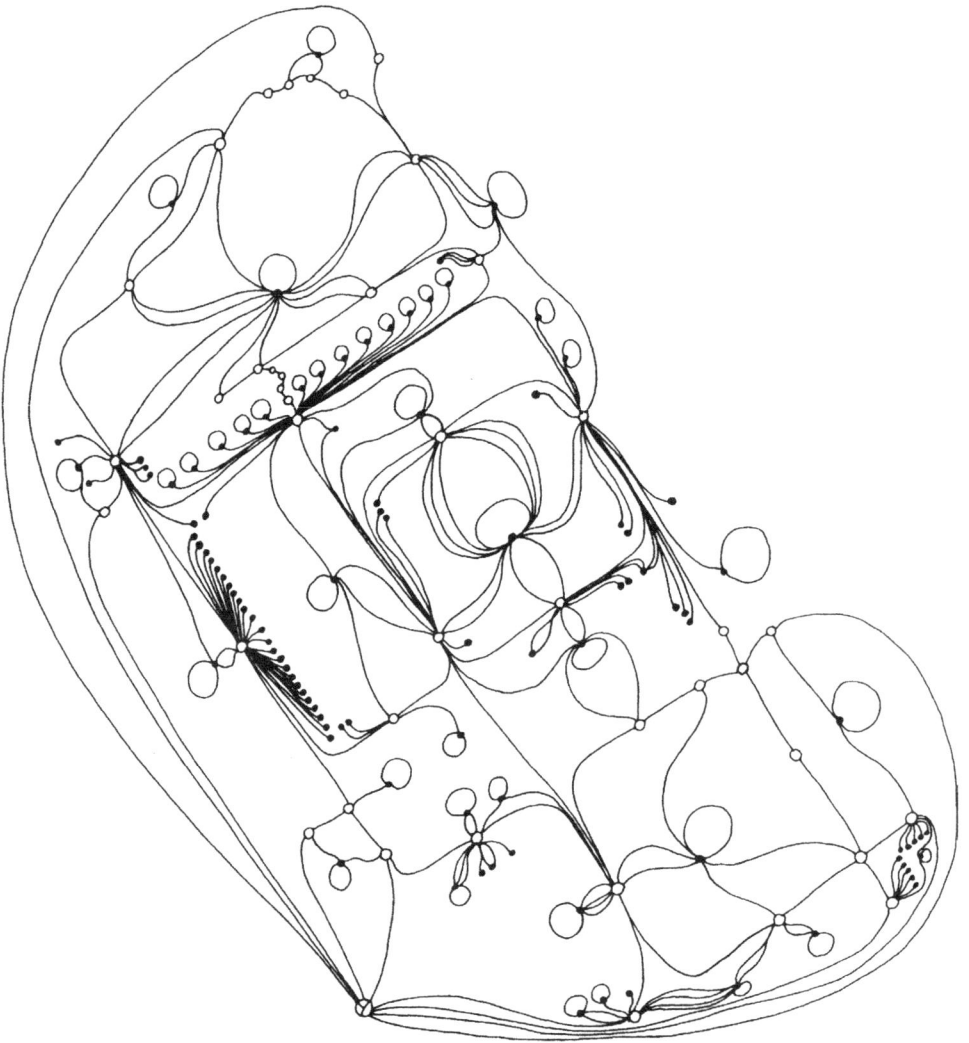

图 78   如今苏默斯小镇的
界面图

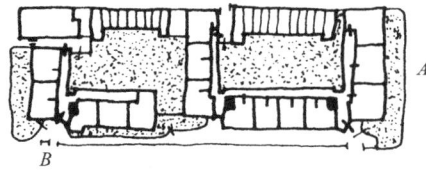

图 79   苏默斯小镇中标记
为 A（参见图 77）的地块

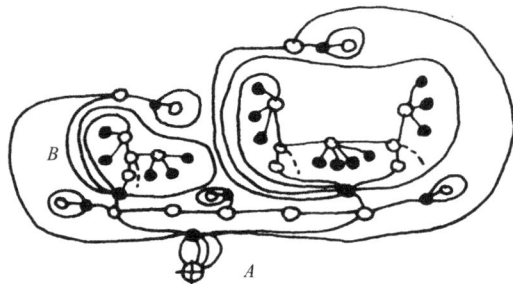

图 80   图 77 中标记为 A
地块的通达性地区

然后绘制一张整个地块的未经对齐调整的通达性地图（图 80），再依 138
据标记为 *B* 的地块绘制一张关系图解（图 81）。

较大的这幅界面图与地块的关系图解一道，形象地表明了该系统的
句法模式将会如何被体验。虽然它并没有呈现为一个单一纯粹的"拒绝
邻居"模型，但我们可以毫不夸张地说，在整个布局之中处处都隐含着
这样的逻辑准则。从某种程度上来看，其中的开放空间结构到处协调着
那些小且孤立的居住组团，而在先前的案例中这些被房屋组团（这些房
屋组团较本案例来说要大得多）建构的空间则是流畅而连续的。注意，
图 80 仅仅描述了该案例底层平面的情况；而当我们把更高的楼层情况也
考虑进来时，如图 81 所示，观察到的这种句法效应甚至更为显著。

于是，早先那些街道底层结构的逻辑就以这样一种方式被颠倒了，
即使在楼层增高时也得以维持。高层住宅形式在句法层面如出一辙：
从句法角度来说，先于它们出现的那些典型的低层公共住房设计，已
经确立了这些高层住宅的普遍空间逻辑。出于这个原因，倘若我们也
无法找到其他原因的话，那么也许高层建筑自身并不是问题的根源，
而低层建筑自身亦不是解决问题的手段。

我们认为，当代城市规划中出现的问题在于，它们几乎完全与过
去城市发展中城市形态的空间逻辑背道而驰。若是对这些新型城市形
态进行细致的句法分析，就会发现这个反差是多么强烈，有时候又是
多么微妙。我们可以通过刚开始阿尔法分析时提到的 *X–x–y–Y* 模型，
连同主要的句法关联以及有关规模大小（共时性）和关联数目（描述）
的概念等，来尽可能简明地对它们进行阐述。

显然，曾经相对 *Y*（系统的外部）而言，非常浅近易达的系统现
在变得极为幽深（或者说非对称）。而当人流从 *Y* 接近 *X* 时，曾经呈
现为分布式，或者说成环状的系统如今也更多地趋向于树形，或者说
呈现为非分布式。本来直接而单一的系统界面，如今变成了复杂且层
级繁多的界面，其中不同层级的 *x* 介于 *X* 与 *y* 之间。因此，凸形空间
距离 *Y* 越近（亦即位于残存的街道系统中，就我们在本书第二章中的
定义而言，它已经称不上是个街道系统），则它越是不大可能为房屋 139
入口所建构，即与房屋入口具有相邻且直接可达的关联。相反，街道
完全被凸形空间与房屋入口之间相邻，却并不直接可达的关系所主导。
当外来人员游走在其中时，面对它的始终是严严实实的墙面。

我们还可以用另一种方式来阐述这点，即基于 *X* 的视角观察，*y*
型空间系统变得像个金字塔，越来越多的空间都被远远地排斥在了 *X*
之外，正如同其自身距离 *Y* 也已经显得非常遥远。这点很重要，因为
它意味着该系统不仅距离 *X*（当地住户）较为深远，距离 *Y*（外界）

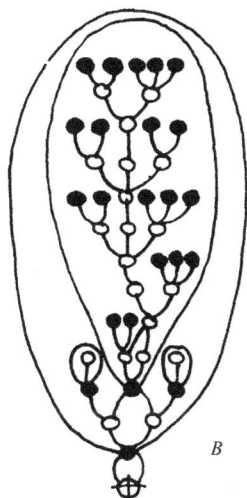

图 81 基于图 80 中子
地块 *B* 绘制的通达性关系
图解

也同样深远。在两个方向上，同时引入的这种非直接、非对称性的关联是个关键原因，导致大量当代城市空间呈现为奇怪的破碎性与空洞感。这些特性当然可以通过数值方面表现出来：图 82 中基于 Y 的 RRA 值（即将该街道系统视为载体）$RRA_d=2.262$，基于 X 的 RRA 值 $RRA_p=1.285$。而当那些较大空间坐落的地点也被考虑在内时，我们就能更为显著地观察到这种"双向深度"特性。在大多数情况下，空间越大（宽广），就越倾向于远离房屋入口与 Y。换句话说，在对空间进行象征性强调的过程中，明确表达出了这种空间隔离的法则，不仅与系统中的基本单元隔离，也使其与系统外界隔离。通常这种特性与这些较大空间在该系统中的几何位置无关。以苏默斯小镇中紧邻图解地块下方的地块为例，尽管所处的几何位置优越，但是这个广阔的中央凸形空间距离住户与外界均有好几个凸形拓扑深度。类似这样的空间，显然位于新城规划中人迹罕至的空间之列，正如我们可以从它们自身的句法描述中所推断的那样。

　　规模大小与句法特征之间的另一个基因型关联，也与上述内容有关。一般说来，越是行走至接近房屋入口的地方，相应的凸形空间就越是趋于琐碎。然而，空间描述（亦即关联的数目）与拓扑深度之间同样也存在关联，即大多数与空间的关联（含有基本单元的那些关联）都发生在这些凸向上局促且幽深的空间里。

140　　然而，尽管描述与深度之间拥有上述关联，y 型空间的排布却使得这些住宅组团之间彼此远离。它们在局部云集，而在整体上相互隔离。从严格的模型角度来说，无论是基于 y 型空间，抑或是基于 Y（系统外部世界），这些住户（即 X）自身都彼此隔绝（当基于 y 型空间来看时，随着凸形空间增大，这种隔绝也越发明显）。换句话说，系统的双重界面——本地居民与居民之间、居民与外来访客之间——从构成它的两类关联方面看，都被撬开了。除非位于同一个最小的居住组团中，否则由于 X 自身内部彼此之间的高度隔离，当地居民不再像从前邻居似的彼此联系；而由于 y 型空间距离 X 非常深远，当地居民也不再以本地居民应有的方式与外来访客交流；同时由于它距离 Y 也非常深远，因而外来访客也难以接近 X。

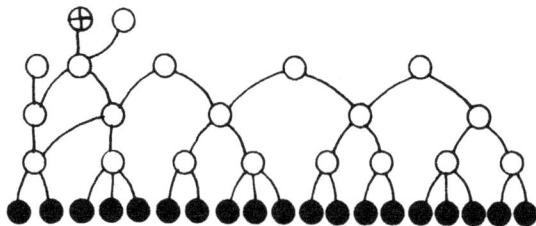

图 82　金字塔形示意图，表明了我们基于住户角度观察到的图 80 中标记为 **B** 地块的空间结构

虽然从表面来看，它具有更为宏伟的秩序。然而，当代城市面貌的首要特征却是其整体结构的缺失，而显著的整体结构恰恰是一座有机城镇的鲜明特征，如 19 世纪伦敦一处经历渐进式改造的地区所具备的特征。较之精心设计的城市改造而言，未经规划的城市建设拥有更为良好的整体秩序，这是令人惊讶却又无可辩驳的事实。我们似乎不可避免地得到这样一个推断，即传统空间系统之所以能够健康地运转，源于它们生成了一个迎合其双重界面（当地居民及外来访客）需求的整体秩序；而当代空间系统之所以无法健康运行，则是因为它们未能营造出这样的整体秩序。城市的安全与活力反映了这两组关联体现在空间构建之中。我们并未将外来人群驱逐在外，而只是对其进行了有效的控制。正如简·雅各布斯（Jane Jacobs）很多年前就指出的那样，恰恰是受到有效控制的外来人流及其与当地居民的直接接触，共同促进了城市安全。[14] 我们则以更为确定的口吻，来申明这一点：正是适当的来往穿梭的陌生人流，共同监督着空间，而与其直接交洽的当地居民则又监督着这些陌生人群。出于这个原因，依靠把陌生人排斥在外，而完全由当地居民进行监督的所谓"防御性空间"终究行不通。

关于诠释的探索：空间的两种社会范式？

如此一来，我们观察到在新旧城市面貌之中，存在着两种完全不同的空间组织范式，且从许多方面来说，彼此截然相反。然而，在社会的哪些地方可寻找这些差异的根源？我们又如何去解释这点，即在某些情况下，社会似乎生成了这样一种空间秩序，而在另一些情况下，它却生成了其他与此大相径庭的秩序？

对于上述问题的回答，将是本书余下部分的主题内容。不过，即使在当前这个阶段，我们仅仅运用目前引入的那些概念，也已经能够概要地勾勒出有关空间形态为何出现分歧的理论观点。在本书第一章（第 36—38 页），从社会的空间与跨越空间的特性方面，对其所作的简要分析中，我们指出了每个社会均有空间层面上的人口群体；在空间上，他们彼此的居住与活动较之其他人群要邻近得多；同时，每个社会也有跨越空间层面的人口群体，这些由个体组成的不同人群被赋予了不同的社会标签。我们说这种被赋予标签的人群超越了空间层面，是因为他们的群体分类完全不依赖于空间上的邻近，尽管该定义下的同一类人群也有可能在空间上相互邻近。我们注意到了系统两条不同的发展途径：在一些案例中，空间与人群标签彼此呼应，亦即在该系

141

统中，同一个空间人口群体的成员也拥有着共同的社会标签；而在另一些案例中，空间与人群标签并非一一对应，也就是说，被赋予同一种社会标签的人口分布于不同的空间人群之中。

然而，若是它们以系统的形式被再生产和再现出来，则这两种系统将拥有截然不同的内在逻辑。在对应型系统中，由于人们属于同一个空间的人口群体中的一员，这种物理空间上的邻近，就催生了人与人之间的偶遇。同时，由于他们也同属于一个跨越空间层面的人口群体中的一员，因而这种一致的社会标签也催生了人与人之间的偶遇。这两方面相互促进，而在促进的同时，却以牺牲他们与其他空间层面及跨越空间层面的人群之间的关联为代价。因此，就其自身逻辑来看，该系统倾向于在局部层面变得非常强势，不仅要求限制在这个层面的偶遇，还需要具有清晰界定的空间边界。该系统的效力源于它维持着这种一一对应关系的能力，这会不可避免地导致系统的组构朝着排斥他人、控制严格、边界清晰、等级分明的方向发展，此即对应型原则（领地性原则的另一种说法）的自然逻辑。虽然这并不代表具有任何程度对应性的任何系统都以这样的方式运转，但它确实意味着，系统越是在超出基本单元的层面依据这种一一对应的方式进行组织，那么它就越是倾向于遵循它的内在逻辑。

与此同时，非对应型系统只有在遵循与前述相反的原则时，才能成功地对其自身进行再生产和再现。在这种系统当中，上述两类人群是分离的。空间层面的人口群体必然总是在局部聚集，而跨越空间层面的人口群体则通过跨越空间，从而将不同空间人群中的个体彼此联系，并促进他们相遇。只有通过促进不同空间人群的交流和偶遇来实现社会人群的分类，这种社会身份标签才能够在系统自身再生产和延续的过程中得到巩固。因此，若该系统要对自身进行再生产，则必须以尽可能促进跨越空间的偶遇为目标。然而，由于局部层面的交流系统，并不依赖人口的社会标签来对其进行强化。于是在局部层面，它也势必倾向于将人与人之间的偶遇最大化。这就意味着，将那些被赋予了不同社会标签的人群之间的交流最大化。实际上，系统若能正常运转，则这些跨越空间层面的社会标签必须被人们淡化。因此，对于一个非对应型系统，若要能够顺利地延续和再生产自身，它更倾向于拥有一种全局性的活力，而非局部层面的强势。它不仅需要促进同一空间中的人群，也须促进不同空间人群之间相遇的可能性，而跨越空间层面的人口群体又会促进这些跨越不同空间的交流和相遇。所以，就其自身逻辑来说，该系统必然建立在包容、较少干预、温和的边界及较少等级区分的基础上。它必须力求在局部层面上忽视人群的社会

142

标签，在整体层面上克服空间的人口隔离，从而在两个层面将人与人之间的偶遇最大化。比如，有关城市系统的一个重要生成原则，即那些关键设施——能够诱发系统中最多人流的设施——均被合理地放置在系统中，从而发挥它们在全局相遇系统中的潜力，而非单一局部层面的潜力。因而，就其本质而言，那些被随机使用的设施将会倾向于形成一个非对应型系统，而不是对应型系统。

　　于是我们自然可以得出，一个非对应型系统在空间上完全依赖于，我们在小镇 G 中所观察到的住户之间以及住户与访客之间的这种开放性的联系，同时也得益于在局部层面相对宽松与零散的秩序，它们把系统推向了整体。而一个对应型系统则须以某种方式建立一个具有封闭性特征的系统，并在局部层面形成一种强势且界限分明的组织形式。就上述两类系统而言，其空间组织原则与社会的运作方式之间存在密切的联系。这就引导我们为有关空间的整套句法理论，界定出一个首要的定理：**空间组织形式是社会联谊形式的表达**；而不同的社会联谊形式就其自身而言，建立在同时呈现为空间系统与跨越空间的系统的社会基础之上。从现在起，这将成为我们的理论的指导纲领。不过，在进一步研究有关空间的社会性决定因素之前，我们必须首先通过观察房屋的内部结构，从而将句法观点沿着社会性的方向加以扩展。房屋不同于聚居地，因为它们的空间形式往往包含了较之聚居地多得多的社会信息。在对房屋进行分析时，我们需要以某种方式对前面的理论论述进行扩展，从而说明只需将它的相关原则作一个简单的延伸，社会含义的更多方面便能被纳入句法模型之中。如此一来，我们就可以运用统一的模型来着手探讨社会与空间的关联。

第四章 房屋及其基因型

摘要

在本章，我们将前述分析方法运用到了建筑内部，认为这些房屋的内部结构与聚居地结构存在着类型上的差异，而并非只是尺度缩小后的相同结构。该分析方法不仅表明了如何从不同使用功能的布局及彼此的联系角度来对建筑进行分析，同时也表明了一座建筑是如何有效运转并形成了建筑中的居民与访客之间的界面关联。通过实证观测或大或小的住宅空间案例，可以发现空间组织形式是其社会联谊的表达。或者说，它是一种使社会对其自身进行再生产的组织原则。

内部与外部：逆转效应

正如我们观察到的那样，一个聚居地至少是若干基本单元的集合，这样一来，由它们的空间布局形成的单元的外部关联就生成并控制了一个有关人际交流的系统。不过，这仅仅涉及了系统全部空间秩序的一部分，即介于基本单元边界与聚居地全局结构之间的那一部分。我们还完全未提及这些基本单元的内部结构，也没有说明这些结构是如何与系统的其余部分相关联的。这一小节将会关注这些单元的内部结构：它引入了一套针对建筑内部结构的句法分析方法，我们将之称为伽马分析法（gamma-analysis），由此发展出了许多有关主要句法参量与社会变量之关联的假设；为我们提供了一种将单元内部关联与其外部关联相联系的理论，构成有关空间之社会逻辑的一般性理论的一部分。因为基于我们已有的论述还根本无法清晰地描绘出这套一般性理论，所以在深入到有关分析与定量研究的问题之前，我们需要先对一些理论问题进行探讨。

人们对空间的一个最为常见的主观臆测（有时候明显，大多数时候较为隐晦）即人类对空间的组织是在不同尺度等级上出于共同的行为准则进行的活动。如此一来，从住宅内部或个人空间，直至城市或

144　地区，都被认为是由相似的社会力量及心智活动构成的空间，它们的不同之处仅仅在于人口数量的增多以及空间规模的扩大。[1] 这样的主观臆断非常普遍，以至于我们可以以给它一个称号：也许可以将之称为"连续型"设想。假如这种"连续型"设想是正确的，那么有关房屋内部的分析只不过是把适用于房屋组群的那些原理与手段简单地应用于一个较小的尺度上罢了。遗憾的是，这将诱导我们忽视一个非常基本的事实，而当我们将之考虑进来时，就会赋予系统一个崭新的维度。我们也许可以把它称为边界效应。

　　根据我们的经验，边界之外的空间彼此相连，从而聚居地被体验为一个连续的物体。通过不断地在聚居地中游走，我们获得了有关这些外部关联的知识，并建立起了某种有关聚居地空间聚居地结构的观念。而这些边界内部的空间有着截然不同的特性：它们是一系列——至少很可能是——孤立的事件，而非一个连续的系统。同样的边界，从单元外部看，它们把聚居地构成了一个连续的空间集合；而从单元内部来看，它们却创造了一系列间断的空间。通常这些内部空间不会被体验为一种具有全局形态的连续空间系统，相反，它们被体验为一系列独立的事件，明确地脱离了全局系统。它们作为个体依次被人们感知，而不是通过物理联系作为单一的实体为人们体验。这种特性源于边界的本质，即在一个内部空间与其四周的全局系统之间营造一种间断，否则它就成了全局系统的一部分。

　　由于存在着这种间断，边界内部的一系列空间创造了一个不同的系统，我们已经较为详细地讨论过这种系统的基本特性，即一种跨越空间层面的系统。也许我们还记得，一个跨越空间的系统是一群在空间上独立但类似的实体，基于相似性与差异性，而非在空间上的邻近与连续，它们获得了某种全局的从属关系。我们在这样一种系统中获得的空间体验不同于我们在一个连续空间系统中获得的体验。在这里，一块区域并非通过空间上的邻近，而是通过在类型结构上的相似性而与其他区域产生联系。在体验这块区域时，我们只把它视为是同种类型区域的个例。对相同类型的这些个例，我们也都一致地进行评判。内部空间之间的关联更多的是从概念上为人们感知，而非作为空间实体被人们体验，人们在其中并非基于空间，而是以跨越空间层面的形式通过局部观察进而组织起全局观念。

　　这就是有关边界的基本事实。从宏大规模的对象过渡到细小尺度的对象，空间法则并没有呈现出相应的连贯性。在由大型对象过渡到小型对象的过程中存在着一个根本的隔阂，从而系统实际上颠倒了由局部感知建立起全局体验的方式。在从房屋外部行至房屋内部的过程

中，我们也从一个涉及偶遇概率的场所进入了一块涉及社会常识的领
域，即每一块内部空间均已体现为某种固定的经验组织模式，将某种
文化认同的特质反映在空间中的特定方式。

由于边界具有这种逆转效应，甚至连有关空间组织等级的连续性
都似乎呈现为一种假象。在边界背后，那些空间的参照物并没有相应
地变少。相反，它们通过主要的跨越空间层面的参照而得到了扩展。
由于边界的这种特性，空间组织规模越是囿于局部细微之处，则它们
所对应的参照物就越是普遍。边界表明的是一种与文化有关的原则。

内部与外部的这种双重性为社会联谊性与空间之间的关联增添了
一个新的维度。若基于这种联谊性发展出了一种更为牢固且相似的内
部空间结构，并同时借助边界有力控制和强调了内部空间的离散性，
那么该联谊性即跨越了空间层面。就这种情况而言，它强调的是对一
个相对精细的模型的内在再生产。诸如"仪式化的"或"遵奉习俗"
这样的词语可以被应用在类似的空间组织上。作为一种跨越空间层面
的联谊，其本质在于对一种相同类型结构的局部再生产与重现。因而，
该结构越是牢固与复杂，它所遵奉的对象越是确切，这种联谊力就越
是强大。这样的联谊性需要借助边界的隔离效应来杜绝自由出入，从
而保存其内部结构。于是，此处联谊性就意味着由那些空间上彼此分
离且与外围世界隔离的个体对一个相同的模式进行再生产和再现。一
种跨越空间层面的联谊是一种基于类比与隔离的联谊形式：即它体现
为于被适当隔离的离散个体中实现的类同结构。

相比之下，基于空间层面的联谊性所依循的原则恰恰与此相反。
它并非基于类比与隔离，而是基于相邻与偶遇，从而建立起一个成员
同群体其他成员之间的联系。要实现这一点，它必须强调内部与外部
的连续，而不是房屋内部的分离。穿越边界的人流活动，虽然会削弱
一种跨越空间型的联谊，却是这种空间型联谊得以存在的基本条件。
在这种情形下，很难维持一种精心布局与操控的内部空间，但也没有
这样做的必要。它旨在促进而非限制人与人之间的偶遇，而这便意味
着对位于边界上及位于边界以内的约束和限制的削弱。孤立与隔离将
会破坏，而非增强这种空间型联谊。因此，在一个空间型联谊体中，
边界的削弱与其内部结构的消减息息相关。如果要使得该系统的原则
得以维持，则须由一种随意性在其中占主导地位，而非那些礼仪与
教条。

这样一来，于基本单元的边界处自然发生的这种空间逆转就引发
了联系社会与空间之原则的双重性。因此，在我们对单元内部空间模
式与那些联系单元内外的空间模式进行分析时，就必须力求捕捉到反

145

146

映这两种不同原则的空间对应物。这是可以做到的，因为这种双重性只不过表明了边界的双重本质，它在创造出一类使用空间——边界内部空间的同时，也建立起了一种控制形式——即边界自身。这种双重性始终不变地在房屋内部的空间模式中呈现出来。本小节中概述的伽马分析法将专注于这两方面及它们的相互联系。从而将会发现，使用空间类型与相应的控制手段同前述阿尔法分析中的那些基本参数息息相关。在伽马分析中，相对非对称性将会表明有关空间的联系——亦即体现于空间之中的使用类型；而环形度——也就是分布性则能够表明有关边界的联系，亦即与使用类型相关的控制关系。

　　因此，一座房屋至少可以作为一个知识领域，因为它在空间上对使用类型做了特定的布置；同时，它也是一个控制领域，因为它对一系列边界进行了特定的安排。从社会学角度说，房屋通过颠倒了基于阿尔法分析得到的有关空间层面与跨越空间层面的关联，从而把这种双重性与占用者及访客之间联系了起来。每座房屋，甚至只是一个房间，至少都指明了一个"占用者"，也就是说，他具有特别的权限出入并控制这个由边界形成的使用空间。一个占用者，即使不是一个房间的永久占据者，他作为一种社会性的存在也早已与房间内部空间的使用类型紧密相连：即这里所说的房间占用者更多的是针对由该房间类型所界定的人群而言，而非正在实际使用该房间的人群。这样一来，"占用者"即为一个类型化的概念，因而也是一种跨越空间层面的实体，从这个角度讲，由于占用者被对应于房间在局部围成的空间，且构成了局部空间实际存在的一部分，因此它也是全局类型本体的一部分。

　　对于陌生人来说，其效果是相反的。每座房屋都会从一组可能出现的陌生人中择取一群"访客"，他们可能会暂时性地进入房屋，却难以对房屋形成控制。学校的学生、医院的病人、宅子的宾客以及监狱的犯人都属于这类人群。他们比陌生人近了一步，因为他们拥有正当的理由，穿过一座房屋的边界；然而又不如占用者，因为他们不能对房屋形成任何控制，且他们的社会个体特征也并没有被对应在房屋内部的空间结构之中。从这个意义上说，房屋遏制了由陌生人组成的全体世界，与此同时，它又扩展了由房屋占用者组成的局部世界。它在局部水平实现了一种与使用类型相关的秩序，然后，运用边界在这种秩序与社会的其余对象之间构筑起一个界面。

147　　　因此，我们也许可以抽象地把房屋定义为一种与使用类型相关的特定布置方式，其中被赋予了一套控制系统。这两者共同作用，从而在由蕴藏于房屋使用类型中的社会常识所指明的占用者与访客之间建构起了一个界面，其访客与占用者之间的关系被该房屋所控制。任何房屋，不论它属于何种类型，都拥有这样一个抽象结构；而我们称之为特定房屋类型的典型空间模式，将会采纳这些基本关系。它们通过变动句法参量及它们之间的界面，使得该基本模型沿着这个或那个方向发展，这取决于那些由空间布局构建起的使用类型与相关关联的特质。

由于从某种程度上说，它是一种对空间进行组织的行为。因此，一座房屋至少可以说是某种统一控制的领域。这种"统一性"可以通过两个特性表达出来：首先，它具有一个连续的外部边界，从而对外界的所有对象都形成了某种形式的控制；其次，它具有连贯的内部通达性，因而从该房屋内的任意一处到其他任意一处都无须经由房屋边界之外。为了表达这一系列关联，同时为了避免与其他有关房屋的定义相混淆（比如一座房屋需要位于同一片屋顶之下），我们今后将以"房产"一词来取代"房屋"。房产是一块由边界统一控制的领域，并且拥有上述的通达特性，它通过与句法相关的手段生成了其中的内部关联，且由此构筑了占用者与访客之间某种特定的界面。因此，伽马分析实际上就是对那些通过房间单元的通达模式所体现出的空间关联与控制进行分析。

细分空间单元的分析

正式地讲，伽马分析法是解释通达性的阿尔法分析法。阿尔法分析中的邻接关系变成了伽马分析中的直接渗透率；而阿尔法分析中的包含关系又变成了伽马分析中的控制渗透率。伽马分析中的基本对象是那些具有一定通达性的空间单元。伽马分析与阿尔法分析中封闭空间单元对等的是对外只有一个入口的空间单元（图 83）；而与阿尔法分析中开放空间单元对等的是对外有多于一个入口的空间单元（图 84）。

就将空间系统翻译成图示语言的过程来说，伽马分析图比阿尔法分析图更直接，因为每个空间单元的内部或空间单元的细分都可以被抽象为一个点并用一个圆来表示，它的通达性的关系则用连接它和其他空间单元的线来表示。因此，具有一个入口的空间单元可以被抽象为一个单线连接的点，如图 85 中所示；而具有多于一个入口的单元可以被抽象为双线连接的点，如图 86 中所示。伽马分析结构的载体可以被认为是空间单元之外的空间，并表示为具有中间画十字的圆。当考虑了外部空间联系时，图 85 和图 86 中的两个结构便形成了图 87（*a*）和图 87（*b*）的图示。

图 83

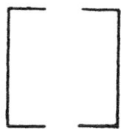

图 84

图 85

148

图 86

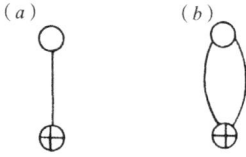

图87

从这些基本元素出发，与阿尔法分析中类似的那些组构生成机制（configurational generator）同样，可以用来生成对称、非对称、分布式以及非分布式的模式。在伽马分析中，两个空间 a 与 b 之间的关系可能有以下几种情况：若以空间 c 为参照，a 对 b 的关系与 b 对 a 的关系相同，则空间 a 与 b 是对称的，即 a 与 b 均不能够控制彼此的可达性；若 a 对 b 的关系并不等同于 b 对 a 的关系，即它们之间的某个空间控制着由它们之外第三个空间 c 出发前往其中另一个空间的可达性，则空间 a 与 b 是非对称的；若从空间 a 到 b 存在不止一条独立路径，包括穿越了第三个空间 c 的路径（也就是如果相对另一个空间而言，该空间具有不止一个控制点），那么空间 a 与 b 是分布式的；若从空间 a 到 b 的任意一条路径都必须通过某空间 c，那么空间 a 与 b 就是非分布式的。于是，图88中的空间 a 与 b 相对空间 c 而言，呈现为一种对称且分布式的关系，而图89中的 a 与 b 相对 c 而言，则呈现为一种对称却非分布式的关系。图90中的 a 与 b 相对 c 而言，呈现为非对称亦非分布式的关系。图91中的情况稍微复杂一些，这里 a 与 b 相对 c 而言呈对称关系；但相对 c 而言，d 与 a、b 两者均呈非对称关系。因此，这个例子图示了同时为非对称与分布式的关系。图92将此进行了翻转，使得 d 与 a、b 呈非对称且非分布式关系，而 a 与 b 相对 d（或 c）而言，彼此仍然呈对称关系。

149

图88

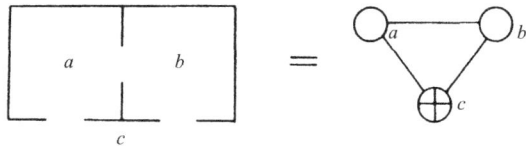

图89

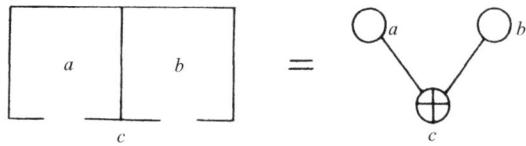

图90

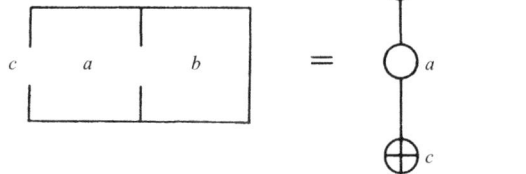

图91

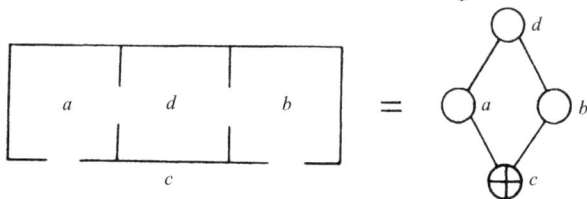

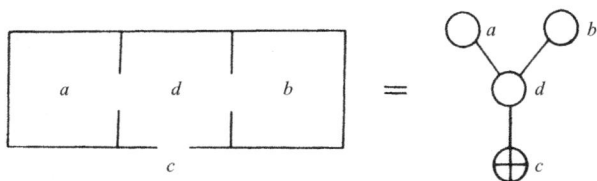

图92

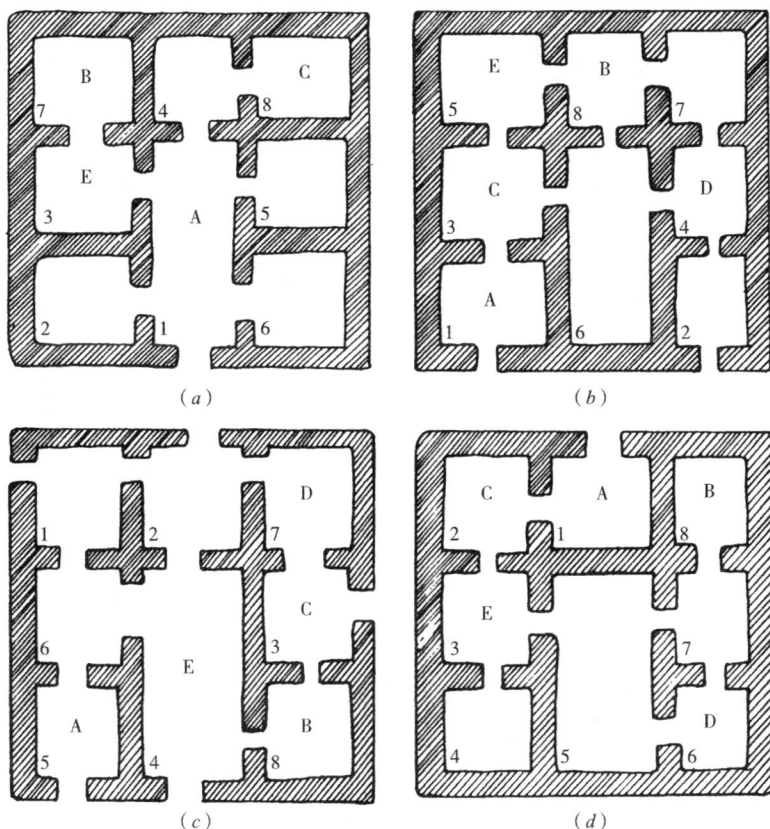

图93 四个具有相同几何特征和空间格局的假想建筑平面简图

我们现在可以利用这个模型的基本参数，来尝试建立一种技术，用来表现和分析伽马分析图的通达性结构。第一阶段是一个表现工具（这个已经在阿尔法分析中介绍过），我们将其称为伽马关系图解，并按以下方式来构建。根据从外部空间（载体）出发到达该空间必须采取的最小步数，可以为建筑中的每个空间赋予一个深度值，一步意味着从一个空间到另一个空间的移动过程。一个伽马关系图解是一个图表，其中空间像以前一样用圆圈表示，通达性用线来表示，而所有具有相同深度值的空间被水平向排列在载体空间上方，连线表示各空间单元之间的直接可达性。无论线多长，它们都表示这两个空间单元是直接可达的。

这个过程就像解剖一样：整个空间系统从中间被"切开"并"挂起来"，这样就可以看到它们的内部结构。伽马关系图解具有很大的

150

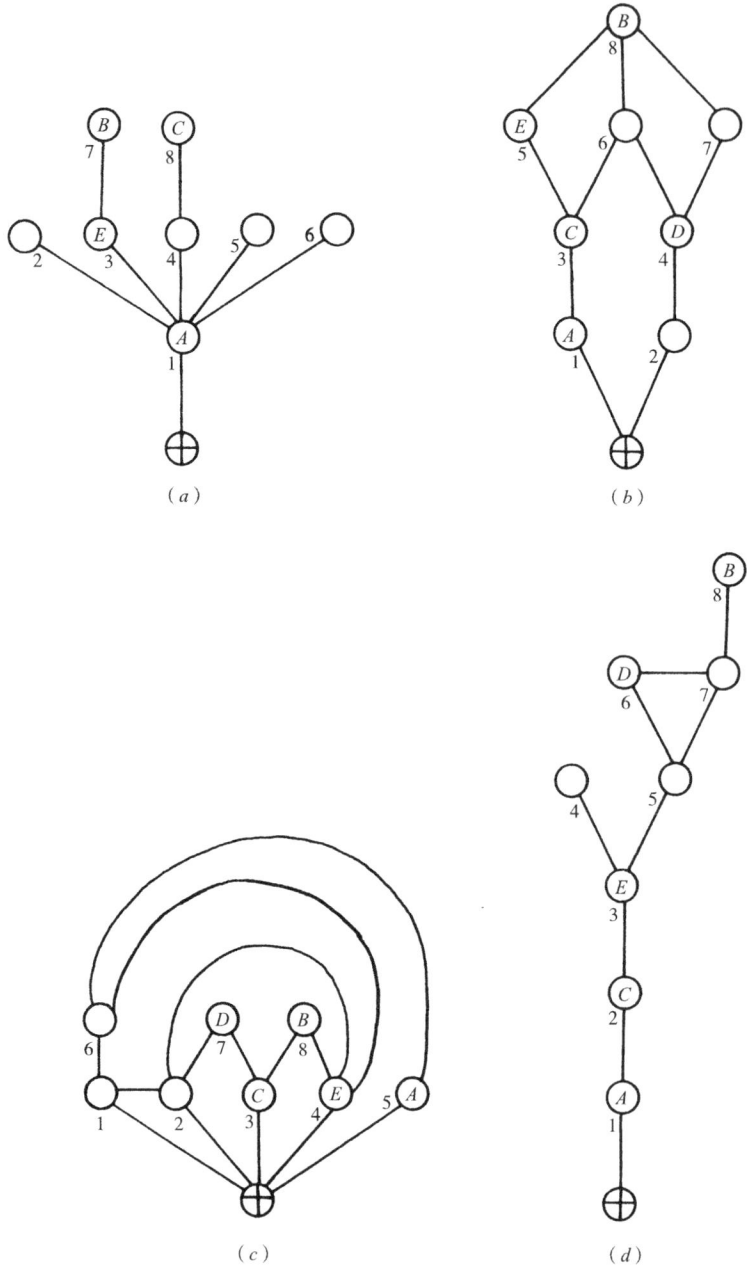

(a)

(b)

(c)

(d)

图 94　图 93 的通达性分析图

优势，它使对称和不对称、分布式和非分布式的基本句法属性比普通布局图展示的更加明显直观。由于合理的伽马分析图也是图表，还能够对这些句法属性进行简单的度量。因此，伽马关系图解旨在允许一种分析形式，其将对空间模式的视觉解析过程与量化分析过程相结合。

例如，图 93 中的四个简单空间系统的伽马关系图解在图 94 中的展示。由于采用了这种表现形式，结构的某些全局句法结构特性立即可见。例如，很明显 b 和 c 是分布式的，而 a 和 d 是非分布式的。当抓住这一点时，相对于相对较浅的 a 和 c 或对称的而言，b 和 d 是相对深的，或非对称的。简而言之，可以很容易地看到四种结构是句法模型的两个基础维度上的变体。

这个简单的分析过程表明：从句法的角度来看，这四个假想建筑空间组合方式彼此之间是非常不同的。尽管就几何形状或它们周边的空间格局而言，这四个都是相同的，但它们的空间模式中并不存在句法结构层面上的基因型。

我们还可以通过考虑标签，或者更准确地说是通过考虑各种标签与空间配置的关系，来找到某些规律性。例如，空间 A 总是复合体中最浅的空间，而 B 总是最深的。D 总是在一个环上；在没有环的地方，如情况（a），没有空间 D。空间 E 总是在从 A 到 B 的最短路径上。最后，C 的位置与所有这些相反，是随机的。因为它是唯一这样的，所以这本身就可以被认为是重要的。换句话说，就单个建筑案例中，探讨句法结构位置与所有案例共有的标签之间的关系，就存在某些基因型的趋势。这虽然不是一个非常好的案例，但它们说明了伽马分析的基本策略。首先，我们单独考虑空间模式，并寻找不变量和常见的句法主题。其次，我们考虑标签与句法结构的关系。显然，对于一些特定的标签组合，存在句法和标签基因型都存在的情况，但是这些例子表明，至少在形式上两者可以相对独立地存在。

151

对空间模式或含标签的空间模式来说，都可以直接采用或调整前文聚居地分析中制定的一些句法分析方法，使之更加精确。例如，这个空间系统中任一点的相对非对称值（RA，参见第 101—102 页）都可以简单地以该点为起点，进行计算，就仿佛它是系统外部空间一样。这个计算的结果将表明：某一特定空间或标签所在的空间在多大程度上与整个系统的空间格局相融合或分离的程度。图 95 给出了图 93（a）–（d）中四个假想建筑空间的计算值。

152

在一个建筑中的不同点的相对非对称值（RA）变化往往非常显著。例如，图 96（a）和图 96（b）高度环状结构的建筑。从曲线上看，相对非对称值为 0.43，对于这个规模空间系统来说，这是该系统可能达到的最高值的一半。以第 4 点为载体，从该点重新绘制伽马关系图解 [图 96（b）]，相对非对称值变为 0.095，不到可能出现最高值的十分之一。同样令人惊讶的是，在类似本书第 125 页的图 72 中讨论过的那种"无邻居"的树状结构模型中，各基本空间单元与外部空间载体的相对非对称值区别也很显著。以图 97（a）和图 97（b）为例，首先，从以外部空间载体为起点到位于系统深处其他的空间单元的关系图解伽马分析图中来看，外部空间载体的相对非对称值（RA）为

		拓扑步数	相对非对称值	某点的相对环形值	距离某点的相对环形值			拓扑步数	相对非对称值	某点的相对环形值	距离某点的相对环形值
	⊕	0	0.321				⊕	0	0.392	0.125	0.099
	1	1	0.071				1	1	0.357	0.125	0.116
	2	2	0.321				2	1	0.357	0.125	0.116
	3	2	0.250				3	2	0.250	0.250	0.173
1	4	2	0.250			2	4	2	0.250	0.250	0.173
	5	2	0.321				5	3	0.392	0.125	0.139
	6	2	0.321				6	3	0.214	0.375	0.231
	7	3	0.500				7	3	0.392	0.125	0.139
	8	3	0.500				8	4	0.321	0.250	0.173
	平均	2.125	0.317				平均	2.375	0.365	0.194	0.151

		拓扑步数	相对非对称值	某点的相对环形值	距离某点的相对环形值			拓扑步数	相对非对称值	某点的相对环形值	距离某点的相对环形值
	⊕	0	0.107	0.500	0.347		⊕	0	0.786	0.025	0.015
	1	1	0.214	0.250	0.277		1	1	0.536	0.031	0.019
	2	1	0.111	0.500	0.347		2	2	0.357	0.042	0.026
	3	1	0.214	0.375	0.308		3	3	0.250	0.063	0.038
3	4	1	0.143	0.500	0.347	4	4	4	0.500	0.043	0.026
	5	1	0.286	0.125	0.213		5	4	0.286	0.125	0.078
	6	2	0.250	0.250	0.198		6	5	0.464	0.125	0.078
	7	2	0.285	0.250	0.231		7	5	0.429	0.125	0.078
	8	2	0.285	0.280	0.347		8	6	0.571	0.063	0.038
	平均	1.375	0.202	0.306	0.291		平均	3.750	0.464	0.071	0.044

图95　图93所示的四个复合体中所有点的数值

153

0.219。而从位于系统最深处的，即那些"无邻居"模型中的空间单元来看，其相对非对称值（RA）为0.472。事实上，"无邻居"模型是一种最大限度地扩大外部空间载体与最深点之间相对非对称性之间差异的形式。此外，由于系统中尽端的最深的与其他空间单元相比至少相差一个拓扑步数，因此无论从形式分析还是直观感受来看，这种"无邻居"的树状结构模型都是获得最大限度的空间隔离的有效组织模式。社会空间政治学自然地利用了这个基本的数学原理。

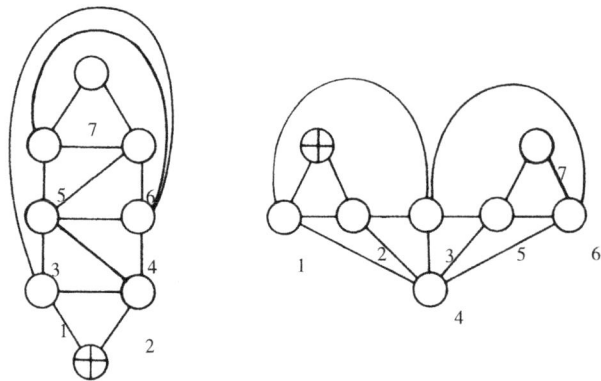

图96　从两个不同的点证明了相同的复合体

（a）　　　　　　（b）

相对非对称性：0.43　　　　相对非对称性：0.095

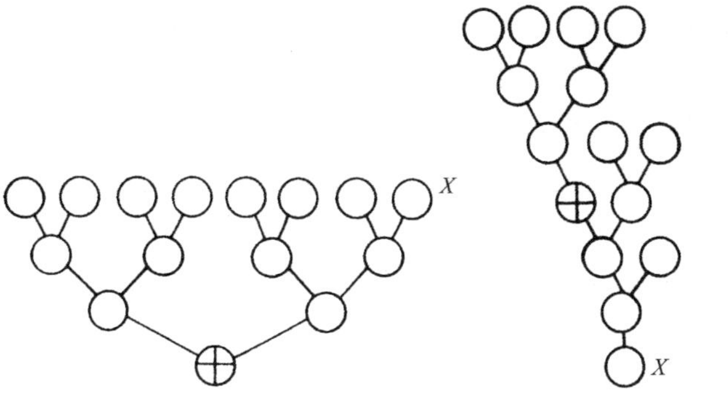

相对非对称性：0.219　　　　　　相对非对称性：0.472

（a）　　　　　　　　　　　（b）

图97　从它的载体和一个尽端点看"不相邻"的模型（如图71、图72）

　　如果各种不同形式空间系统中的相对非对称以量化的方式描述了句法模型中的对称与非对称维度，那相对环形度则能量化描述空间系统中的分布与非分布式维度，其效果可能比阿尔法分析中使用的控制值还要明显（然而，最近伦敦大学学院对建筑室内空间的研究越来越多地使用控制度，而非个体空间的环度值）。这里我们可以从前文提及的一个非常简单的现象开始（参见第88页）。因为连接包含 k 个节点的系统最少节点数是 $k-1$，而其结构只能是不成环的树状形式（无论簇状还是线性，对称或不对称都不重要），增加任何一个新的节点都会导致在使这个系统中形成环状结构。

154

　　由于分布性可以在伽马分析中定义为与一个以上控制点的关系，那么增加系统的环度时将会增加整个空间系统的分布性和它内部受环影响的点的分布性。空间系统的相对环度将是对于那个点（和阿尔法一样）在最大可能平面环上的不同环的数目，可用公式表示：$2p-5$，其中 p 是复合体中的点数。复合体中某个点的相对环度（标识为 RR of）是指通过该点的独立环的数目。对于 p 点，可以通过它的最大值，将是 $p-1$，因为来自任何特定点的任何其他线路都只会重复已有的联系。然后，距离一个点的相对环度（标识为 RR from）不仅考虑整个复合体中的环数，而且还考虑从该点到复合体中所有其他环的距离。方法是将整个复合体的相对环度乘以该点到系统内其他点的平均距离加1后的数值（加1的目的是为了排除0值的影响）。这个测度不仅可以应用于环上的点，也可以应用于不在环上的点。也就是说，它也可以应用在复合体中的非分布部分的点上。图93和图94所示结构的环形测度也在图95中列出。

　　伽马分析的基本命题是建筑空间通过其内部结构以基本句法参数的变化，来传递社会信息。也许更重要的是通过句法参数的变化，从复杂的各个组成空间的角度来看待它时，就会呈现这些变化。可以从某个空间中如何看待整个复杂的组合的方式，来定义该空间。这种差异的丰富性是内部结构承载的社会信息多于外部关系。阿尔法或聚居地系统的特征是其主要单元房间的一般句法同质性，伽马或室内空间系统的特征是它缺乏这种同质性。因此，标签在伽马分析中更为重要。在句法方面，如果阿尔法分析中的基因型可以根据控制偶遇概率的句法生成性参数来定义，伽马分析中的基因型则可以根据空间标签之间的关联以及这些空间如何与整个复合体相关的差异来定义。与阿尔法分析一样，基因型将是居民与居民和居民与访客的空间关系的产物，但伽马分析具有更多的受控界面，将表达出社会联谊形式的差异和相似性，具有比阿尔法分析更高的精确度和更大的差异性。从某种意义

155 上说，所有建筑物，无论是哪种建筑，都可以通过对称性等句法参数化，来反映居民之间以及居民和访客之间的关系。通过对称与不对称性和分布与非分布性的句法维度进行量化描述，所有建筑都有相同的抽象基因型。随着建筑中的联谊形式发生变化，居民与访客之间的关系也随之发生变化，因此，句法参数的变化将构成表现出某种类型特征的建筑，其个性独特。

一些居住空间的案例

当需要一种相当复杂的建筑模型来描述什么是建筑时，往往可以开始着手思考一些基本的空间使用情况：如一个普通家庭如何组织日常活动空间。图 98（a）是 19 世纪后期建造的典型英国小屋的平面图，以及其调整的伽马图（每个空间，包括如大厅、大堂等过渡空间，均用一个实心点而非圆圈来表示），其相对非对称值（简称为 RA）基于三个主要的楼下空间和户外空间载体。图 98（b）对 20 世纪 60 年代中产阶层居民住房的改建也采用了图 98（a）中同样的表达方式。以最初的房子为例，在传统的英国居住空间组织中，一些熟悉的主题可以被认为既有句法组构特征，也有几何形式特征。首先，一层的主要空间是客厅，这是最为精致且最少使用的房间；厨房和起居室都有明显不同的相对非对称值（RA）。数值最高的空间是客厅，其次是厨房，最低的是起居室。这表明，相对来说，客厅与建筑内其他部分之间的隔离程度最高（尽管客厅位于前门和房屋前部），而起居室是系统内整合程度最高的。

这个家庭空间组合、相对非对称值（RA）的顺序以及这些值所暗示的空间关系，构成了英国居住空间组织中极其强大的基因型特征，并在大量的几何和句法变换下重复出现，如图 99 所示。而这些

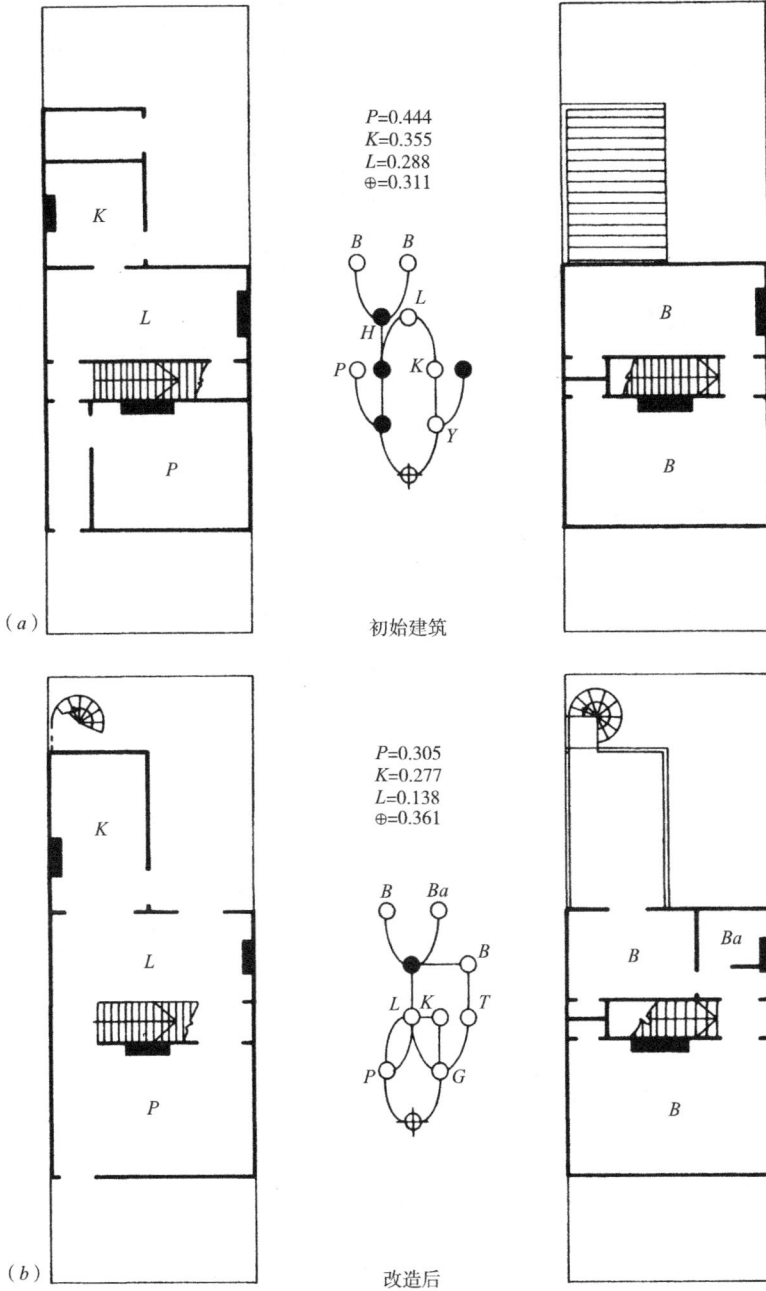

$P=0.444$
$K=0.355$
$L=0.288$
$\oplus=0.311$

（a）初始建筑

$P=0.305$
$K=0.277$
$L=0.138$
$\oplus=0.361$

（b）改造后

图98

（a）一座建于19世纪的典型的英国别墅；（b）是最近改建后的

关系在所有情况下都是不变的。针对比较案例，可以明显发现相对非对称值（RA）的顺序在改造后的房屋［图98（b）］中保持不变。这些值在所有情况下都较低，但顺序保持不变：其中"最好"的房间（客厅）最高，厨房次之，起居室最低，尽管这些空间之间的通达关系完全改变。

157

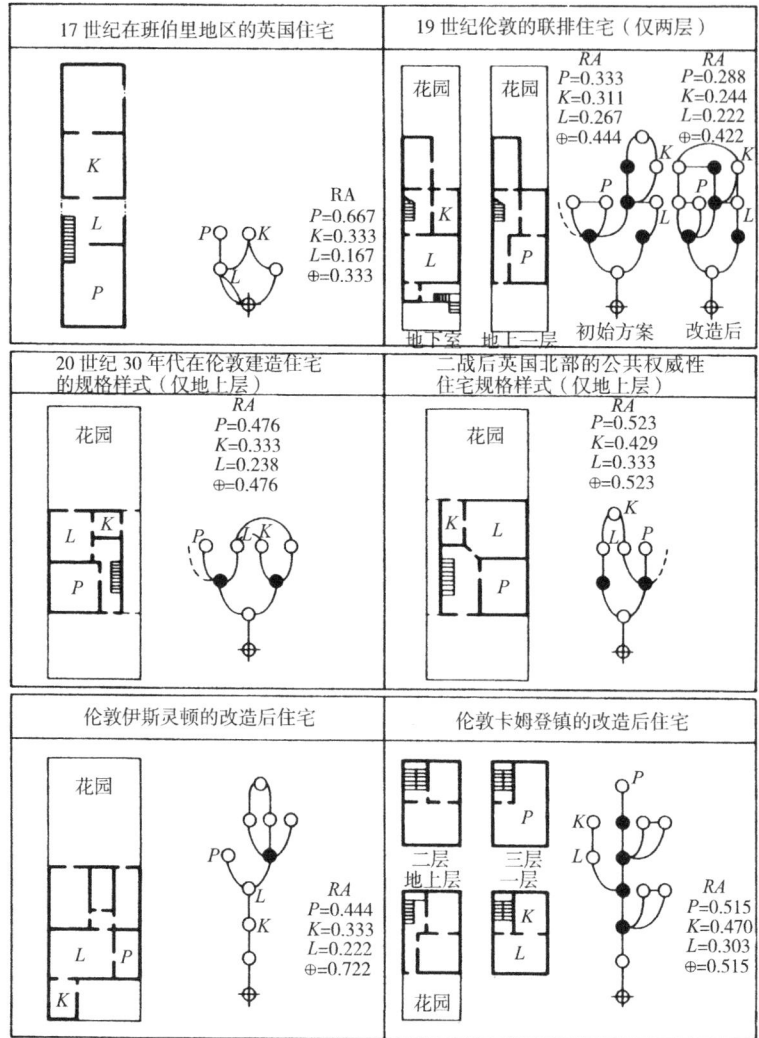

| 17 世纪在班伯里地区的英国住宅 | 19 世纪伦敦的联排住宅（仅两层） |

RA
P=0.667
K=0.333
L=0.167
⊕=0.333

RA
P=0.333
K=0.311
L=0.267
⊕=0.444

RA
P=0.288
K=0.244
L=0.222
⊕=0.422

初始方案　改造后

| 20 世纪 30 年代在伦敦建造住宅的规格样式（仅地上层） | 二战后英国北部的公共权威性住宅规格样式（仅地上层） |

RA
P=0.476
K=0.333
L=0.238
⊕=0.476

RA
P=0.523
K=0.429
L=0.333
⊕=0.523

| 伦敦伊斯灵顿的改造后住宅 | 伦敦卡姆登镇的改造后住宅 |

RA
P=0.444
K=0.333
L=0.222
⊕=0.722

RA
P=0.515
K=0.470
L=0.303
⊕=0.515

图 99　不同建筑形式、承载不同功能的不同时期的六个英国住宅，但六者都有卧室、厨房、起居室空间

　　楼下主要空间的相对非对称值（RA）排序保持不变，这并非改造过程中唯一重要的特征。一般来说，改造后的房屋中各位置的数值均显著低于改造前，但有一个位置的数值是增加的，这就是外部空间载体。不仅其绝对数值有所增加，而且与新旧建筑中的其他空间的相对非对称值（RA）相比，外部空间载体从旧住宅的最低值变为新最高值。因此，当考虑这两个空间系统的关系时，这种变化在最初出现时可能更加明显。稍微令人惊讶的是，或许房屋的内部在改造后与其外部空间的联系变得更加隔离。此外，花园却朝着另一个方向发展：新房子与花园的融合程度要高于旧房子。只有卧室在从旧到新的变化中，其相对非对称值（RA）或多或少地保持与其他空间相当，尽管其中一个房间的环形度发生了重大变化。最后，在两种情况下，盥洗室（一个位于院子中，而另一个位于浴室中）具有最高的或相当于最高的相对

非对称值（*RA*）。

在环形度上，从旧到新的变化同样引人注目。总的来说，新的空间的平均相对环度是旧空间的两倍半。但这种数值的增加并不是唯一值得关注的点，更有意义的是环的形式。在老房子里只有一个环，这个环不在房子的内部，而是通过外部空间载体一起形成的环。"起居室"或日常活动空间位于该环相对于外部空间载体的最深处。因此，日常活动空间所在的环，仅仅是表达内外部空间关系的环。此外，由于日常活动空间位于该环的最深处，因此可以将其视为调节家庭内部与外部世界关系的最重要的空间。在改造后的房屋中，所有新增的环都在住宅内部。标记为 *L* 的起居室现在是一组内环和一个外部空间载体环的枢纽。这体现了该空间产生的控制重点从内部与外部关系转向更专注于内部。这种转变也可以通过观察日常使用状态来验证。在新房子里，前门和后门之间的差异在不同类型的关系空间化方面，不再具有文化和实际意义。很有可能，后门不再是功能性的，所有通道都通过前门来控制。同时，前门将受到更强烈的控制，再次反映出环空间的控制重点从内外部关系转向纯粹内部关系。

为了解释这些空间变化的社会学意义，我们必须回顾建筑中的抽象模型，将其作为一些参数化的句法变量，用以阐明居民之间、居民与访客之间的关系，可能反映了不同的社会整合形式。就家庭而言，居民之间的关系当然只是男女之间，以及父母和子女之间的基本家庭关系，来访者只是作为朋友或亲戚或以某种更正式的身份，可能有理由跨越边界。可以从简单描述这些关系是如何反映到家庭的空间结构中，逐渐建立起关于社会关系如何转录到抽象的建筑空间结构模型的理论。

从一开始就很清楚，至少对于某些特定人群而言，近代英国居住空间的标准特征是相当令人费解的：客厅空间[2, 3]是房子里最好的房间，因为它包含了最好的家具和装修效果；另一方面，它却很少被使用，也许在星期天或某些正式场合和仪式中才使用。此外，虽然这个空间包含了一个家庭所能提供的最好物件，而且它也位于房子的最前面，但却总是隐藏在窗帘、花边饰带和其他装饰品之后，用来防止路人看到内部。从句法上讲，这个空间也可能具有与其他首层空间不同的特征：它具有最高的相对非对称性；它是首层中唯一不在环上的主要空间，即它是一个非分布式的空间。这两个属性可以立即被称为跨越空间整合的概念，即通过孤立地控制类别而实现的一种社会联谊形式，而不是通过空间邻接和鼓励运动来进行各层级的相互连通。客厅简单来说，就是一个跨越空间的存在。因此，它必须与其所处的环境

158

159

和日常生活隔离。其功能是阐明远距离的关系，包括物质空间上的，也包括社会距离上的。为实现这一点，该空间必须尽可能与周围的空间系统脱钩。空间的句法参数表达了这一要求。

与客厅完全不同的是，起居室作为日常交流的场所具有相反的句法特征：它在一个环上，是底层空间中相对非对称性最低的。也就是说，起居室与家庭其他空间的融合程度最高。它也是最强大的空间，因为当从外部空间载体上看时，它占据了环上的中心位置。从句法结构来看，它是一个家庭的中心。在整个系统中，从一个空间到另一个空间的大多数路线，包括从外部空间载体引发的路线都会经过起居室。起居室的理论性质与客厅的一样简明和基本：它是空间联谊的关键场所，而不是跨越空间的联谊。它是家庭所有成员都有平等机会并享有平等权利的空间。但起居室也是一个依赖于局部临近性的空间，为邻居及本地的亲友交往提供支持。当这种关系发展到一定高度的时候，一些邻居甚至可以获准自由进入这个空间。

第三个主要的首层空间是厨房，具备两个属性。它具有较高的相对非对称性，但它同时也在环上。这两方面的解释都很简单且相互关联。厨房较高的相对非对称性表达了一种层级上的隔离，表现为性别上的隔离；而厨房被置于外部空间载体和内部空间之间连接体的位置上，则表明住宅内的空间联谊本质上更加依赖妇女之间的关系。因此，厨房空间以一种非常强烈的方式，阐明了女性在家庭日常事务中的支配地位。住宅不是一个家庭的"社会关系图解"，而是表达了更多的内容，即社会系统。

最后，楼上的空间组织要简单得多：卧室只是大厅外的独立空间。这种非分布式的形式实际上具有一个重要特性：它最大限度地利用了所有空间（大厅除外）之间的相对非对称性，从而以最少的空间数量达到最大的隔离效果。当然，这种最大的隔离原则显然体现了所有社会规则中最基本的一条：乱伦禁忌。出于睡眠目的，同一家庭的成员必须尽可能地彼此隔离。

那么如何解释住宅系统的变化呢？也就是说，如何从理论上用抽象模型的变化来描述住宅系统呢？当然，旧基因型存在一个重要方面，即首层主要空间的相对非对称值的排序。最好的空间仍然具有最高的相对非对称性，最常用空间的则是最低的，厨房位于两者之间。然而，这些类别的使用比以前要弱得多。日常生活可以渗透到客厅空间中，而访客也同样可以使用起居室。空间的相对非对称值的大幅度的整体减少，正是反映了这种类别差异的弱化。功能的合并和分离程度的降低是同时出现的现象。后者是实现前者的手段。相对非对称值的降低反映了一个普遍规律，等级明确的空间往往意味着较高的相对非对称值。这个规律依赖于一个基本命题：维持层级明确的空间源自空间行为，该类空间总是以隔离为手段，试图回避日常生活中不太受控制的偶遇。

但是在改造后的房子中，有一个首层空间的相对非对称值实际上增加了，那就是外部空间载体。分离的中心是从内部空间转移到内外部之间的关系，即边界本身。这种空间变化与行为变化相关联。在老房子中，前门可能经常会打开一段时间，甚至是相当长的时间，这意味着会在门附近发生自由的交流。而在改造后的房子中，这种可能性要小得多。一般来说，门这个经过精心打磨的假古董家具，将会被牢牢地关上，几乎不会随便地呈现虚掩状态。然而，明显自相矛盾的是，前窗在改造之前在任何时候都被完全遮挡，而在改造之后则并未给路过的观察者提供任何障碍。相反，特别是在天黑之后，住宅的内部是大胆地向外界展示。这样一条由这些改造过的房子组成的街道，几乎就像一个精心设计的室内展览，出现在偶然路过的人面前。

这种彻底改变以及其显示出的矛盾性背后的原因，当然是在社会联谊的原则上的变化，居民和访客的社会含义也随之发生了变化。传统室内的基本组织原则是空间联谊在受控制的条件下，穿过边界并将房屋内部与其外部关系联系起来。而传统房屋中跨越空间性的组织方式原则正好与这个原则对立：需要处理太多难以在日常生活模式中容纳的关系，特别是涉及仪式或等级关系的问题。在改造后的房子中，这些原则被反转了。基本的组织原则是跨越空间的联谊，居民不再以空间上的、相对非正式的方式与附近的邻居联系，他们的社交网络更具选择性，且跨越了一定距离，因此需要更强有力地控制住宅的边界来消除周边偶然性的空间影响。如果说传统的住宅内部空间表达了两种类型的联谊，即空间和跨越空间的类型。这也正是导致空间在相对非对称性方面的明显分化的原因。改造后的内部空间却只剩下了一种类型：即跨越空间社会联谊形式。通过强化的边界，消解了内部区域与邻近外部区域的空间联系。正如传统房屋模型那样，在内外部联系上的空间差异，与较强的非对称性以及受严格控制的跨越空间性形成了某种平衡；改造后的房屋模型，其内外部维度上的跨越空间性，被住宅内部新的环形空间系统和较低非对称性的关系所平衡。从路过的人来看，这是一种无法进入的空间，它以符号的形式呈现给世界，但与附近路过的人完全没有联系。它依靠内外部关系的疏离，使得内部仅作为一个表象。居民与那些只在空间上临近关系的人无关。正是这种空间和跨越空间类型的分离，造成了新老住宅原则上的矛盾差异。

161

本质上，新住宅中跨越空间性体现在边界上，而非内部关系中。这些内部关系可以更加自由一些，因为只有一种形式的联谊需要表达：跨越空间类型以空间的形式实现的联谊。内部空间是作为一种指向句法而非语义的系统来建构的。也就是说，其重点是建立空间之间复杂的关系模式，而这些模式本身仅代表较弱的使用功能差异。与之相关的行为规范则强调了这种更明显的关联性。访客（通常是共进晚餐的客人）在娱乐过程中，从一个空间走动到另一个空间，并因此将大部分内部空间体验为一个连续的空间序列。相比之下，在旧的行为规范中，任何类型的访客都被严格地限制在内部的特定部分。这两个内部之间的差异（虽然不是整个行为规范）精准地反映了伯恩斯坦（Bernstein）所述的作为个人和位置系统之间的差异。[4] 位置系统着眼于对等级的控制，即将人归类于特定等级来进行控制；个人系统将其视为（无差异的）自然人。在本模型的术语体系中，位置系统即是跨越空间的类型，而人则是空间的类型。内部环形流线的引入，强化了空间相互之间可能产生的控制影响，以及这些控制作用的强弱差异，从而精确地阐明了这种基于人作为空间实体的系统的变化。从字面上看，这种句法结构转换，扩大了人们的行为范围和对系统的控制，却牺牲了等级差异所提供的庇护以及它们更多控制的空间，但并未削弱空间的控制作用。

与上述两种情况形成鲜明对比的是，典型的郊区家庭空间组织兼具这两者的特点，并以另一种形式的社会联谊的形式，将它们组合在一起。在郊区的房子中，内部和外部的隔离更加强烈，通常由房前花园来调节；房前花园像传统的客厅一样，经过精心维护但从未被人们使用过。在这种保护带的背后，空间组织比传统模式更为统一地分类和控制。楼下的内部近似于一个简单的树形空间结构，由一个客厅来统领。树形最大化了主要空间的不对称性和控制，又同时隔离和控制它们的空间。在此，客厅又是未使用的仪式化空间的代表。人们不使用最不对称和最具控制力的空间，完美地说明了郊区系统的非人性化，但也说明了郊区系统的高度位置性。家庭空间的定位及其对日常生活仪式的生活，在这些不同空间的微妙关系中找到了完美的空间表达。

通过将这三种类型的住宅空间，按照其联谊原则进行对比，就有可能对其社会性质进行更深入的分析。所有这些都是社会等级形成的空间形式，其中每种形式的家庭空间组织都必须处理等级内部和等级之间的关系。客厅本身就是"体面的"工人阶层生活的特征。崇尚的这种生活方式的人们需要经营、控制并维护家庭内部等级分化关系。

跨越空间在根本上是处理不同阶层关系的一种手段，同时又维护着空间联谊的原则。这些原则大体上体现在工人阶层生活模式的特征之中。郊区的内部空间是向上流动阶层的家庭空间，他们在跨越阶层鸿沟的同时，经营日常生活空间。这是一个空间秩序，致力于以牺牲另一种形式，来促进一种形式的联谊。因此，它最大的发展趋势是控制和强化等级差异。改造后的城市内部空间成功地跨越了等级鸿沟，利用空间来表达自己在社会中已经成为上升阶层（ascendant class）的一员，而非仅仅是一种愿望。这些阶层的人们往往靠改变谋生方式获得社会分工的标签，如作家、设计师和学者等，而非那些依靠家业传承的旧贵族。

163

　　这三个住宅案例都反映了基本的观点：空间秩序是社会联谊形式的体现。这三个案例还反映了某种潜在的规律，即社会联谊形式的分异本身需要转变为空间形式和规则：等级内的差异（包括联谊的分异）是通过相对非对称性的变化来实现的；而不同阶层之间的关系则是通过相对环状的变化来实现的，即以控制度的形式实现的。新的中产阶层家庭内部的空间往往是环形的，非对称值相对较低，因为它是一个单一阶层的空间，受到高度选择性边界的保护。同时，它也是单一联谊类型的空间，即男子、妇女和儿童之间普遍的社会联谊模式。

人类学档案中的两个大型建筑案例

　　因此，通过应用模型抽象处理建筑空间，提供精确的结构和可量化描述的形式，用于解释英国社会内部不同亚文化中居住空间组织变化背后的社会学特征。但这只是因为这些例子规模较小，且有关空间使用的数据很容易获取。建筑越大，就缺乏直观经验，使用抽象模型试图构建特定类型的建筑物的社会学图景，就越困难。幸运的是，伽马分析还为我们提供了逐步分析的方法，用于解释并探索更复杂的建筑句法结构。若一切顺利，这些方法将揭示一系列线索，有助于推测其空间结构中富有见地的社会学猜想。

　　例如，沃尔顿（Walton）在《非洲村庄》（African Village，图 100）[5] 中，继勒布（Loeb）之后绘制了安博（Ambo）部落的"坎雅玛"（Kuanyama）首领住所这类"建筑物"（如果它可被称之为建筑物的话）。其调整后的伽马图（如图 101 所示）按照对居住空间分析惯例，将明显的"通道空间"的每个片段部分抽象为节点，但同时也遵循阿尔法分析中的惯例，即空间的各个片段不能超过它的轴向伸展范围。

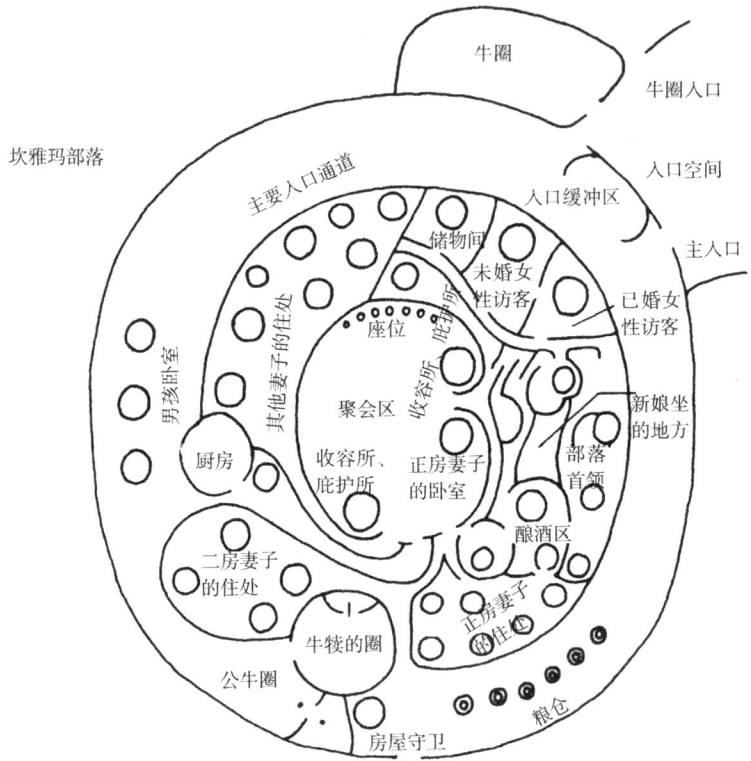

图100 安博人的"首领"
（chiefly）村落，根据沃尔
顿的绘制改绘

从平面图转化为伽马图之后，我们马上可以发现以下两点：首先，
部落的首领居所距离外部空间载体最深，且呈现为一个分布式的尽端
空间；其次，会议场所位于最深的分布式空间里。换句话说，从外部
世界来看，首领居住在最内部的空间中，而最为环状结构上最深处的
空间就是最重要的居民与访客界面。以这两个空间为起点来看，逆转
这个系统并从内部观察这组建筑群，类似的规律仍然成立。部落首领
164 的空间与系统中其他任何空间的相对非对称性最高（0.262）；而会议
地点的最低（0.093），前者几乎是后者的3倍。换言之，从居民之间
的关系来看，类似的性质成立：部落首领的空间是最隔离的，而会议
地点则与整个系统整合得最好。

那些反映到空间结构中的主要内部社会关系都是最基本的：两性
以及年龄划分的社群。在所有这些关系中，空间的深度度量（如距离
外部空间载体的相对非对称性）及其这些空间之间的相对非对称性都
承载了重要的社会信息。例如，首领妻子们的住所（除了第一个妻子
的卧室，位于会场中）都具有较高的相对非对称值，远高于整个系统
的平均值，但远低于首领居所的值。同时，男性青年的居所不仅具有
较低的不对称性，而且相对于妻子或首领，都位于复合体中较浅的位

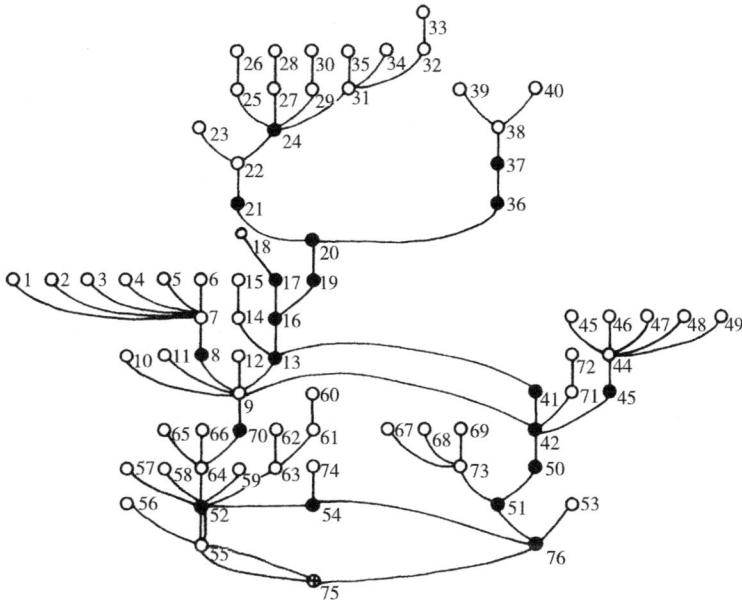

165

7 其他的妻子
9 聚会区
28 未婚女性访客
33 部落首领
40 酿酒区
44 正房妻子
52 主要入口通道
55 入口空间
57 男孩卧室
61 公牛圈
60 母牛圈
73 二房妻子
● 通道
75 载体

图 101　图 100 调整后的
伽马图

置。在环形维度上也存在差异，因为男性青年的空间位于浅环上，而女性所处的空间在所有情况下都是非分布式的。首领本人有两个主要活动空间：他自己的住所和会场。前者是整个建筑群中最不具备环形特征的空间，后者则是最重要的且唯一位于两个环上的室内空间。

　　对这些关系的抽象陈述，也许可以阐明它们潜在的基因型。因为一般来说，相对非对称性与强大层级空间系统相关联，即具有跨越空间属性；而环状度则表现出控制性的，即具有空间属性。由此不难看出，当他占据了（部落的首领的）位置标签，首领所在的空间便因具有最高的相对非对称值，而获得了最高的控制度；另一方面，当他需要在会议空间中与他人接触，就选择了具有最低的相对非对称值而最高的环状度的空间。这是从内部的角度考虑会议地点的情况。如果我们从外部空间来看，也就是从访客的角度，那么会议地点所在的位置中比其他任何的分布式空间都更深。因此，从访客的角度来看，会场具有较高的相对非对称性。我们可以将会场本身与居民和访客之间明显的

166 层级空间排序联系起来。当然，这一点从整个建筑群中圣火的位置也可以看出来。因此，会场的空间位置关系综合了两点：一是居民与访客关系上的较高非对称的空间特征；二是居民与居民维度上的较高空间控制特征，即在建筑群中的首领与其他居民之间的关系。首领妻子们的住所区位于非分布式的空间，连接在会议场所所在的占主导地位的环形空间结构上，表达了这种控制性的观念。所有从首领妻子空间出发的路线，都必须经过这个临近主导空间的环形空间结构。

167 从社会学角度来解读房屋空间组织及布局的关键在于两点：一是位于包括载体在内的环形系统中的不同部分之间的关联；二是被抽离出环形系统的各部分间的关联。在大多数但并非所有情况下，分布式空间系统是访客可以通过的空间，而这些访客往往大体上受到控制；而非分布式系统（即仅通过分布式系统相互连接的一组树状结构的空间）是居民的领域，更为严格地限制着外来访客的进入。图102(a)–(b)将安博部落的聚居地空间划分为分布式的和非分布式的子系统。

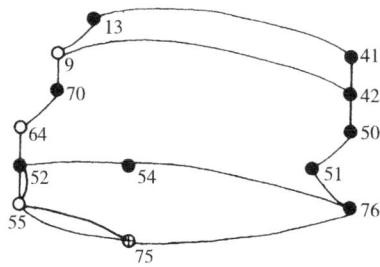

(a)

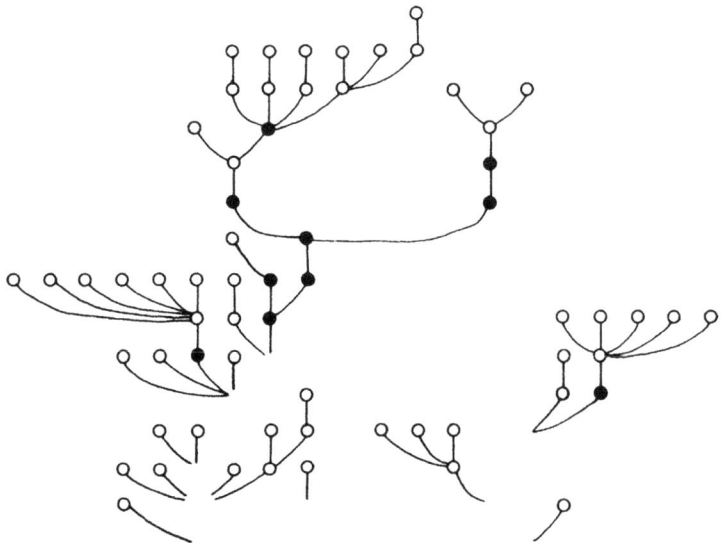

图102

(a) 图100拆分后的分布式环状图；(b) 非分布式树状图

(b)

与伽马地图本身的引入一样，这种转换的优势非常直观。可以在视觉上澄清前文提及并量化描述的几种空间关系，其中会场位于分布式系统的顶点，部落首领在非分布式系统的最深处，它们之间的关系从外部空间来看，前者是由后者支配的关系。

如果我们将安博部落与另一个来自非洲"首领"村落进行对比，结构就会变得非常清晰：图 103 展示了拉特雷（Rattray）绘制的阿散蒂（Ashanti）酋长的"宫殿"的平面图[6]；而图 104 显示了与之对应的伽马图，以及图 105 和图 106 分别为分布式和非分布式的空间系统。差别显而易见。虽然两个建筑群都有相似数量的空间单元，但安博部落拥有比阿散蒂宫更精细的非分布式结构，以及更简单的分布式结构。更准确地说，安博部落在其非分布式结构中具有更多的不对称性，而阿散蒂宫在其分布式结构中具有更多的环形。为平衡这一点，安博部落在其分布式结构中具有更多的不对称性，而阿散蒂宫在其非分布式结构中更加对称。总的来说，安博部落的相对非对称值是阿散蒂宫的 2 倍半，而阿散蒂宫则具有安博部落的 3 倍的环状度。

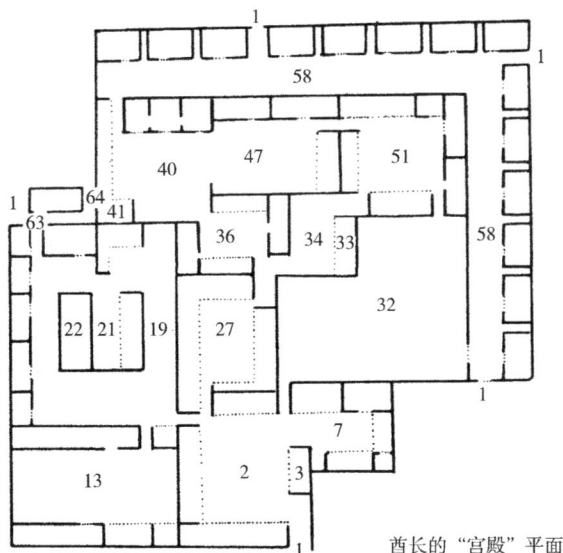

酋长的"宫殿"平面

2 首领主持重要案件并举行大型招待会的地方

7 审理出入权限内部纠纷的法院

13 被称为通往大陵墓之路的宫廷

19 陵墓的宫廷

27 审理较轻的普通案件的法院

32 小男孩们参加酋长妻子游戏的开敞空间

34 任何人都可以在此招待客人，费用由酋长承担

36 大寝室 – 酋长睡觉的地方

40 寝室后面的院子

47 通向厕所的院子，在那里发放口粮和宰羊

51 酋长和他的长辈们开密会的宫廷

58 女性的街道 / 女性通道

图 103 阿散蒂宫，根据拉特雷（Rattray）的绘制改绘

从个体空间及其使用功能来看，这种比较同样引人注目。例如，阿散蒂宫没有唯一最深的（非分布式）空间，尽管首领居住的地方（即标注 33 号的空间）是最深处的空间之一，同时它也是唯一一个由庭院控制的个体空间。将阿散蒂宫建筑群作为一个整体，从外部空间载体来度量的深度，并不能非常明显地区分任何一个空间或一组空间，这与安博部落截然不同。在分布式空间中，二者的对比更具吸引力。在安博部落中，联系居民和访客的主要空间位于分布式空间的最深处，而在阿散蒂宫中则是在最浅的层面（2 号空间）。然而，除了到外部空间载体的深度不同，在两个案例中主界面空间具有各案例中所有空间

168

的最低的相对非对称值——阿散蒂宫为 0.041，安博部落为 0.093。如果我们对比一下最神圣物品的位置，即安博的圣火和阿散蒂宫陵墓中

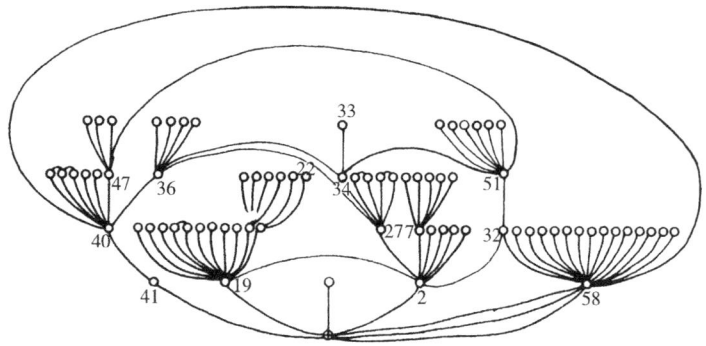

图 104　图 103 的合理渗透率图

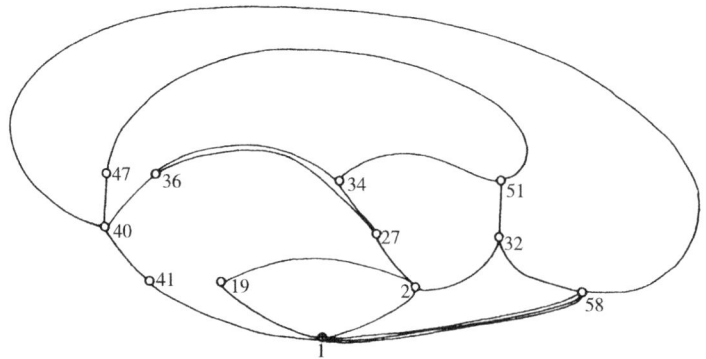

图 105　图 104 的分布式的（环形）子系统

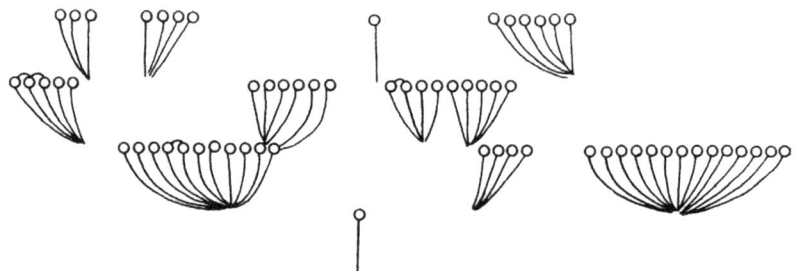

图 106　图 104 的非分布式（树状）子系统

的 "黑凳子"（blackened stool）：在安博案例中，圣物位于会场，即在最低相对非对称性的分布式空间中；而在阿散蒂宫中，圣物则位于非分布式的空间中，即具有最高相对非对称值的22号空间（$RA = 0.99$）。

男女之间的空间关系甚至更加不同。在阿散蒂宫中，不仅女性位于系统的最浅层空间，而且她们的 "街道"（拉特雷称女性占据的细长庭院为街道）也具有整个建筑群中最高的环状值，其中一些空间直接与外部较高连接度的空间相通。当然，如此布局的另一个原因，也是避免她们的空间与首领的空间过于分离。女性活动的空间比她们居住的空间更浅。"幽灵妻子们"的居所是唯一直接连接外部空间载体的非分布式空间。它是最浅的非分布式空间，尽管它也具有较高的相对非对称性，这意味着它与建筑群的其余部分强烈分离。

更明显的差异在于这两个建筑群在空间的性质以及它们之间的关系方面。例如，在安博部落中，分布式系统中的大部分空间称为通道，即它们具有最低的凸空间同步性（即最窄）。在阿散蒂宫情况正好相反，分布式空间大部分是具有最高的凸空间同步性（即最宽）。换句话说，阿散蒂宫对分布式系统的空间投入更多，而不是像安博部落那样投入的重点在非分布式系统中。在阿散蒂宫，分布式系统中的空间也存在差异。例如，最窄的空间（女性街道）面积最大，且空间可见性最高，这里是女性的个人住所。相反，最宽的32号空间被描述为男孩玩耍的地方，然而这个空间仅位于分布式庭院中，并没有房间与之相连。因此，该空间自身较高的可见性并没有提升周边空间的可见性。当考虑了局部空间的可见性，就会发现系统真正具有最高可见性的空间：安博案例是位于主要界面空间，即入口庭院或2号空间。因此，在这两个案例中，尽管具体的位置不同，空间面积上的投入仍普遍用来彰显其象征意义。

为了用建筑物的抽象模型来解释阿散蒂宫，即从居民之间以及居民与访客之间不同的联谊关系来分析，必须考虑关于该建筑物的另一个重要事实：这两个入口（那些被拉特雷标记为63和64）被描述为 "私人通道"。这至少意味着这些路线对内部居民开放，而不是对访客开放，甚至有可能它们只是提供给居民中的某一特定人群使用。不幸的是，拉特雷在这一点上表述的并不明确，但基于现有的信息，也可以重新绘制有或无这些私人通道的建筑的伽马图。由于这些空间影响了分布式的庭院，我们还将从图中删除所有的基本空间单元。这将使分布式系统中的空间关系表达得更清晰，而目前这些被大量的基本空间单元所掩盖。图107（a）显示了没有私人通道的分布式庭院的伽马图解分析，图107（b）显示了包括这些私人通

170

道在内的影响分析。主要的句法参数列在各自分析图之下，其中相对非对称值（RA）转化为"真实 RA"值（即 RRA），以便对比不同大小空间系统之间的差异。由于增加私人通道而产生的最明显的变化，来自外部空间载体的相对非对称性减少到大约一半。简单地说，171 从访客的视角来看，该建筑比从居民角度来看具有更高的相对非对称性。在图解之中，每个深度水平的空间数量不断增加，最后在最深处至少还有四个空间，其中几乎一半是可达的。在这四个空间中，空间 47 相对于建筑物群的其余部分（即居民与居民的维度）而言，其相对非对称值明显偏高。该空间是宰杀羊羔的地方,且通往盥洗室。这似乎表明，在内部关系中，非对称性高的空间往往被用于容纳最朴实的物质性功能。

图 107

（a）显示了取消图 103 中"私人通道"的庭院结构的伽马图解分析；（b）显示了保留图 103 中"私人通道"的庭院结构的伽马图解分析；（c）显示了由于"私人通道"的有无而导致的句法值的变化

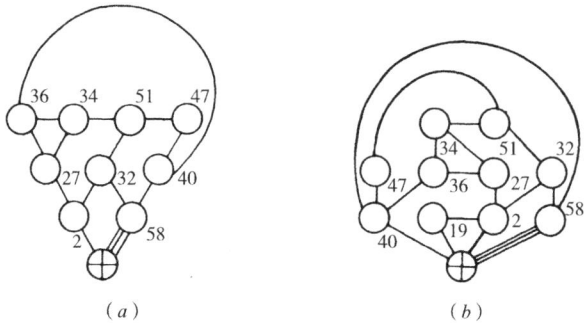

(a)　　　　(b)

（c）从相对非对称值（RA）转换为真实相对非对称值（RRA）而导致的空间句法参数值的变化

	RA	RRA	RR	RA	RRA	RR
⊕	0.305	1.003	0.251	0.178	0.605	0.340
2	0.222	0.729	0.251	0.155	0.529	0.318
58	0.222	0.729	0.297	0.200	0.680	0.318
19				0.266	0.907	0.251
40	0.194	0.638	0.251	0.133	0.453	0.298
21	0.222	0.727	0.218	0.200	0.680	0.265
32	0.194	0.638	0.272	0.178	0.605	0.298
51	0.194	0.638	0.251	0.200	0.680	0.251
36	0.222	0.729	0.218	0.200	0.680	0.251
47	0.277	0.911	0.204	0.244	0.831	0.227
34	0.222	0.727	0.204	0.222	0.756	0.227

　　然而，当私人通道被添加时，就出现了许多有趣的效果。首先，分布式系统中具有最高相对非对称值的空间变为最神圣的空间：即包含带有黑凳子的陵墓庭院，它是最中心的跨越空间的存在。其次，从外部空间载体的角度来看，两个彼此联系的空间现在已成为最深的空间，这两个空间在总体模型中具有重要的功能。空间 34 是酋长款待

客人或会见陌生人的地方，这意味着这个空间力图实现跨越空间的功能，而不是处理内部的关系。空间 51 是酋长和其部族长老召开内部会议的空间。也就是说，它是在内部实现其最高政治功能的空间。"政治性的"一词意味着该空间更多涉及的是开放性的协商，而非封闭性的、预先设定好的仪式传统。再次，最后提到的空间（34 和 51）是唯一在添加私人通道时，其相对非对称值提升的空间，虽然提升幅度较小。最后，空间 40 成为所有空间中具有最低真实相对非对称值的空间。起初，这看起来很奇怪，因为这个空间似乎是唯一没有特定功能的空间，只是休息区后面的院子。然而，审视毗邻庭院的一些房间后，我们找到了答案。当酋长想要独处时，空间 40 变成了酋长所必然经过的地方。换句话说，在他的私人空间而非其公共职能中，酋长将占据建筑物中最具战略性的空间。

172

这些奇怪的事实如何能拼贴组装成一幅连贯的图景？最好的办法是对比阿散蒂宫和安博部落之间的分布式系统，进而比较两者的非分布式系统。如前所述，安博部落比阿散蒂宫具有更高的平均相对非对称值。消除空间单元数量的影响后（RRA 值），可以看出其数值差异高达两倍：安博部落平均为 1.237，而阿散蒂宫是 0.673。但尽管如此，阿散蒂宫在分布式空间上的真实相对非对称值差异更大，它具有相对较大的浮动范围和较均匀的数值分布。而安博部落的数值落在较小的范围区间，不少于 7 个空间具有相同的值，其余也差不多可以归为三类不同的数值。比较两者的非分布式系统，结果则恰恰相反。非分布子系统的相对非对称值（RA）在阿散蒂宫中的差异远小于安博部落。就其子系统而言，存在两个具有较高真实相对非对称值的空间：陵墓中两个最深的空间，它们的真实值刚好超过 2，这对于系统来说非常高，表现出非常明显的等级差异。但在大多数情况下，非分布式空间与分布式系统仅相差一个拓扑深度。此外，与分布式空间相比，大多数非分布空间具有较低的同步性。正如分布式空间的安博部落一样，除了一个明显例外，会议地点与非分布空间相比具有较低同步性。所有这些事实似乎都指向相同的结论：阿散蒂宫专注于在分布式系统中经营塑造空间结构，即它更关注居民和访客之间的关系；而安博部落则以居民之间的关系为基础，经营塑造空间结构。

深入研究阿散蒂宫中分布式空间的功能标签，进一步证实了上述倾向。2 号空间是审理重大案件的空间；27 号空间是审理较小案件的空间；34 号空间是酋长接待陌生人的地方；空间 51 是酋长和部族长老（来自聚居地的其他部分）会晤和讨论的地方；19 号空间是主要宗教活动的场所。甚至缺乏明显的居民访客功能的分布式空间，也以不

173

经意的方式表明了这种关系。女子的庭院（如 58 号空间）有三种直接通向外部空间载体的道路，32 号空间是访客的儿子们玩耍的地方，而庭院 40 号空间即酋长独自吃饭的地方，以其私人通道直接联系外部。无论如何，这些似乎都在强调与外部世界的关系，而不是系统的内部结构。只有睡觉和与身体相关的功能，如空间 36 和 47，似乎是例外。

在安博部落中，居民与访客关系似乎被分解成分布式系统中的一个空间，即会议场所。除此之外，这种关系还被分解成非分布式系统中最不对称的系统——女性和女性访客的空间位于在部落首领的子系统的深处。因此，可以进一步概括，由于非分布式的建筑群形成离散系统，可以说阿散蒂宫的居民与访客关系既复杂又连续；而在安博部落，形成这种关系的空间是一个不连续系统。因此，在阿散蒂宫案例中，居民与访客关系在空间性的层面运作，而安博部落则主要在跨越空间性的层面运作。

进一步细致检查分布式庭院中点的相对环度，揭示了建筑物的基因型的另一个组成部分。在阿散蒂宫分布式子系统中添加了私人通道，那么最高内部环度值属于酋长和外人之间的主要界面空间（2 号空间），以及妇女街道的 58 号空间。但是如果排除了私人通道，最高值仅属于 58 号空间。因此可以说，私人通道协调了环形维度上的性别关系。但是，即使考虑私人通道带来的数值增加（虽其增量数值相等），不过其效果不同。从外部空间载体看，女性街道的环形有很强的提升效果。其原则很清楚，从建筑物内部结构的角度考虑，酋长的环状度最高；但是从建筑物内外之间的关系来看，女性则是最高的。男人和女人的空间趋向不同的方向，女人在趋向于对外的联系，因此重在表达其空间的关系；而男人则趋于内部的方向，因而重在表达跨越空间的关系。因此，男性和女性之间的差异性联谊被体现在建筑物的环状结构之中。这不像安博部落那样，在同一维度上存在差异，意味着不平等。阿散蒂宫的差异表现在基于不同维度的强弱之中，则暗示着某种制衡和相对平等。

174

如果考虑从阿散蒂宫的分布式系统中移除女性空间的效果，无论有无私人通道，上述论点就更为鲜明。有私人通道时，排除女性的空间对伽马图的结构几乎没有影响，且未改变其深度。但是，如果将私人通道和女性的空间一同从伽马图中移除，其影响则非常显著。伽马图呈现图 108 所示的形式：其中来自外部空间载体的真实相对非对称值不小于 1.582。因此，私人通道的引入对整体的空间结构产生了两个影响：一方面涉及居住者与居住者之间的关联；另一方面则涉及居住者与访客之间的关联。前者恢复了男性和女性在环形维度上的一些更紧密的平衡；而后者维系着不对称维度上的居民和访客之间的差异。

　　如果现在回到最基本论点，即把边界围合的内部空间关系对应于跨越空间联谊，把内外空间关系对应于空间联谊，进而将此与下述观点联系起来，即建筑的分布式结构通常表达居民与访客关系，而非分布式结构表达居民之间的关系。于是，可以从最基本的层面上，对比分析阿散蒂宫和安博部落的基因型。对于将大量空间用于构筑边界，而非构筑分布式系统的安博部落而言，它的分布式系统不过是一个非对称的环形，其界面空间单一而深远，而将大量空间赋予了位于房屋深处那些非分布式且非对称的构件。显然，这是一个朝向边界内部的空间系统。它不依赖于外部空间连通性的联谊，而依赖于内部概念的力量和结构。因此，它通常是一种趋向跨越空间联谊和消除直接空间关系的系统。阿散蒂宫系统的组织原则恰恰相反：其空间更专注于经营分布式系统，对非分布式系统的投入不足，分布式系统的复杂环境以及内外复杂的关系都表明系统趋向于空间联谊的途径。宫殿中许多精心设计的仪式都是针对这种直接的空间界面，由此建筑的空间结构表达出来的酋长和居民之间的许多关系，如审判与登基等。在这两个案例中，当然也存在相反的趋势，对某一种社会联谊形式的偏重并非始终如一，每一种社会联谊方式事实上都借助另一种联谊方式来协调居住者之间的内部关联。因此，阿散蒂宫在男性空间中经营了更多的跨越空间结构，在女性空间中经营了更多的空间结构。但整体而言，建筑物的非对称性和非分布性远远低于安博部落。安博部落在女性空间的塑造中，相比男性具有更高的对称性，但在总体上它仍然是个以非对称为主导的体系。

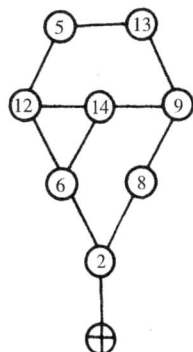

图108　排除女性使用空间与"私密通道"后的图104所示的分布式子系统

　　这种基因型分化在社会结构和总体聚居地形态上的关联性是很自然的。阿散蒂人生活在相对密集的、半城市化的聚居地中，传统上是一种以母系氏族传承为基础的社会结构。这通常需要丈夫和妻子不在一处居住，而是留在以母系群体为中心的大家族中。在这个群体中，丈夫探望妻子，妻子把食物送给丈夫。这种类型的社会安排显然需要局部密集的居住形式，并对边界的外部关系和内部关系产生一种取向。日常活动中频繁使用外部空间和房屋之间的空间的确是阿散蒂人生活的共同特征。以空间联谊为导向的系统概念源于这些社会形态趋势。相比之下，安博部落则是一个父系氏族社会：女性在婚后离开母系家庭，并需对丈夫主导的家庭有明确的忠诚。从聚居地的角度来看，安博部落生活在相对分散的条件下，这些条件有助于维持通过边界，而不是通过内外关系实现社会控制的系统。通过考察这些普遍而传统的社会关联是如何仍然渗透在这两个尚处于"国家雏形"阶段的复杂房屋群之中的，我们可以明显地体会到社会联谊原则在塑造社会的空间结构时所产生的深刻影响力。

175

第五章 基本建筑及其变体

摘要

本章试图基于构成建筑的基本空间元素及其承载的社会关系，来建构一种关于建筑空间形式的基础理论，并通过案例研究这种基本建筑如何演变为不同复杂的变体。笔者认为对"界面类型"的分析是现有建筑空间类型研究中所欠缺的概念。本章最后在这个框架下讨论了某些当代的建筑综合体，认为建筑空间在组织社会关系中起到重要的作用。

基本建筑

本书并不旨在对建筑类型及其演变过程做总体性的评价，但在现阶段，有必要根据前面使用的定义和分析过程，建立一种普适性的建筑空间结构理论，进而应用这些理论分析建筑中基本的空间结构类型，并总结当代建筑中的空间组织原则。

普适性的理论必须从基础开始，为了描绘建筑中普遍存在的空间结构，就必须回到建筑物的最基本的概念中去。如前文所述，基本空间单元可被抽象为一个或一系列可进入的封闭空间单元（图109）。从抽象模型的角度来看，这种结构也是一种单体建筑。开放的空间单元是其中分布式的组件，而封闭的空间单元是其中非分布式的组件。封闭空间单元是居民的私有领域，而开放的空间单元则是居民与访客之间联系的场所。这个基本的建筑空间类型并不仅仅存在于原始社会，现在仍随处可见。举例来说，商铺往往在白天围绕门口布置商品，而力图将顾客自然而然地吸引到其内部空间。这便是主动利用这种基本建筑的空间潜力。与白天相反，夜间所有的商品都被放在封闭单元内， 整个结构也就是封闭的。总之，商品在开放单元中的布置方式以及封闭单元的开放模式，都表明整个结构就是开放的。这种基本结构的存在并非为了继承某种传统，而仅仅是一种功能结构需求带来的必然结

图 109　建筑的基本空间类型

果：商铺本身具有一个非常清晰的空间模型。它必须最大限度地增加在其界面处被访客穿过的概率，并且尽可能地减少对访客的控制，只要能保证商品的基本安全即可。商铺与社会上一些简单住宅类型之间的同构性，并非源于某种物品的文化传播，而是源于其作为一种物化的抽象空间模型带来的结构性的内在需求。只要环境中的行为逻辑决定了它可以在保持最低程度的空间控制的基础上促进最大程度的交流，这种基本的空间结构便会不断地涌现。

　　这个基本建筑在不同的方向上演变着，往往遵循着一种提升社会联谊力的内在逻辑。这点可以从一些建筑类型中被简单地勾画出来，甚至是诸如游牧民族的帐篷和棚屋这类表面上看起来是世界上最简单的建筑。以托瓦尔德·费格尔（Torvald Faegre）[1]所展示的贝都因（Bedouin）人帐篷为例，图 110 展示了这样一个基本的空间结构，如果要理解其基因型，我们需要加上一些关键的细节。这些细节在费格尔的文字中都提到了，但他并未在图中明确标出来。首先，主人的骆驼鞍座放在男士空间最深处的垫子上，主人和"贵宾"坐在两边交谈。其次，男性空间的外面有一个祈祷的标志，这意味着这是一个男性主导的空间。最后，虽然招待客人的规定是极其严格的——贝都因人必须要有三天的待客时间，即便来访者是他的敌人——但对访客也有一个很大的禁忌，即不可以深入帐篷窥探女性空间。有了上述细节，这

178

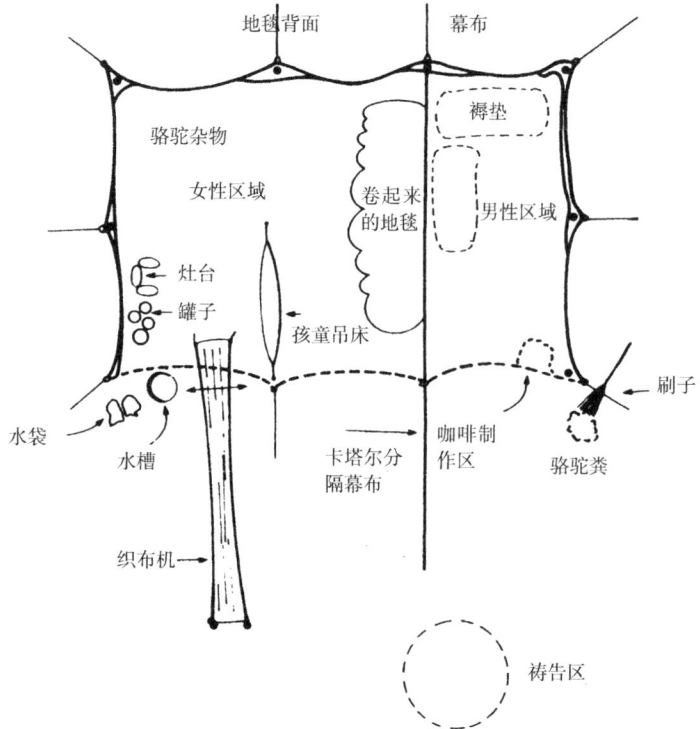

图 110　贝都因（Bedouin）人帐篷，根据费格尔的绘制改绘

个社会系统的抽象模型就很清楚了。居民与访客关系是在空间深度的基础上实现的，即来自空间中的不对称性，主客双方都占据了最深处的空间；而居民与居民的关系，即男女主人之间的关系是在相对非对称的维度上实现的。第一，通过隔断明确地将两者分开；第二，通过一种微弱的相对非对称性的空间布置来实现，即在帐篷外通过将男性主导的跨越空间功能布置在男性的一侧。这个功能的确是跨越空间的，因为祈祷本身要求永远朝向麦加的方向。这个承载了文化的空间要素是周边环绕空间中唯一的标识，也自然成为整个空间系统中最强的控制点。

　　如果我们再将之与图阿雷格人（Tuareg）帐篷比较（图 111，同样引自费格尔并经核实确认），当文字描述的细节被添加到图上后，就会发现二者巨大的差别。第一，帐篷的外部空间不再是一个跨越空间，而是一个具有实用功能空间。正如费格尔所说，"垫子经常伸展到帐篷前面，形成一个内向的庭院，这是外部空间向帐篷内的延伸。炉缸便放在这个空间里……帐篷外面放着粟米臼和磨石用来磨碎谷物。"[2] 这些功能明显更加体现出以女性为主。第二，男人在帐篷外接待客人，甚至远在聚居区外，男人们一天中大部分时间均在聚居区外活动。第三，从平面图中也可以明显看出：男女之间的空间分隔不是在帐篷内。相反，"床放置在地板的中间……在小帐篷里它占据了大部分的面积"。[3] 换言之，无论是在其内部组织，还是在其对外部联系中，这个空间系统没有贝都因案例中那种清晰的组织模式。在内部，女性不与男性分开，对外部空间也有平等的控制，且访客也不必根据主人的不同性别限制自己的行为。

179

　　如果说这个系统缺乏结构是不恰当的，应该说它具有基本建筑中最小的结构。内外之别仅用于区分居民和访客；没有内部结构区分居民之间的差异；而周围环绕的外部空间，以更弱的控制来连接居民和访客。我们将在第六章讨论这种空间系统的精确理论性质（参见第

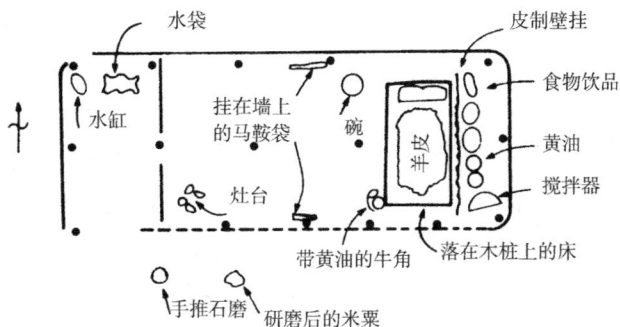

图 111 图阿雷格人帐篷，根据费格尔（Faegre）的绘制改绘

203—208 页），其结构不太明显，而更具变化的可能性。同时，如果了解图阿雷格人男女之间有着完全不同的社会关系体系，也许也就不足为奇了。他们不仅是母系氏族人，而且女性拥有最先进的工艺，即装饰性占主导地位的皮革制品。据说，她们甚至可能在性事上也占据主导地位。正如费格尔所观察到的，图阿雷格妇女的地位一直是令周边的阿拉伯国家烦恼。这种妇女解放充分体现在这种与贝都因帐篷完全相反的空间模型中。

180

纵横半个世界，看看蒙古包。在内部细分结构缺失方面，它与图阿雷格帐篷相似，但在其内部组织模式方面与贝都因帐篷相当（图112）。与前两例相比，蒙古包的结构似乎是矛盾的。在内部，位置不同体现了社会差异。其大体上体现在两个维度上：空间的深度或不对称性表明了居民和访客的社会等级差异，这种差异以"祭坛"的形式表达，被设置在最深的位置上。而空间内的位置差异则体现了诸如性别、年龄或财富程度等方面的差别，但这一切都没有采用任何明显的边界区分。换言之，这种迄今我们遇到最极端的内部空间，并未通过对边界的大量使用来组织空间，而是通过消解边界的方式来实现组织的目的。蒙古包的象征性结构是如此强大，以至于经过几个世纪，它已经成为居民神圣的宇宙。对蒙古人来说，屋顶是天空，屋顶中间的空洞是太阳，那是接收光线的天眼。[4] 蒙古包似乎是一个非常吸引人的案例，住宅的内部空间被看作是宇宙的缩影。

这是理解蒙古包空间性质的线索。其内部空间结构同样是一种跨

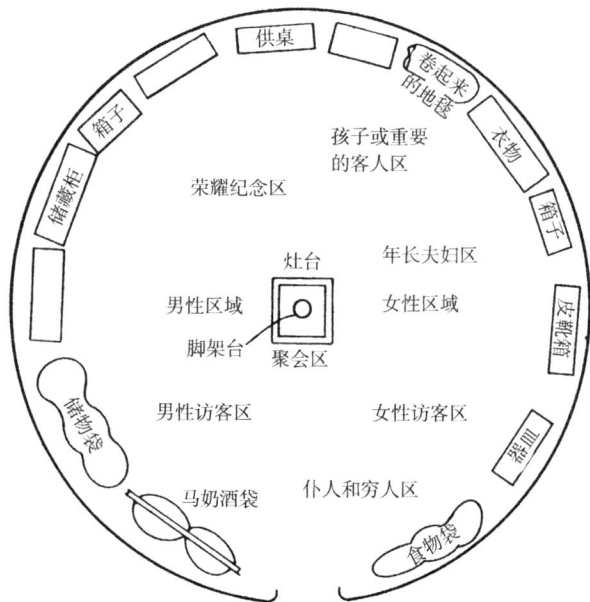

图 112　一个蒙古包，根据费格尔（Faegre）的绘制改绘

越空间结构，体现着与其他蒙古包居民的身份认同关系，是一种组织居民日常生活的空间结构。祭坛被设置在空间的最深处，便是一个自然的结果。就像博罗罗（Bororo）人村落一样（参见图 30），它的功能类型和联系共同构成了共享的结构。既然前面已经提到过，将关系组织成一个统一的空间系统，是从构成性现实走向代表性，或者说象征性现实的一种手段，那么也就与之前的逻辑一样。本案例可以被理解为，在边界内部的空间中表达这种强有力的手段。因此，缺乏内在的边界，这和祭坛的存在之间有着深刻的联系。事实上，就我们所观察到的，这两种现象几乎总是相互关联的：只要存在一个强有力的内部共享的模型，就会在最深处设置神圣的空间。这里一切都是共享的。但最重要的是，居民之间相互之间的关系被均质化了，并且与居民和访客之间的关系是平等的，两者都是在一个强有力而复杂的模型中得以实现，而该模型依赖于边界的消失。蒙古包是一个内向的结构，它最大限度地突出一种社会总体结构：基于社会总体的形象来建立局部的关系。

　　共享的内部空间和最深处的神圣空间这一对孪生主题，有助于我们进一步思考另外一种基本建筑：神龛，或其他制度化的宗教建筑。例如，一个典型的非洲西部阿散蒂地区神屋（Ashanti abosomfie or shrine），即一个与住宅具有普遍相同空间布局的建筑物及其伽马地图（参见图 113）。一个最深的空间是由一系列级差产生的，其中真正的相对非对称值（RRA）为 2.170。庭院空间明显是对访客开放的，它具有两个出入口，同时又统领着系统中所有重要的空间。这些深入的、只有一个出入口的空间属于居民的领域，它们与一个属于访客领域的、具有两个出入口的较大空间一起构成了潜在的空间基因型，这看起来像是广泛存在于历史上各个宗教和文化背景之中。例如，英国教区教堂（参见图 114）便具有相同的模式。最深层的神圣空间与访客呈轴线布置，这是该空间基因型的直接产物：深层空间必须与那些浅层空间共享一个大空间。

181

　　除去大量细节雕饰之外，这种基因型直接来源于前文讨论过的基本空间结构。封闭的空间单元被扩展到更深处，但仍维持了单向通达性的序列；开放的空间单元被扩展，以容纳更多的访客；然而，在轴向上却保持直接的联系。作为一种类型的宗教建筑，它最大化了基本空间结构背后的空间构件及空间与跨越空间的组织方式。它将居住在封闭单元中的居民和开放单元中的访客（从功能上讲是双向通达性的）结合在一起，构成了直接的交互界面，使居民的领域尽可能位于系统最深处，并使访客能够同时看到更多的空间。

182

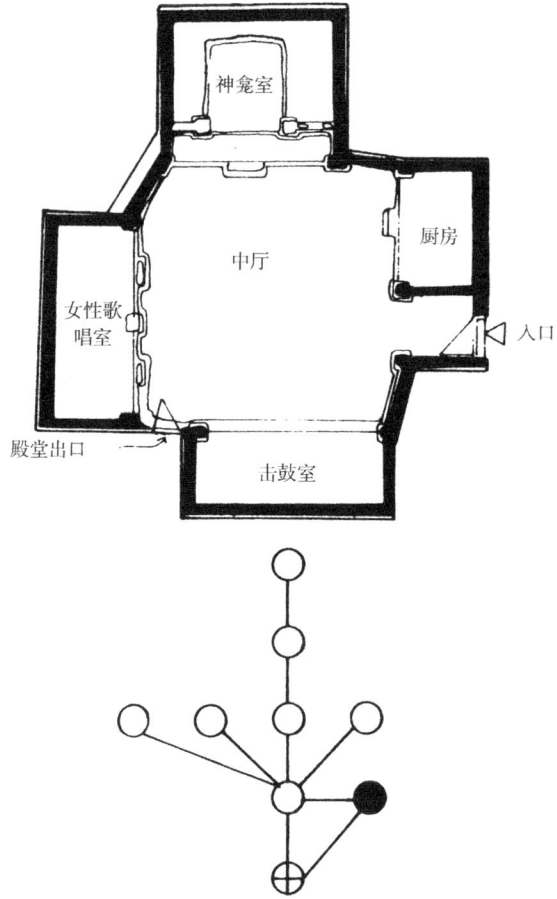

图 113 非洲西部阿散蒂地区神屋，根据鲁特（Rutter）的绘制改绘

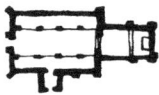

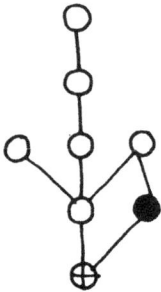

图 114 一个英国教区教堂，根据班尼斯特·弗莱彻（Bannister Fletcher）的绘制改绘

维克多·特纳（Victor Turner）提到了"理想社区"的概念，可以帮助我们进一步理解这个空间基因型。在《仪式过程》中，他提出存在一种"理想社区"。在这种状态中，社会结构被废除，仪式中所有参与者通过共同的社会地位和社区信仰区分彼此。[5]蒙古包具备了仪式空间的基本结构，但通过局部空间位置上的差异，保留了复杂的社会等级和地位。神龛正好相反。它消除了这些结构上的差异，并将所有来访者放置在一个单一的、无差别的空间序列中；在这里他们的关系仅通过与最深处的神龛中的物体直接联系。根据维克多·特纳和我们提出的模型逻辑，神龛中的访客空间便是"理想社区"的空间。

因此，就其抽象的基因型而言，神龛可以看作是基本建筑的某些句法和参数变体。其他类型的建筑可以被视为不同的变体，但也仅仅是变体而已。例如，剧院与神龛的不同之处在于，"居民"的活动领域（即舞台）在朝向访客的方向尽可能浅而非深。按照模型的逻辑，这意味着该界面并不是基于某个强有力的跨越空间的分类，借助本地化的仪式来使之明确，而是需要一个更为直接的空间界面，"居民"与访客之间仅一步之遥，避免直接接触即可。与神龛相同，剧院往往会设置一个"舞台门"。乍一看，这是一个相当奇怪的现象，因为它虽然是供最重要的"居民"使用的出入口，但却几乎总是被隐藏起来，毫无仪式感，甚至可以说是一个鬼鬼祟祟的出入口。事实上，舞台门是这种空间基因型的一个共同特征，其中居民位于深层空间中，他们必须从这里出现，而不能从访客直接看到的空间中登场。对于访客来说，他们所在的空间似乎控制着通向深层空间的路径。舞台门是个普遍存在的特征，因为它是保持这种幻觉的手段。但它同时也说明了基本空间结构的一个重要原则。在建筑物内，居民与居民和居民与访客关系的空间基因型可能并不总是那么容易与实际的功能需求相协调。例如，一个工厂的空间基因型，通常倾向于在工人之间的创造隔离，只通过生产过程来整合他们。然而，实际生产过程往往不能接受这种理想基因型的处理方式。无论这种类型的矛盾在哪里发生，我们总会采用以下两种方法：要么通过一种隐蔽的空间处理，来克服功能上的困难并保存基因型，就像舞台门一样；或者在系统中增加一些规则，比如在工厂的案例中，禁止或阻碍工人跨区的运动和交流。

特定的建筑类型一般可以理解为基本空间抽象模型在一些特征上的变体，通过在基本句法结构上的某种重组和参数调整，得以实现。某类型建筑的可识别特征反映在基本空间结构之中，取决于哪些关系被放大或限制，以及采用什么方式来调整。例如，百货商店便是这样一种建筑物：在面积上它尽可能大，但总是力图使其"商场销售人员"所在的非分布式的空间最小化，并最大化顾客空间的环形流线。空间控制依然存在于居民（即销售人员）的空间尽量最小，以便最大限度地提高分布式系统所带来的穿越性路径潜力（柜台之间的空间），供访客使用。

而另一方面，在博物馆这种建筑类型中，完全不存在居民及其非分布式领域，只是存在它们所能控制的知识，这些与分布式的空间系统连接，形成一种无处不在的界面。但是这种分布式的空间系统并不呈现出环形结构。相反，它往往具有少数几个不对称的环形，而非许多对称的环形。这与百货商店陈列物形成对比，博物馆在陈列物分类上明显投入了更多的精力。但在博物馆里也出现了一种新现象：居民的统一代理而非居民本身（即博物馆投资人）存在于这个分布式的结构中，由空间系统来组织整个建筑，这种空间系统允许甚至鼓励访客探索建筑内的任何地方。

颠倒建筑及其变体

184　　　迄今为止，我们接触到的所有建筑物尽管在形式和功能上各不相同，却都有一个共同特征：居民和访客之间的基本空间关系。居民总是位于建筑物的更深处，且通常体现为非分布式的空间系统。访客则总是位于较浅的地方，且通常是分布式的空间系统部分。二者通过这两个空间系统的界面进行交流，并构成了这个建筑主要的流线。然而，相信读者也很容易想到这种基本空间关系并不成立的例子：比如医院、疯人院、监狱或学校。这些例子很难被基本空间结构解释。此外诸如银行、警察局和大部分办公楼和工厂等建筑类型，看起来则遵循基本空间结构。粗略地回顾一下，当建筑物具有所谓的某种公共性时，这种基本空间关系就不成立了。由于这类公共建筑往往是在过去两个世纪里产生的，并迄今已经演化出多种类型，因此我们非常有必要将其作为一个特定的建筑类型展开研究，以此去探讨它们为什么反映了当代的社会特征，而非传统的社会特征。下文将论证存在一个非常基本的建筑基因型，其特征正是居民和访客的位置倒置：那些不能控制建筑本身的知识及其目的的访客，反而占据了更深的、非分布式的空间单元；而那些控制建筑本身的知识及其目的的居民，则占据了分布式的流线系统。为了方便起见，我们暂可以将该类型命名为颠倒建筑——颠倒是指病人和囚犯占据主要的封闭空间单元，而警卫和医生则占据分布式系统，并在其中自由移动。这种建筑具有一些普遍存在的社会学特征，因此这类反转的主题很常见。但同时该建筑类型也有明显不同的亚种，因此有必要对这些亚种进行一些深入的研究，方能得出关于这种反基因型建筑的社会学特征的结论。

185　　　迄今为止所研究的所有建筑物，除了居民和访客的基本关系之外，最普遍的特征在于每栋建筑物的空间结构都体现了对社会关系的认识。正是通过这种凝结在空间结构中的认识，建筑才得以起到规范和重塑社会关系的作用。换言之，建筑是社会认识的空间表达。而这些社会认识指一些规范个体之间、个体与社会之间一套约定俗成的、无意识的行为准则。通常，这些原则通过建筑物的形式具体化。事实上，正是因为建筑物能够在基础层面上组织居民和访客之间的关系，相对于外面的非建成环境，这才更体现出一种结构性，也更有资格成为一种社会组织原则的表达和象征。

　　　但是如果颠倒了居民和访客的基本关系，该类建筑就成为一种关于治疗社会关系的描述。也就是说，它们是关于恢复、净化和灌输的描述。该类建筑的存在，不是为了创建一个体现和制定既有社会关系的领域，而是为了创建一个更为高度控制的领域。在该领域中，可以进行社会关系描述的恢复、重建和传输。在基本空间类型中，基本空间单元中不对称功能的作用是通过定义哪些行为是可能用于控制社会层级。而在一个颠倒建筑中，基本空间单元的功能是消除关系，而这些关系被认为是危险的，且会负面影响那些约定俗成的社会描述。因此，基本空间单元变成一个独一性，即一个没有关系的点，而非由关系所定义的点。同样，在一个基本建筑中，分布式系统的功能是使访客与居民的不同接触关系清晰化，从而明确访客居民之间的差异；而在一个颠倒建筑物中，分布式系统成为居民可以统一访问和控制访客的手段，从而明确他们之间的同质性。究其本质，颠倒建筑的结构预示着要消除社会认识。除了居民和访客之间的界面，连社会关系的认识也被消解了。这是一个自省式的认识领域，即通过消除既有的认识来重建新的认识。在这一领域中，由于建筑物不再是跨越空间范畴的社会习俗在局部的实现方式，界面便成为一种空间控制的手段。这类建筑并未体现一种仪式，而是体现为两方面的对峙：一方面是描述那些病态的、穷困的、失能的、没受过教育的等病症；另一方面是那些掌握特殊权力和知识的治疗方。

颠倒建筑自从作为一种建筑类型出现之时，便出现两种基本的变体：一种与个体的治疗过程有关；另一种与社会的治疗过程有关；而这两者的空间基因型虽不同但有联系。第一种如医务室，在那里，患者是受到干扰的个体，为了使患者恢复到适当的状态，使其描述归位，需要将患者与那些对自然内部运作有知识的人直接接触，并置于他们的控制之下。该界面必须具有两个属性：首先它必须是直接的，没有中介或干扰性的空间结构；其次它必须是控制手段之一。在教堂类建筑中，很容易找到这类界面的空间基因型，它体现了一种基本建筑空间基因型的历史演变的结果。以大约1300年的托内尔（Tonnerre）医务室为例（图115），建筑物的主体与教堂相同，但增加了某些功能。首先，在均质和双向渗透的访客空间中，添加了细分的小空间，但不妨碍分布式空间的主轴线。其次，增加了两个新的次级建筑物，容纳了系统的新居民，他们的关注可以帮助病人恢复健康。再次，这些新的次级建筑物控制着分布式结构，如果没有它们，整个空间结构就变得仅有一个入口。换句话说，它们的存在反转了以前的空间格局，整个建筑对于现在占据基本空间单元的访客来说，是一种单入口的基因型，而对居民来说（以一种明显而非秘密的手法）则是双入口的。这些特征现在构成了颠倒建筑类型第一个变体的基本结构特征。分布式结构现在变为了居民的领域；访客彼此之间是分隔的和差异化的，但

186

他们与居民的关系是同步化的；就如同在街道上一样（只不过角色颠倒了），现在的这个分布式系统由一个直接的界面构成，居民和访客之间没有中间的层级结构。

　　汤普森和戈尔丁的《医院》一书中的一幅插图清晰地表达了这个基因型结构，没有其他案例能与之相比。该图题为《护理兄弟》，也许是圣约翰的一位圣者亲吻了病人的伤口[6]；而病人坐在他的隔间外面的长凳上。在背景中，其他病人在他们的小隔间里，窗帘有时被拉上，有时被打开。远处是一个无门的开敞空间，在那里可以看到其他活动正在进行。这就是医院与患者之间"专业"关系的本质：主要"居民"掌握的专业知识赋予了他们诊疗的权力。他们与患者面对面接触，但同时这两者之间的关系是不平等的。就这种关系而言，它是通过居民对建筑中分布式结构的控制而存在的。这种转变之所以必要，是为了实现居民与访客之间看起来很直接的界面。实际上居民空间具有较高的非对称，不再反映出他们的优越地位。当然，事实上居民的确拥有这样一个空间：他可以撤退到远离分布式系统的次级建筑空间中，在那里仍然保留着居民和访客之间的在传统空间位置和地位上的差异。

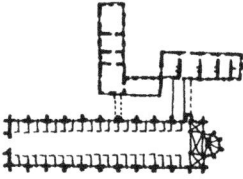

图115　托内尔的中世纪医务室，根据汤普森（Them pson）和戈尔丁（Goldin）的绘制改绘

在托内尔案例中，次建筑空间具有比患者空间明显更高的相对非对称性。但两者之间不平等的界面关系，不体现在自身的不对称性或控制度上，而是体现在与环形空间的差异性或控制度上。直接联系的界面自然而然地导致较低的控制度。它无法采用一个具有边界的等级化空间系统，因为这将把居民和行动能力很差的访客分隔开。但是存在着

187 另一种控制：即跨越空间的控制维度。在本例中，界面的空间是理想社区空间，在该空间中到处遍布祭坛，从而印证了这一点。理想社区成员的同质性非常适合本空间基因型中受控访客的同质性。因此，强有力的跨越空间的控制维度补偿了空间控制维度的缺陷。

　　颠倒建筑的第二个变体是针对社会而非个体的治疗。在这种情况下，它具有较强的空间控制力以及较弱的界面。以建造于1784年的维也纳综合医院的愚人之塔（Narrenturm of the Allgemeines Krahkenhaus）为例（图116）。这种经典结构的基因型的初衷并不在于需要在居民（知识持有者）和访客（那些需要恢复的患者）之间建立直接的界面，而在于需要通过对破坏性的因素进行社会隔离，来达到治愈的目的。在这种情况下，不仅访客之间的关系通过他们在主要空间单元中的位置变得不对称，而且居民与访客的关系也通过在他们之间非分布和非对称空间关系，而变得不对称。居民和访客的这种不对称性，通过如下事实变得更为明显：管理者在串联主要空间单元的环形空间中走动，他们是那些控制描述知识的人所雇佣的代理，这些知识将通过隔离而

被重建。建筑物是被反转的，但只是为了实现其空间控制的利益，而不是为了重新建立界面。实际上，在这个案例中，建筑是关于社会知识的诊断过程，而非关于重建的知识本身。至多能做的是，通过最大限度地隔离那些破坏描述稳定性的随机因素，来净化整个社会中对知识的正确描述。

因此，颠倒建筑包含两个构成元素的基因型：反思性知识的直接界面和反向非界面的控制。在将知识应用于重建描述的目标范围内，直接界面将是主要的形式特征；在通过消除或控制随机干扰元素来治愈社会的目标范围内，对界面的消除将是主要的形式特征。就边沁全景监狱，现可给出其基因型说明，既精确又简单（图117）。设计只不过是试图同时获得颠倒建筑的基因型的两个方面：一是该建筑保留了控制维度的强不对称、非分布式结构；二是通过从中心到周边的视觉连接，试图在管理者（知识拥有者）和囚犯之间建立直接的界面。此外，基因型被认为是可构建的，因为社会层面的反思性知识被认为是存在的：考虑到建筑物的控制维度消除了现有的社会关系，社会不是仅仅通过将人们从社会中移除被改变，还可以通过与这种反思性知识的直接界面关系的塑造来重建社会关系。全景监狱可能是一个著名的建筑，不是因为它的影响是普遍的，而是因为它代表了社会空间基因型的独特综合，其两个主要维度迄今为止只是以牺牲彼此为代价来实现。

188

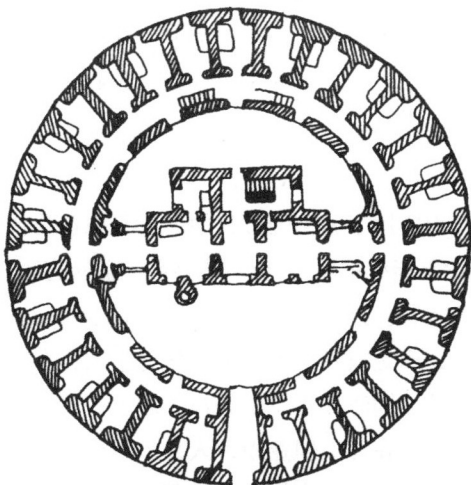

图116 维也纳综合医院的愚人之塔（1784年）

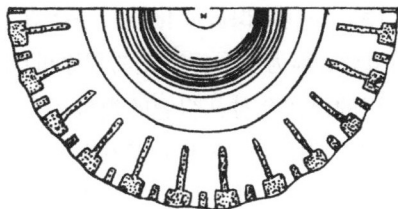

图117 边沁的圆形监狱（1791年）

　　　尽管在很大程度上是不现实的,然而也许由于圆形监狱(Panopticon)代表了这样一种强大的基因型,以至于它误导了历史学家,夸大了建筑的重要性,并弱化了该建筑对其使用空间组织的趋势性影响。为了理解过去两个世纪中颠倒建筑这个重要类型的进化,有必要再次分离基因型的两个维度,并寻找它们之间持续的冲突和不可调和性,而非臆想中的统一。这尤其重要,因为在我们这个时代,针对由建筑物构成的社会与空间界面的主题,直接界面和隔离控制之间的冲突演变成了专业人士所推崇的和官僚集团所推崇的两种模型之间的冲突,同时也是当今许多常见建筑类型不均衡演进的一个关键特征。为了简要说明这些因素,我们必须首先考虑这两种空间模式之间的关系,以及将反思性知识应用于稳定和社会描述的不同方法,即通过我们的知识,从而获知官僚"干预"和专业"判断"。

　　　在当代社会,被合法化为专业的运作模式(律师、医生、建筑师等)与官僚模式之间的区别在于构成活动的基础知识本质的不同。我们称某种职业具有专业合法性,是指其中涉及某些风险因素的重要知识的应用不可简化为规则和程序。这种不确定性的原因是多方面的。例如,就像在医学中一样,知识可能本身严重地不完整,在应用到实践之前需要某种程度的解释;或者如同建筑设计一样,知识可能随着其他趋势和新情况的出现,而迅速变化和发展,需要不断的修改才能符合要求;或者在法律的领域中,很高比例的案例之中,也许需要应用知识或作出决定,而这将会引起一些特殊问题,从而使得这些案例具有独特性,该现象比比皆是。在实践中,知识不完整、知识在变化、知识带来问题这三方面的因素,在所有职业中都普遍存在,并且职业的存在在很大程度上取决于能否有效地应对这些情况。无论具体案例的细节如何,在将知识应用于案例的过程中,这些职业的特征通常是高度不确定的。[7]决策不能死记硬背,也不能参照涵盖所有案例的规则文本,必须作出判断和解释。这种专业模式的实质是:应用这种知识的责任不是放在程序上,而是放在个人身上;作为个人,在特定情况下接受决策所涉及的风险;同时作为一个集体,对这些决策所依据的知识体系承担责任。因此,在此类职业中,人是最重要的。在官僚模式中的情况则恰恰相反。案件可按官僚模式处理,只要决策所依据的知识可以简化为规则和程序。一旦知识被简化,程序就取代了人,成为日常的主宰。人变得不重要,因为一个标准化的程序可以由任何人来执行。

　　　这两种应用知识的模式会对其组织的类型产生影响,进而与每个组织处理其案例的方式相适应。在专业案例中,由于个人判断必须适用于每一个案例,因此不可能在掌握相关知识的人(即了解拟适用原

189

则的人）和处理案例的人之间建立一系列中间人。从组织上看，一个 190
职业的本质是那些最了解原则的人直接处理案件。专业工作包括将原
则直接应用于个案。如果组织的结构能够最好地控制风险，那么专业
组织必须被结构化，以便在可行的范围内保持原则和案例之间的直接
联系。在官僚机构中，情况正好相反，位于核心的准则是程序，而不
是人。如果程序是为了控制风险，那么必须同时制定规则确保遵守这
些程序。该模式基本上是层级化的。那些处于组织高层的人所关心的
是原则——他们称之为政策——而那些处于底层的人则处理个案。通
常会有一系列中间层，其中每层对上继承原则，并在对下传输程序。
最底层的是那些处理案件的人，即那些支付社会保障金或直接面对失
业者的一线工作人员。在官僚机构中，处理原则的人与处理案件的人
之间的距离需要尽可能大；这种组织的内部逻辑必须倾向于强化这种
距离差别，因为与个案接触时，能否有效消除不确定性必须取决于程
序能够处理每种可能的案件类型，而这必然会导致更复杂的控制等级。
但是，即使在更为专业的机构中，应用完全相同的官僚机构中的详细
管理方式，在个案处理过程之中去控制风险，则反而会增加风险。如
果掌握专业知识及原则知识的人是做出判断的重要组成部分，那么原
则与个案之间的距离必须尽可能小。

　　偏离本章主线去讨论知识形式和组织形式之间关系的重要性在
于，不同的模式对空间有着根本不同的影响。更确切地说，它们对居
民和访客之间建立的界面关系类型有不同的影响，这反过来导致建筑
空间基因型的一般差异。在不同的组织安排的影响下，基本建筑物的
关系被重新洗牌，其方式不亚于颠倒建筑。对某些变化的分析可以产
生两个有用的结果。首先，一种是基于更多建筑类型的界面类型理论
（类型界面是任何建筑空间中最基本的空间特征），由此对其进行比较
分析是任何建筑类型理论的必要步骤；第二，不同类型的界面倾向关
系的理论，这种情况可能会发生在建筑物中，特别适应于建筑物变得
越来越大、越来越复杂，且其组织形式更为多样化的情形。

　　例如，纯粹的官僚建筑的标准基因型，即一个在组织上是等级化 191
的，并且主要在最低层与办事人员和访客接触。这种建筑的常见形式
包括为访客提供大空间，且该空间尽可能位于建筑物的浅层，而在这
个空间的深处有一系列的接待处或独立的窗户，每个都是办事人员和
访客之间的屏障，并提供彼此进行交互的界面。正如在神庙中，访客
空间使得访客的行为彼此可见，但它不再是分布式空间，现在仅是进
出访客的一种方式。在这个空间的深层边缘，隔间（办事窗口）具有
奇特的效果：它们使办事人员彼此分离（即他们各自占据离散的空间），

并且只要居民与访客交互，这种分离的空间就为他们的行为提供支持。但是对于访客来说，这个界面不是分离的，所有的隔间都可以从访客空间中一览无遗。办事人员空间的封闭性和由此产生的非同步性，以及访客空间的开放性和随之而来的同步性，都是该基因型的基础。

对于访客来说，即使他能看到办事人员，那些人员也往往位于一些互动的边缘区，因为在那些办事人员身后是访客无法看到的官僚层级结构。在界面深空间的表层中，可能会有进一步与办事人员互动，或一般性互动；但是在超出其范围的情况下，在相对非对称性较高的空间中，则反映出更强的层级控制，这里往往是更高层次的办事人员的领域，一直对应到具有最高相对非对称性的空间；相对于系统内低级别的办事人员而言，高级别的办事人员的关注点是原则，而非个案。因此，这个基因型的组成部分包括用来与访客互动的浅层非分布式的空间，对办事人员封闭但对访客开放的界面，以及在界面之外的空间，其映射的不对称结构在其相对非对称中表明了办事人员的等级差异状态。在基本结构中，这是一个基本建筑的变体，往往并不比神庙更为复杂。

从社会保障办公室到医生手术室，似乎迈出了一大步，但规模的差异反映了专业人员与官僚机构之间在空间配置上的根本区别。在理想模型中，作为个人而非组织中的专业人员，与其同行的关系是分散的。只有让组织最小化，才能与其必须处理的案件建立直接的联系。因此，低级别的专业界面尺度较小，该现象本身受到潜在的基因型影响。空间形式与官僚机构有关，但在几乎所有方面都略有不同。当访客等待看医生的时候，往往用一个很浅的空间来使他们的行为同步，但该空间在建筑物中从未像现在这样浅；总有一些最小的额外结构会增加空间的相对非对称性。可能在某些地方会设置一些售票亭式的安排，但只不过为了满足一些基本的官僚主义管理需要。医生和患者之间的界面在建筑物中处于更深的位置，并通常用曲折的空间或其他机制来强化其深度，这进一步增加了空间的相对非对称性。患者从访客的空间中消失，并不会再次出现；换言之，医生之间不仅是不可见的，而且其界面还是强分隔的（这是为了保持他们作为个体专业人士的至高地位）。这些处理同样是对基本建筑进行的普遍式的微调，实现这种界面所暗示的空间关系的抽象模型仍然非常必要。同样，从访客来看，建筑物中医生的空间深度也被专供医生使用的直达外部的路径弱化，这使得医生的空间变浅，这又是一个"舞台门"效应的实际案例。

在最复杂的机构建筑——现代医院中，传统医患界面的基因型也并未完全消失。但是，医院获得其复杂性，并不仅仅是因为其各专业

192

界面大而繁多，而是其空间布局覆盖了迄今为止我们所讨论的四种类型的界面。首先，只要它与周围社区在空间上接触，医院就是一种基础建筑的分支。它的外部控制及其界限很弱，这是因为跨越其边界的需求非常多。这一点尤其适用于较老的医院。医院建筑群往往更像周围城市结构的一部分，而不是一个单独的封闭区域。其次，当它的分区面向某个特殊的访客子集（这是从模型角度的表述，对应现实中的住院和门诊等分区），然后通过官僚式的管控，即通过浅层和同步的控制空间与访客进行交互。再次，当存在大规模的专业界面，那么该建筑就构造了直接界面，与该建筑的其余部分异步且不对称。最后，只要界面还要求医生对访客进行空间控制，那么建筑物就会像"病房"的结构一样反转。

　　实际上，医院是一个汇集了各种社会空间力量的潜在冲突和矛盾的连接点，每一种力量本身都定义得很好，但在设计的发展中，每一种力量都有可能获得暂时的优势。医院的特点不是单一基因型，而是基因型冲突，也许这种冲突的解决答案在很大程度上是虚幻的。这使得医院更加难以描述，但也并非不能分析，前提是分析重点不在于理想医院的通用模型，而在于基因型各维度之间可能发生冲突的空间关系，以及其解决的方式。例如，医患界面理想的是异步的，即其界面在分开的空间中实现。通过简单的隔间系统，可在诊疗区和治疗区中实现，患者从同步的访客空间移动到该系统中。然而，在病房中，医生与访客关系变得相反，并且对患者身体的空间控制变得必要；理想情况下，这需要将病房开放处理，以同步控制关系。然而，这意味着被反转的同步控制界面与医患之间的非反转异步界面之间存在着冲突。一个简单的解决方案是：通过提供易于拉动的窗帘或隔断，来将病人的床位空间重新转变为异步的空间，从而"细分"病房的空间结构。然而，这种转变只有在医患界面位置明确的情况下，才适合采用。如果医生仅在例行巡诊，而没有尝试构建分离的空间的情况下，医生并不需要使用其专业界面，而仅在使用其控制界面的空间属性。医生们从一张病床移步到另一张病床，仿佛在彰显对这座建筑空间关系的反转，它强调了一种关系的根本不平等。在这种关系中，医生控制着病人的空间，这是医生和病人之间等级关系的宣言。自然的，当更富裕的患者享有单间病房时，医生的巡诊则不再体现着对控制维度反转，而变为医生与病人客户之间的专业界面。

　　但是这些关系的本质在医院的主要空间中得以实现：手术室。从将建筑视为一个界面空间模型的角度来看，这确实是一个特殊的空间。首先，它是反转效果最大化的空间，因为在这里，病人身体（在模型

193

意义上）对空间控制完全由医生所掌握。其次，在该空间中，医生与患者的直接界面以最高的形式体现出来。手术室的空间结构基本上反映了两个维度。第一，它反映了手术室是高度分布式的，因为它有许多出入口，并且在此实现了分布式系统中病人的最大化控制；第二，相对于建筑群的其余部分，界面空间是很深的，反映了这种界面几乎"神圣"的地位。手术室说明了句法模型两个维度的基本社会"意义"："对称性与不对称性"关系到分类的强弱；"分布性与非分布性"关乎于类别的控制。

194

不幸的是，迄今为止对这些建筑物在界面方面处理的分析仍相当抽象，并未告诉我们应如何正确地设计它们。但另一方面，这确实表明：尽管现有的建筑物呈现出令人生畏的类型差异，但其背后仍有一定的内在组织逻辑。从这种空间模型分析方法中不难看出，对于某一特定类型的建筑，什么是恰当的和什么是不恰当，这种直觉可能与其社会结构有关，而不是出于对特定类型的空间关系的偏见或偏好。空间关系的恰当性不是由某种心理选择倾向引起的，而是由空间中所描绘的潜在的社会空间关系模型引起的。这意味着，空间更直接地反映了宏观的社会形态，而非设计师个人的心理取向。

然而，这并不意味着设计的方法问题可以简单地通过引用基因型的方式来解决，暂且不讨论基因型在各维度之间过于频繁的冲突（只有通过对方案进行微调，才能在空间上解决这些冲突）。对建筑物中居民和访客关系的分析中，有一个问题远比其他问题更为基本和重要。这便是不平等的问题。一个建筑的空间结构和社会目的之间的关联性，在于赋予某些知识领域的特权者占据特定空间，而其他那些对这些知识和权力求助者则被安置在另外一些空间。这本身就意味着建筑空间具有不平等的性质。从根本上说，不平等的问题只能用特定的分析方法来描述，而不能得到解决。建筑已经是对日常行为规范的一种表达，明智的做法是不要掩饰这一点。本书所要做的，就是展示这些不平等的范式是如何通过现实世界的物质空间形态的方式，来呈现并进入我们的潜意识。

纯粹通过分析来设计建筑物，这是不可能的。那么通过对建筑空间中不平等界面的精确描述，至少有助于诊断设计中的问题，或许更重要的是在真实建筑类型演变的每个阶段中，分析设计方案背后潜在的风格潮流或普适的基因型。例如，假设一个办公楼，它将从独立办公室的空间划分方式，被改造为"开放办公"的空间划分方式。该如何理解这个现象？从模型来看，非常清楚。在基本建筑中，居民的地位是通过占用主要流线系统中深层的非同步空间来确定的。如果没有别的因素，无论他们的地位有多低（当然，除非是在颠倒建筑的类型中），这种空间细分而产生的相对非对称性保证了居民的地位。而消除这种空间的后果也是清晰而明确的。事实上，打开以前居民占据的封闭小空间（但并非全部打开，其状态仍然被映射到具有更高相对非对称性的异步空间中）便能够将居民向访客转化。然后，这种变化通过某种反转效应进一步确立，该效应将分布式的空间同步化来实现，即同步化控制维度。开放性的作用在于将空间向分布式系统转换。因为它是同步的，所以该系统中的个人不再可能自由走动。这就产生了一种效果，即将分布式系统从一个对各层级的使用者均等的流线系统，转变为一个控制性的系统，让各层级的使用者位于相对固定的地方。这看起来似乎比较矛盾，将系统开放是强化控制的手段。尽管如此，模型的逻辑和直观体验告诉我们：开放办公平面是将居民和访客之间的身份差异转化为居民内部的等级差异的一种手段。当然，如果空间中的所有居民在分布式系统中都有相同的可达性，情况就不会这样。这将通过改变其逻辑的一个基本维度来完全改变模型的性质。开放办公平面是否能在半开放的平面中实现，取决于分布式结构的同步程度和各个空间的封闭程度。即便如此，在其他条件相同的情况下，任何平面向开放办公平面转化，纯粹以形式作为工具，竟然几乎使得部分劳动力成为无产阶层。

学校设计中的开放平面更为微妙，但同样地，它并不像表面看来那样实现了"空间的自由"。传统的学校设计，以其独立的教室、独立的流线系统，以及特殊的聚集和娱乐空间，形成了一个明确的基因型。访客的空间，也就是学生的空间，在任何地方都是同步的。相对于建筑物中的主要流线系统，他们位于更深的居民（教师主导）封闭单元中。也就是说，他们在任何地方都是局部同步的。然而，这些居民（教师）彼此之间是不同步的，通过连接到比流线系统的空间更多相对非对称的封闭单元空间，来表明他们之间的等级差异。作为管理者的地位，也体现在控制层级的组织中，教导主任的办公室位于入口附近，有助于其管理建筑物的流线结构，即访客的空间。教室中的老 196 师办公室则位于更深的空间中。这导致了学校整体上非常有特色的不平等结构。居民与访客的关系在局部是基本的，在教室里工作的教师不是流线系统的监护人（那是一种占据特定空间的固定访客），而是在不对称的空间中的居民，在这里教师与学生接触。单独的教室空间保证了与学生的这种不对称的界面，也提供了相对于其他居民（教师）的相对非对称性。因此，这种布局意味着更强的等级差异和地位。在整个系统中，学校的控制度显得相对较弱，因为分布式的流线系统和教室之间的关系并未反映出居民和访客之间的差异。无论是从整体，还是从局部来看，该系统是基于空间的不对称性来运行的，而非依赖其控制性。也就是说，它更像一个基本建筑的分支类型，而不是颠倒建筑的类型。只有当最高地位的居民占据了流线系统附近的浅层空间，并且其流线系统只有很少的控制点时，建筑物才会有一个整体控制的维度。

现在，如果简单地通过增加其环形度来改变这种结构（这在当代的学校建筑中是非常典型的手法），那么主要效果是赋予个体居民更高的控制度，改变了此前那种教导主任位于树形系统主干处的空间结构。这似乎是一种毫不含糊的"革新"举动。但是如果改造为开放平面，传统模型的所有重要维度中的基因型都将出现根本的变化。首先，消除了教室空间相对非对称性所赋予的地位，使教师相对于彼此的地位不再受到空间结构的支撑。其次，开放平面使分布式结构同步，从而形成统一的控制体系，这无疑增加了系统的控制潜力。最后，教师与班级的关系由基本空间关系转变为反转关系，即教师与班级不再处于非对称关系，而是控制流线系统的人与固定在特定空间中的人之间的关系。按照巴西尔·伯恩斯坦（Basil Bernstein）的说法，这种关系从权力等级转向了控制等级。[8] 与前面的例子类似，学校空间既不是乍看起来的样子，也不是其空间改造宣传中所表现的样子。这种空间解放的结果似乎是，除了学校的管理层之外，居民（教师）失去了地位，访客（学生）受到的控制更为强化，不是像以前那样，学生们仅仅在局部空间中被控制，而是他们在整个建筑空间结构的全局层面上被控制了。

197   建筑物很少是它们看起来的样子。除了从建筑空间的整体布局视角之外，没有任何单独的空间关系能解释出自身的存在状态。同样的，分析局部空间关系的细微差别也是把握其整体空间组织的必要条件。在任何情况下，任何一种特定的关系都不能说具有某种社会参考价值。然而，只要能用模型来描述，建筑空间就是可分析的。该模型首先需要在整体上寻找基因型，其次需要在特定的位置上，分析局部微观的关系。一般来说，建筑物是一种组织居民身份的人和访客身份的人之间关系的手段，建筑物总是起到加固某些社会行为结构的作用，至少在局部，这些结构往往是不平等的。

但这并没必要让我们对建筑物的性质感到悲观。局部不平等并不意味着整体系统中的不平等。显然，一个聚居地中的每个人都住在一个单独的房子里，这在任何地方都造成了当地居民和访客在该住宅处的不平等。但这并不意味着整个聚居地层面上的不平等。实际的情况往往更加微妙，甚至恰恰相反：局部空间中的不平等恰恰可以在整体上实现平等，并可成为描述平等性的手段。无论我们如何用自己的术语系统来分析建筑，除非将它们彼此之间构成的整体社会空间系统联系起来分析，其整体性质都不会被有效地揭示出来。这意味着要把目光从聚居地的层面转移到社会本身的层面上。本书的观点是，社会关系不是一个抽象的概念，找到一个物理空间然后塑造其空间布局，而是一个本身具有内部空间逻辑甚至空间规律的实体。这种"社会的空间逻辑"是本书最后几章的主题，并且它也是分析内外部空间边界的基本手段。从中，我们可以清晰地看到这种构成社会关系的空间逻辑的全貌。但在此之前，必须回到句法论证的形式基础，并从对空间句法中得出某些一般的理论原则。这些理论将成为社会空间逻辑模型的基石。

第六章　布局的空间逻辑

摘要

现在让我们回到秩序问题的本质，基于第一章中提出的总体框架，以结合秩序和随机的新方式，来探索使用抽象秩序原则描述空间布局的可能性。实际上，无论在空间布局，还是在社会系统中，随机性均是一种必要的秩序体现形式。本书试图建立一种综合不同类型秩序的总体框架，以统一的方式处理构成空间布局的物质和概念要素，并以相同的术语体系去描述随机性和秩序性。最后，本章将构成空间布局模型的各项维度与思想观点、政治和社会生产基础等概念关联起来。

从结构到具体的现实

第二、三、四、五章就是表明如下观点：尽管人类空间的组织多种多样，但它确实具有某种内在逻辑，也许并不完美。我们相信该内在逻辑直接影响到对空间的认知。而恰恰因为空间具有可认知性，所以它可以作为一种形态语言发生作用。以此作为一种工具，社会成员可用于建立并理解社会本身。通过将可理解度的概念落实到空间形式中，社会中的个体创造了一种体验中的现实；通过这种现实，他们可以描述社会是如何构成的，以及作为该社会中一员应如何行事等。这些描述本质上是抽象的，尽管它们是从非常具体的现实中得出。它们也是一系列空间组织模式原理的总结，而不仅仅是大量案例的堆砌。用结构主义的话语来说，这些描述可被称为"深层结构"；然而就空间而言，对空间形态特征的描述应该拒绝神秘主义或含混的表达。这些抽象结构是我们希望通过句法来表达和量化的。句法表述是从真实空间使用中抽象出来的基因型。

潜在的生成系统生成了丰富多彩的空间形式。当我们展示这一点时，我们在有限合理的解释范围内，尽可能遵循结构主义方法的原则。
空间的显型（phenotype）被视为抽象规则的产物，各种显型背后不同的规则形成了一个转换系统。但结构主义一直具有其哲学目的和方法。其目的将结构这个概念客观化，表明社会行为源于社会本身及其所采取的特定形式，而非个体。在某种程度上，空间句法模型可能实现了这一点。它表明，空间组织不仅是个体的集合用于构成社会的一种手段，而且由于空间有自身的规律和逻辑，它也可以作为一种约束系统来影响社会。由于空间的模式规律不以人的意愿为转移，所以它至少与社会存在二元辩证关系。社会可以反过来影响空间。当某些社会因素决定空间之前，空间也对社会强加了某些自主性的现实影响力。

可能有人反对空间组织的基因结构可被相对自主性地描述。我们可能不经意地忽略了社会的内容和意义中一些最重要的内容，特别是社会中那些广义的经济和政治结构。诚然，宣称如空间、形态句法或量化联系等形态语言具有某种控制属性的观点，听上去令人难以置信；更不要说认为上述这些东西即本身即构成了社会，而非服务于社会中的各要素。总之，将空间从社会的主体结构中分离出来似乎是危险的，但或许我们所做的一切，仅仅是在展示空间如何从局部角度构成了社会现实。而这样做，牺牲的也只是忽略了它如何在整体中建构起来。

这种困难可能是结构主义所固有的，它甚至可能是整个方法中的一个悖论。如果结构是客观存在而不依赖于个体，那么它们就必须具有遵循自主的规律。形式和模式不应被解释为其他外因的产物；相反，通过描述结构和证明它的存在，就暗示着结构定律在某种意义上是内在而非外在的。这就是为什么结构主义可能遵循经典的科学程序，试图将某种数学模型与实证研究中的现象联系起来，既作为描述又作为解释。[1] 一旦这个尝试是成功的，就不免会产生悖论。如果某个特定社会中的结构规律是内在的和自主的，那么它们与社会的总体又有什么关系呢？从结构具有自主规律推出它们自身是自主的现实，这是一个貌似自然而然的步骤，似乎在前提假设中就已经存在了。

具体到空间句法对空间的分析中，这个问题显得格外困难，因为200 在一些例子中我们会试图有意回避关于空间最常见的问题。例如，特定的社会为什么采用某种特定的聚居地形式？对此我们没有从某些社会或经济功能来回答，而是说给定一些初始条件和连续的聚集过程，聚居地的形式便是自主空间规律的产物，而不是以人的意志为转移。如果根据那些初始条件和持续过程，重新提出社会或功能决定论的问题，那么似乎对于任何合理的外部决定论都是站不住脚的。

但假设社会的本质不是这个结构的前提下，其实这种悖论才是存在的。用现在的术语来说，认为社会的本质与它的形式语言和空间构成模式无关。而一旦离开这个前提，问题就转变了。社会的本质问题或许会被转化为：社会是如何由形式语言之间的相互关系构成的，而所有这些都是在时空中形成的，并可被观测。

本章提出的核心论点便是基于这一点。所有社会过程，无论它多么抽象或概念化，都是在空间中实现的。例如，亲属制度（抽象结构主义的一个典型案例）均建立在与谁在一起生活、与谁迁居、应在什么时间和方式相遇等一系列经由形式系统梳理的社会关系。本书的目的仅考虑这些系统的空间表现和模式。在前三章中，我们曾力图将空间概念进行社会化，而现在我们则希望展示社会的概念如何能有效地空间化。这种兼具社会性和空间性的整合系统明显具有自然系统的性质，在很多情况下都能体现出社会系统中的空间组织与基本结构的控制机制；而这些作用和机制则非常接近社会这一概念的本质。

首先，有必要将空间句法模型适当地纳入第一章末尾所阐述的布局概念的框架之中。这将针对当代结构主义理论中一种隐含的原则，进行根本的批判；该原则主要导致了总体结构分析的普适性与特定现象分析的有效性之间的鸿沟。针对空间布局系统动态发展，这种批判将导向更为精确的分析研究方式，并建议如何能在这个框架内，弥合实证统计和结构主义在分析社会现实时的差距。而目前这两种研究方式似乎正渐行渐远。

其次，我们将尝试建立一个简洁的模型，将社会视为空间系统，　201
并基于案例呈现其基本动态发展的过程。尽管这些研究尚比较基础，我们还是希望以此实现两个目的。一是试图表明空间发展在根本上可能与社会形态学有联系，而非像19世纪人类学提出的那样，反对"领域"和"亲属制度"作为社会基础的两极[2]；二是试图表明一个更富有哲学意义的目的，即也许建立一个社会学的模型。在这个模型中，结构并不是先于且独立于具体社会关系的总体系统抽象，而是作为现实本身的一个属性。事实上，通过将社会概念空间化，似乎有可能弥补结构主义理论与特定社会现实之间的巨大鸿沟。而这个过程不仅要追求抽象化的手段，更要以抽象的方式实现对社会这一概念本身的抽象。

抽象唯物主义

任何社会学的基本理论问题都旨在阐明社会可能是什么，它何以容纳个体并生产特定的行为和思想。社会学本身就拒绝了科学的还原论，也就是根据较大规模的集体社会，去解释较小的个体行为。当然，追求这样的目标似乎没有必要，基于较小的个体去解释较大的社会可能更好些。但如果是这样做，便意味着我们事实上放弃了社会学。这在于两点。要么在社会层面上并无规律可循，而主观便会沦为一种心理学的延展；要么存在规律，但它们并不作用于个体。在后者情况下，规律的存在还是毫无意义。因此，真正的社会学必须以某种方式实现逆向的还原论：它必须阐述不同形式的社会如何生产个体中不同形式的思想和行为。

结构主义的纲领性目标一直是在社会自身层面上通过将结构这个概念客观化来解决问题。结构总是意味着一些统一的规则体系，并拥有自己的内在逻辑；个体将这些规则体系内在化，并在自己的行为中遵循它们。由于规则主导的结构系统不是封闭系统，而是开放系统。因此该概念允许"有规则支配的创造力"。在该体系中，个体的创造力以及某种程度上不可预测的个体行为与某些规则的次结构是相互协调的。

毫无疑问，这种理论已对解释社会现实的某些方面产生了有用的见解。然而，它是否有助于逼近前述的基本问题，则仍是存疑的，更不用说解决了。很明显，结构与个体的行为有关，但不清楚这些结构在任何情况下是否表达社会含义。相反，它们似乎来自纯粹的思想领域，尚未成形，甚至完全不受社会发展进程的影响。结构主义关注结构如何组织社会，而不关注社会如何组织结构。任何合理的社会学都需要回答这两个问题，而结构主义只在第二个问题中才变得有趣。它展示结构背后逻辑形式的愿望，使其支持者在逻辑本身中找到结构，并最终自然而然地在大脑中找到了结构。因此，结构主义似乎既避免了结构起源的问题，又避免了在哪里存在的问题。理想情况下，关于结构起源和存在场所的问题解答应该是社会本身。结构主义并未建议如何给出这样的答案。这是结构主义通常受到批评的两个原因之一。

第二个方面的批评同样针对结构与社会之间的关系。但是其区别在于第一个批评涉及的是社会问题先于结构的问题，而第二个批评则关注的是将社会问题作为结构的产物。据说结构可以帮助我们理解社会的构成，但并未告诉我们社会是如何运作的。如果我们认同结构对于处理所有具有社会意义的真实事件均是必要的，那么我们所拥有的强调内部逻辑的结构概念则显得过于纯粹。在最坏的情况下，它似乎与社会直觉的认识相矛盾；体现为一种不稳定的、已实现的、却持续不断谈判的现象。结构是理想和抽象的。社会是极度不完美的，因为它只有通过具体的活动才能存在。结构静态的代数，社会似乎受制于动态的统计法则。结构有明确的"开关"状态变化。随着大量影响变量的存在与否，社会的阈值在不断变化，或渐变，或突变。社会模式和形式的重要方面与物质生产的组织有关。结构表现为对认知和社会再生产的持续关注；而结构充其量一次只能解释一组社会现象。但社会本身是由多种结构的联合效应构成的。如何在保证方法连续稳定的前提下协调这些冲突，并且不放弃结构主义的方法？然而，如果我们执着于结构主义的方法去寻找"元结构"或"协调结构"，则可能陷入社会过度决定论以及归谬法的危险境地。无论如何，社会不是舞蹈或仪式，它至多是个统计概率上的现象，而非机械的现象。[3]结构主义无法弥合这一鸿沟。因此，即便在原则上，结构主义也未能提供合理的答案，来解决根本问题的另一个重要方面。它未能说明抽象结构与特定现象之间的关系。[4]

　　因此，我们面对的是一些独立于现实世界而存在的结构。它们与社会的关系既不是原因，也不是后果。相反，我们却声称它们存在于社会之外，但却存在于人脑之内。结构的秩序反映了人脑的结构；结构逻辑反映了人脑的逻辑。人造的现实清晰地表达了大脑的基本结构机制。源于将社会还原到个体行为的社会学，结构主义似乎只向我们展示了另一种社会学，力图将个体行为简化为集体思想，但最终并没有提供解决基本问题的有效方法。

　　这是因为结构主义的基础有一个简单但致命的缺陷。这个缺陷源于"规则"概念自身。通常理解，规则在其规定的事件之外。事件和行为需要遵循规则，因此必要的规则先于事件而存在。规则的概念在结构主义中是基础，它也是结构概念的基础。结构是规则的协调器，代码是用来关联和解释时空事件的基本规则体系，因此，结构或代码存在于事件发生之前。结构主义是建立在这样一种见解之上的：即社会表面现象的多样性将会被表述为社会内在的先验规则的产物。

　　致命的缺陷便源于这个基本假设。"规则外在于事件存在"的原则，听起来足够安全，但其隐藏着后果。如果规则的存在先于事件，那么它一定存在于某个地方。就像如果有一个程序，就必须有一个编程器，即一些编译这些规则的中心。这个中心就是人类的大脑，除此之外别无其他。如果行为受规则所支配,则规则先于行为。如果规则先于行为,那么这些规则存在的场所就必须是大脑本身。因此，关于结构存在场所的"脑结构理论"是从结构主义的前提下发展而来的，源于这个基本的假设。然而，现在如果回到起点：假设一个社会中秩序的原则位于个体而非社会本身，那么，结构主义的主要目标便转向了结构主义自己，降格为它自身曾经试图逃避的东西。

　　第一章中对布局的论述，可以解释为什么我们必须这样假设的原因之一。在结构主义理论中，大脑的功能是描述社会系统的中心。在这种认识下，生物模型被重新引入，且并非仅作为一个观点，而是作

204 为一个无形的假设。结构主义者为这个问题提供了"大脑结构"的解决方案，只不过是将社会再还原成一个空间上连续的生物系统，在这个生物系统中时空事件的展开过程是预先设定好的。从这个假设来思考，由于社会不是一个空间连续的生物系统，而是由离散实体构成的系统，这一理论的困境便是自然而然的。结构主义之所以不能成为一种社会理论，就是源于这个困境。

现在可以清楚地表明布局概念的关联因素。如前所述，布局是由空间上离散实体或个人组成的系统。空间布局的基因型的稳定性并非由描述中心的存在所决定，因为在集成系统层面上不需要任何描述中心。相反，每个个体都没有配备描述中心，在该中心中对其布局指令进行编码，就像遗传指令被编码到生物体中。但有了描述检索机制，通过这种机制，它可以检索并内化对其布局情况的描述。句法理论展示了这些描述是如何抽象的，并能从复杂的现实中将其检索出来。

在布局体系中，规则的概念被颠倒了，时空事件先于规则。任何时空事件本身都不一定存在规则。只有从时空事件中检索到抽象描述，并在另一个这类事件中重新具象地体现该描述时，规则才存在。在空间布局中，再生产或再现是基本概念，而非抽象规则。对于先于事件的规则，我们认为是从事件中检索到的抽象描述以及为该事件的再现所建立的模型。抽象实体类似于现实中的"三明治"。为了存在，它必须从一个现实事件中抽象出来，并在另一个现实事件中重新体现。如果描述没有被重新具象地再现出来，那么这种描述就无法支持这种布局。如果一开始就没有检索到某种描述，那么它就不存在。这个方案就是：现实 1 ⟶ 描述 ⟶ 现实 2。这是空间布局的基本动力，而非预先存在的规则。没有这个关系，就不存在任何空间布局。

由此可见，在一个布局体系中结构的存在取决于两种行为：实践活动和智力活动。如果没有这两种活动行为，布局体系就无法维持下去。然而，要么客观现实，要么描述检索机制，都可负责布局体系的演进。正如句法理论所表明的那样，新的时空结构可以从一系列个体活动中涌现产生，其中集体结构的秩序高于个体在其行动中所遵循的任何描述。然而，这些高阶现实的描述可以用与低阶描述相同的抽象

205 语言表达。另外，在给定初始状态的前提下，句法体系本身的演变将会表明，描述的各个方面是如何相互结合，也许形成更为复杂的新描述，也许下一步演变将遵循新描述。因此，在客观空间现实的规律和人类思维的组合能力之间，把握布局形态演化的趋势是完全没有问题的。然而，除了这种主观思维和客观现实的二元关系之外，仍可以假定空间结构规律具有自主性。思想的实际限制是可建造的限度。在空

间布局中，实际上思想的规律就是特定现实中建造可能性的极限。

结构主义的原则是结构至上，即规则至上。在布局理论中，我们可以确立相反的原则：显型至上的规律，即特定的现实现象的首要性。这是一种只有通过时空现实的具象体现，才能存在的结构；只有通过人的智力活动来检索描述结构，才能被再生产和延续。没有再现或再生产，就没有空间布局，因而也就没有具有结构的空间布局。显型的首要性规律和结构必然性的规律并不矛盾，它们之间是互相依赖的关系，这种必要性源于再生产的事实。空间布局只能通过再生产来布局，再生产只有通过描述检索而存在，描述检索也只能存在于时空现实之前。

这就是为什么句法初始阶段需要建立在随机的、演进过程的概念之上，即建立在一个没有描述性检索的过程之上。这尤为重要。为了确立显型的首要地位，必须确立现实对规则的支配地位。在空间布局的基础上，没有预先确定的结构：都是以随机性表述。若要表现句法，则不要求规则先于事件，而是要求从时空现实中检索初始描述，然后一致地应用于流程中的后续事件。句法体现的是描述检索的一致性，从一个时刻到下一个时刻重新再具象体现的过程。过程本身由潜在的随机体系所保证。

如前所述，潜在的随机过程在本质上类似于物理中的惯性假设。它允许一种形式理论不依赖于形而上的终极原因或不动的推动者（参见亚里士多德的哲学——译者注）。如果没有无序现实的先验性，我们将被迫接收亚里士多德的立场，认为它们的存在本身都是需要解释的。正确的问题是：人类如何以及为什么要再生产他们所做的事情，以及如何通过思想和现实的辩证法将其展现为一种形态演进生成的体系。如果我们不把现实放在规则之前，那么通过不可避免的逻辑思考，我们将会被迫回到大脑结构这一理论上。大脑作为结构的发生器，只不过是亚里士多德的物理学中"不动的推动者"在计算机时代的翻版。

实际上，采用描述检索原理（description retrieval principle）代替描述中心，这实际上回答了关于结构的形式来源和经验位置的两个基本问题。其答案是一样的，即现实本身。思想（在多数情况下是许多人的思想）是控制机制，而非实体。思想的逻辑力量并不能解释结构的秩序性。逻辑在思想之外，首先位于时空本身的组构限制之中。思想读懂结构并重新创造它，学会去思考现实的语言。但思想不是在没有帮助的情况下产生的，也不是在没有帮助的情况下持续下去的。在时空现实之中，如果不存在具象再现以及再次再现，那么结构将逐渐消失。尽管结构具有内部规律，但它们只能通过许多个人个体的心身活动来实现其抽象过程。因此，结构不是一种自上而下的抽象概念，浮在虚空中，并作为一组抽象的决定因素叠加在现实上。结构既源于现实，也取决于现实。此外，这种结构并不是通常意义上的规则体系：它们可能是对其他随机过程的边界限定，形成了整体性结果，具有部分结构性和部分统计性的特征。正因为这一点，关于结构的外在性问题，即其社会起源和社会影响问题，便可成为一个新中心。在社会学中，抽象主义和物质主义不会像在自然科学中那样发生矛盾，因此提出一种抽象的唯物主义是可能的。

语义上的错觉

从理论上，布局的概念加上描述检索这个功能重新整合了建成环境中秩序的物质性和概念性方面，而传统的结构主义则造成了这两方面的完全割裂。布局理论在结构本身的概念中引入时空维度，从而得以建立。对时空布局机制的进一步探索，可以继续发展这个理论，如何将传统结构主义中由规则决定的系统的机械性和决定性（往往被认为是有局限的），吸收纳入秩序的统计性或概率性的概念之中，后者在当下经验社会学中非常流行。这种探索的另一个成果，将是表明结构中控制的概念不仅仅是独立于系统之外的一个维度，貌似与结构成正交关系，而且应该是结构本身的一个方面。

207　　　针对时空布局中的描述检索机制，读者可以参见第二章中的内容，其中借助珠环（即环状串珠）聚居地形态的讨论，从实践角度非常直接地论述了这个机制。首先展示的是一组没有任何明显秩序的小聚居地 [参见图 4（a）—（f）] ；然后表明该区域内规模较大的聚居地，虽然保留了较小聚居地的局部不确定性特征且受局部地形的限制，但在整体上仍呈现了环形结构。一旦读者理解了纯粹基于本地空间组织规则生成整体上珠环状结构的原理，那么当回顾原先那些小规模的聚居地形态时，便可以获得一种新的视角：那些当初看起来无形随机的聚居地，似乎都正在形成某种环环结构。在该例子中，读者所体验到的这个描述检索过程，可能与本地居民非常类似，检索出抽象的对于全局形式的描述，并且在他们脑海中主动应用这个模型，以新的视角看待这个世界。

这个过程很容易演示并用文字描述，但不清楚的是这两个不同的过程在同一个系统中是如何被思考和表现的。一个是现实世界中的形态发生过程，即全局性的珠环结构如何基于本地的规则涌现出来；另一个是心理过程，即如何理解掌握这个形态发生过程。毕竟这不仅仅是模式认知的问题，其全方位的诠释为心理与物理世界之间的普遍性"互动"。这就是社会学的核心问题，只是以一种更为精确的方式被表达出来。社会是一组非常复杂而相互关联的物理事件，与所有个体大脑的结构有某种未知关系，而这种个体大脑中的结构可在本地控制事件的进程。为了准确地说明描述检索机制如何在这个相对简单的形态生成案例中工作，需要综合物质和意识两个维度，这为我们理解广义上的社会现象提供了关于这个并行机制的一个线索。

第一步是认识到兼具物质和意识维度的复合系统在社会中并不罕见。事实上，它们是常态化的、无处不在的，我们自然而然地使用它们却毫无感觉，因为我们习惯于假设意识和物体存在于不同的领域。例如，像一副扑克牌这样的日常物体，便完美地说明了同一系统中物质和意识的普遍共存。一副扑克牌至少是一组物质构成的"个体"；而每一张牌同时也是一个纯粹的意识系统中的个体，不论是红桃四，还是梅花K。当考虑使用时，其相互关系甚至更强。纸牌游戏总是涉及一系列物质事件，例如发牌和洗牌，其物质组合的随机性不断创造栩栩如生的情境。没有这种场景，游戏就没法玩下去。就像对物质的依赖一样，纸牌游戏同样依赖意识中不断展开的描述检索机制。这些事件之间的联系被简单地视为一种互动，这还是不够的。整个系统中物质和意识部分完全相互渗透，似乎必须有一种方法用于更准确地捕捉这个动态过程。

208

首先，考虑一副牌的抽象逻辑。很明显，单张牌（如黑桃四）的可知性取决于整副牌的某些明确定义的属性，它们构成结构化的集合。四个黑桃除了它们自身的结构之外，这并不意味着任何信息。但由于它们属于规则系统管理的集合中的一员，才能被理解。在这种情况下，规则系统为每个可能的成员分配一张真实的牌，它属于四个花色和十三个数字生成的抽象集合。这个规则系统可以被理解为一副扑克牌中的"主脸"，尽管它在物理意义上并不存在，但它逻辑上的存在是不容置疑的。规则系统赋予了真实牌的结构性，并因此使得它们能被认知。主脸可被理解为是类似于该组物体的基因型，而整副牌可被认为是由基因型产生出的完整的显型集合。每个显型都暗合了基因型的逻辑，以保证可理解性。

于是，玩牌的行为实际上意味着在玩双脸的牌，即每张牌可被分成两部分，如上半部和下半部；其上半部分被描述为基因型，其下半部分被表示为显型。很明显，假设存在基因型这个概念，而非将基因型含括在显型之中，这是一种比较方便的做法。尽管在玩牌这个时空过程中，我们大可以忽略这个概念，但这并不意味着它可以从系统的逻辑中省略。主脸或基因型、规则玩法或其他一些概念设定，都是产生任何一种玩牌行为的先决条件。

与之类似，存在一组能够随意被重新排列或被重新洗牌的物理个体，这对系统是必要的；但实际上，当我们在意的是基于每张牌上的花色和数字背后的系统逻辑时，其物质属性又可以被忽略。从抽象的角度来看，即便这些逻辑系统都被印在一张纸上，又能有何分别？单张牌的存在仅依赖于它被从一个整体中分离出来的经验。一副牌的存在则是一系列观念和物质事件相互作用的结果，并非乍看起来是仅存在大脑中的系统那么简单。但无论如何，它的可识别性和可用性背后的原理是可通过仔细的描述来明确的。

209 将聚居地空间组合与这样的系统进行类比，表面上是有点儿牵强附会，但有一种方法可以看到它们之间的相似性，进而使这种类比变得恰当和有用。以计算机生成的珠环状为例（图 118），这个案例（或任何一个聚居地）至少由一组单元组成，即使它最初彼此之间是无法区分的，也在其构成的布局中获得了可称之"关联性特征"。每个封闭的空间单元都与其相邻的空间形成了某种组构构。假如将连接到每个单元的各个 y 空间作为其邻居的中心，则该布置可以表示为一组局部邻接图（图 119）。为了表达清楚，可以将其转换为阿尔法分析图的集合（图 120）。

基于这组反映局部空间组构的分析图，可以看出一些非常明显的特征：每个单元都与其他单元有一些共同的联系。也就是说，每个开放的空间单元都至少连接到一个封闭单元和至少一个开放单元。我们明确知道，这个特征便是这个聚居地布局生成的规则，因此可以将这种关系作为适用于整个系统的局部空间基因型。然而，使用相同的类比方式，对于整个系统而言，其他的联系类型则仅属于不同的显型，因为它们虽然是实际局部空间布置的某种可能部分，但却不是必然的部分。

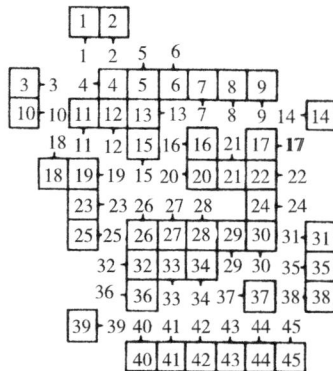

图 118　计算机生成的"珠环"聚居地

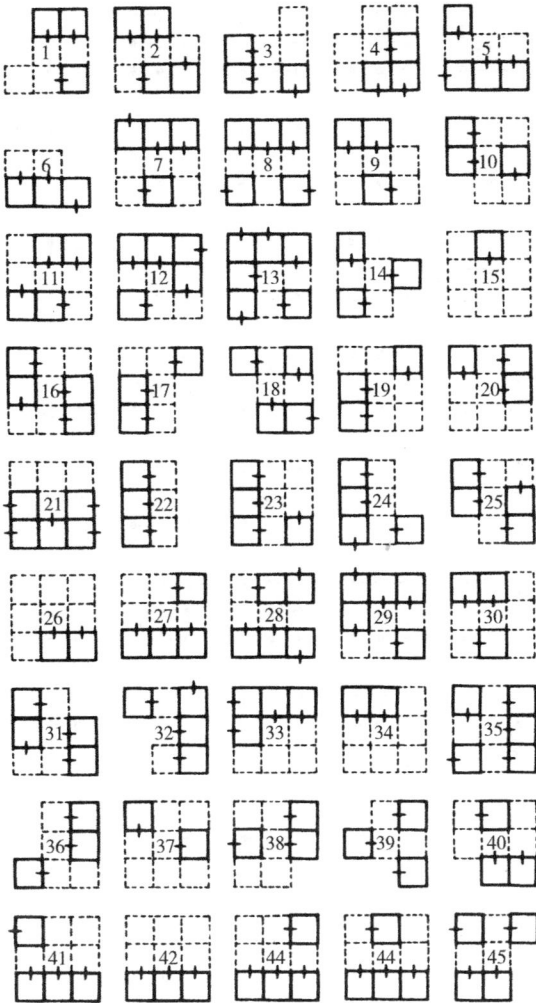

图119　图118作为一组局部图；以每个开放空间为中心

从局部空间的角度来看，这个聚居地可被视为一个既相似又不同的系统，即同时具有基因型和显型特征的系统。这些相似和不同点可以从空间上和跨越空间上的维度上体现出来。从空间来看，我们可以度量相邻单元彼此相似和差异的具体程度；而从跨越空间来看，我们将整个系统视为由一组分析图构成，而不管它们之间是否相互邻接，就像对待一副扑克牌一样。

使用显型这种生物学术语来描述局部空间组构可能会产生误导，但如果没有其他特殊理由的话，将整个聚居地视为一种显型，而将与其他聚居地共同存在的结构（如那种珠环状结构）视为基因型是比较自然的。在这里，我们关注的是每个单元在局部如何与其他单元联系来确定它的关联性特征，而非全局的结构特征。事实上，我们关注的是布局中的个体。如果不是作为整个布局中的一员，它们之间就没有

210

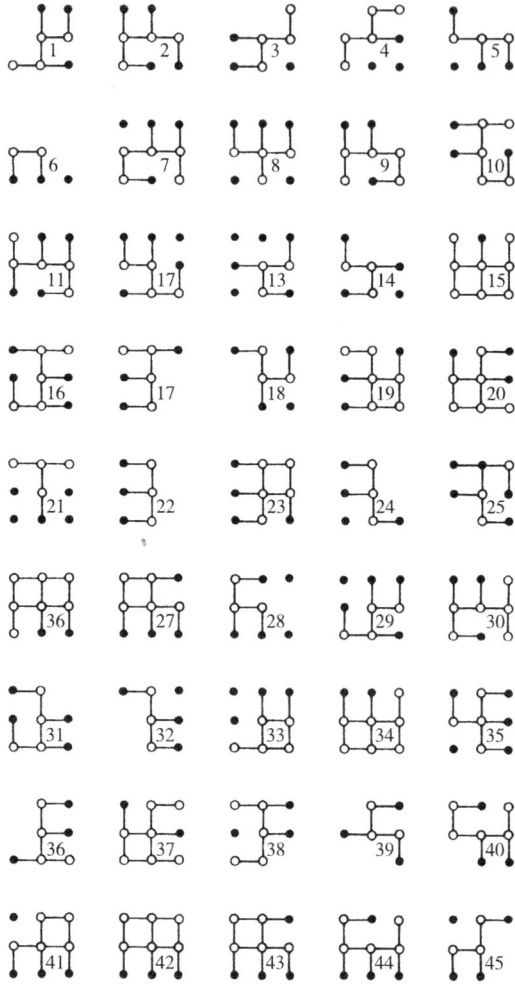

图 120 图 119 的局部中心渗透率图

差异。为了明确这一点，可以用 p 模型来指代局部显型，即根据局部空间关系的特定配置所定义的单个单元；并可以用 g 模型来指代由 p 模型构成的布局中广泛存在的基因型。因此，从各单元的角度来看，p 模型指的是单元之间所有局部的空间关系；而 g 模型指的是构成该布局的 p 模型集中连接不变的关系子集。

该布局现在可以被表述为双卡系统。每个单独的空间类似之前的双卡，上面写着两个描述：上半部分是这组个体的 g 模型；下半部分是该个体的显型特征。系统的主卡当然是逻辑上，而非物理上的存在，然后在其上半部分具有 g 模型，在下半部分存在所有不同的 p 模型。显然，这些 p 模型描述不应包含不必要的信息且不能重复。它们应尽可能地压缩，就像所有的形式描述一样，因此 g 模型将具有一定的长度。这取决于在排除偶发变体的前提下，本地模型中所有可能出现的关系数量。p 模型列表将具有多样化的类型，通过某些标记记录重复的特

211

定类型，而 p 模型本身不能重复。显然，这两种描述之间会存在关联，因为在 g 模型中指定的关系越多，那么 p 模型集所覆盖的变体范围就越小。在前文计算机生成的珠环状聚居地中，g 模型显然是很浓缩的，它只指定了每个单元的一些少数可能的联系，因此 p 模型的类型列表相对较长。如果我们要求每个单元遵守更多必要的邻接规则，那么 p 模型中类型的集合随之将相应地减少。

即使不考虑特定句法模式的问题，g 模型和 p 模型的相对长度本身也是我们关于空间秩序的直觉的基本维度之一。例如，那个"有机增长"的珠环状聚居地就是很好的例子，它没有去刻意遵循某种规划设计。它会呈现这个形态是因为具有一个短的 g 模型和一个长的 p 模型。"长"就是一长串的 p 模型类型的组合；一个"短"的 g 模型意味着，当新对象被添加到整体时，仅属于一种本地化协调过程，其结果是稳定的全局模式控制下不断增长的，且具有本地随机性的形态。换言之，该过程的生成方面高过描述性方面。g 模型中的形式已存在于个体之间组合形成的布局之中，生成的仅仅是由这种描述控制的过程造成的结果。

但是，珠环状聚居地中那种全局性的、生成式的结构，或者说珠环本身到底是什么呢？到目前为止，双卡系统的转录仅涉及局部结构，这无异于忽略形态发生过程。如何在双卡系统中表现出形态发生过程中全局的影响？起初似乎有些困难，因为一方面，珠环无疑是一种结构，但另一方面它似乎只是一种更高阶的显型。似乎需要对 p 模型和 g 模型* 之间的差异进行更多的分析。

事实上，从各种层面来说，p 模型本身即是"结构"，因为它是一个明确的本地空间组织关系。p 模型和 g 模型之间的区别，完全并不在于那些个体结构所体现出的性质，而在于它们的可比性。在一组可比的案例中，当结构规律性地出现时，该结构便可作为一种 g 模型。更恰当地说，g 模型应该是 g- 规律性，这使得我们较为容易地阐述那些尚未获得规律性，但仍可描述的结构的特征：我们可以称之为 g 独一性的结构。在这个意义上，每个 p 模型都可以被认为是一个 g 独一性。但是在珠环案例中，有更多的情况可称之为 g 独一性，因为从系统中的单个单元来看，正好是珠环成为全局独一性。只有当它成为一系列可比较的空间布局中的不变结构时，这种独一性才会作为 g 规律性出现在系统中。例如，假设一个场景中包含一组分散的珠环状结构

212

213

的聚居地，这些珠环状结构具有与之前示例中完全相同的形态组合，包括相似和相异的部分。显然，在这个场景中，不仅每个珠环状结构被视为一个 g 模型，原先那个相对较短的 g 模型从全局来看也仍是个有效的 g 模型，因为它仍能满足具备一组不变的基本关系，且允许聚居地具有大量实际显型的多样性。因此这个场景既是个空间布局系统，也是个跨越空间的系统。在每个层面上，相对较短的 g 模型产生大量等价的 p 模型。为方便起见，具有这类属性的系统可以称为 p 模型系统，因为它更体现为遵循较大规模的 p 模型，而非较小的 g 模型结构。但仍不能忽略的事实是每个空间组织系统中都有一个 g 模型，只是非常小。

现在让我们转向另一类系统。虽然尺度相当，表面看似具有与珠环状聚居地相反的特性：如图 30 所示的博罗罗（Bororo）人村落。最初这似乎不仅仅是一种非常不同的空间布局类型，甚至是一种完全不同的空间系统。除了全局形式更为简单之外，它还具有一种在珠环状结构中完全不存在的复杂性，在其空间布局中嵌入了大量的纯社会学信息：氏族、分支、阶层、性关系，甚至宇宙观。简而言之，正是这种复杂性，使得许多人认为，以空间为基础进行分析是毫无意义的，因为所有这些都取决于特定的社会文化赋予空间的含义。我们相信基于双卡模式来分析这个空间布局，可以证明事实完全相反。非空间信息对系统的支配只不过是双卡内部逻辑在特定方向上的自然延伸而已，即以一种非常长的 g 模型呈现出来。这表明语义幻觉是范式的产物，它将真实空间和人类思维视为独立的两个领域。

在双卡系统中，博罗罗人村落的第一个属性非常明显。由基本空间单元构成的局部关系图可被视为一组 p 模型，除了位于中心的男性房屋之外，其他都一样。这意味着 g 模型与 p 模型具有相同的长度，所有关系都被设定好了。这也意味着与系统中构成 p 模型的局部组件相比，g 模型被认为是长的，因此该系统可被视为是一种局部性的 g 模型系统。这种情况同样出现在全局层面上，即所有博罗罗人村落都基于相同的设计，因此全局 g 模型具有非常小的等价类群，局部 p 模型在描述单个基本空间单元形成的组构关系中表现出相似的情况。然而，更为重要的是，当我们试图考虑系统中所有信息的时候，那些信息最初看起来不具有空间布局的本质属性，而是强加在空间布局之上：它们是一组复杂的标签，被分配给不同空间，而这些标签之间的关系用于描述空间布局。通过向空间系统添加新概念——或者将隐含在空间布局关系中的社会概念清晰化——这个标签系统本身就是空间布局的一个维度。

就描述空间布局的双卡模型而言，博罗罗人村落的问题在于标签似乎是其空间基因型的重要组成部分。因为在每个村庄中，标签之间实现了某些必要的关系，这些对于所有村庄都很常见。因此，所有村庄都被东西向和南北向轴线截然分开，虽然这仅仅是一种概念上的分隔，但它却对应了不同的社会差异。此外，各个氏族中的小屋必须彼此之间保持一定的空间关系，同时兼顾其轴向上的总体关系。然后每个小屋都被自身细分为"阶层"，并再次按特定的顺序排列。这不仅将额外的语义信息添加到基因型中，且使系统中的每个空间都因其相对于其他空间位置的差异而同时具有几个不同的社会概念维度。

将这些陌生的属性整合到我们的模型之中，第一步就是对已添加的新类型关系进行适当的描述。在珠环状结构中，g 模型中指定的所有内容都是规定空间连续性关系的规则。所有对象间关联都表现在空间上，因此可以轻易地以平面图来表达。很明显，在博罗罗人村落系统中，对象间的关联性已经以一种新的形式被引入，这些关系超越了局部邻近而连续的空间，指向距离较远的其他空间。而在平面图(planar graph) 中，这些是无法直接表达的关系；我们需要采用更多非平面图的方式来表示它们。如何实现？我们引入了一个新的基本空间属性，称之为"不可互换性"(noninterchangeability)，但其实它已经隐含在生成性的句法模型中。为了清楚地说明这一点，我们必须简要地回顾生成性句法中的一些基本论点，首先是系统结构作为限制随机过程的想法。

在珠环状结构中能够基于极小的 g 模型来协调大量的 p 模型，这有赖于该过程的一个重要特性，即所有的对象都是可以互换的。这意味着我们可以对调这个空间系统中的局部单元而不影响 g 模型的整体。这是将对象之间的关系描述为对称，其本来意义的一部分就是如此：由于 x_1 到 x_2 的关系和 x_2 到 x_1 的关系相同，因此两者可以互换。可互换性确实是一个非常基本的属性。例如，可以通过相对较短的 g 模型生成较大聚居地的原因大多数在于对象是可互换的。正是这样，我们可以在不指定特定对象之间的任何关系的情况下，向复合体添加新对象。也就是说，我们可以随机添加它们，前提是它们以保留基本空间关系的方式加入到整体中。因此，g 模型描述的对称性、随机性和可压缩性似乎在某种程度上都是一个普适概念的内在本质或其结果：可互换性。

现在假设我们需要一个典型的具有相反属性的过程，仍以珠环状结构为例。当每个新对象被添加到系统中时，它需要连接到某个已经存在的特定对象上。换句话说，假设我们为前一种情况下可互换的

215

对象中引入了不可互换性（参见第196—199页）。描述如下过程非常容易：从 $(( )_1( )_2)$ 开始，然后将每个下一个对象与现有复合体中的对象括起来。例如，如果要求 $( )_3$ 与 $( )_1$ 相关联，并且 $( )_4$ 与 $( )_2$ 相关，那么我们应该写 $((( )_1( )_3)(( )_2( )_4))$ 等等。现在这个过程对双卡模型有两个重要的影响。首先，它提升了空间上标签的重要性。之前是未标记的，因而也是可互换的空间彼此连接，而现在是特定的标签以及标签之间的关系在系统中具有特征。其次，虽然这对 p 模型没有任何影响，但它阻止了 g 模型描述的压缩。事实上，如果系统中所有的显型连接都是不可互换的，那么 g 模型描述的长度将与 p 模型描述的总和相同。换句话说，引入不可互换性的目的是：为系统添加生成式结构，并使其 g 模型的描述具有不可压缩性。

现在可以立即回到博罗罗人村落的例子。发现它的特殊之处在于增加了基本的空间结构（涉及大量明显可互换或对称的组件——即周围的所有小屋）以及相当大量的对象间相关性，并使它们高度不可互换。这导致了高度不可压缩的 g 模型描述，以及如双卡系统中所示的生成式结构数量的增加。

然而，这种不可压缩性也同时出现在 p 模型中。如果 g 模型的不变性被大幅扩展到超出维持某个特定的空间系统，甚至延伸到描述某个跨越空间系统的程度，则每个 p 模型为了保持其不变性，将不得不阐明越来越多的空间关系，将其作为其空间特征的描述。在博罗罗人村落这个有限的情况下，每个 p 模型必须为系统中的每个其他对象指定必要的关系；由于 p 模型不仅指定了对象与其周围对象的关系，而且指定了这些对象之间的关系。因此在最大限度的情况下，p 模型和 g 模型将一样长且不可压缩。换句话说，整个系统的生成结构在每个对象的 p 模型中被再生产。不仅全局方案通过增加不可互换性而获得了更多的结构，而且这种结构已经在组成对象的个体中被再现。局部的形式已成为整体形式复杂性的完美镜像。

因此，我们掌握一种在系统聚合中表征上述属性的正式方式，要求每个组成对象遵守与其他对象相关的越来越多的规则，这些生成性规则与最初引入的非对称关系相同。实际上，我们已经将不对称性的逻辑概念（不可互换性）应用于关联空间系统中的对称部分。针对由可互换的对称对象构成的基本空间布局，这种类型的系统在其上强制性地增加了结构，因此我们可将称之为跨越空间结构。它使用跨越空间的相关性规则来控制对象的分布，协调标签、类别或者空间本身。

　　跨越空间的一个特例是不可互换性并不是指任何一对对称的对象之间的关系，而是指系统中一个特定对象和所有其他对象之间的关系。例如，如果我们采用基本的 Z_5 或中心空间系统（参见第71页），然后要求每个添加的对象定义一个 y 街道段，而不与该方案中所有的 x 对象相关联，但特别是与该方案中的初始对象 x_1 相关联，那么其结果将是添加的对象将最终围绕初始对象，在中心的单个 x 对象和外围的 x 对象集之间具有连续的 y 空间。这就映射出了博罗罗人村落的形式，男人的房子扮演着不可互换的初始 x 对象的角色。此属性可以称为二元性，因为它的效果始终是在方案中选择一些特殊对象，并以某种方式将所有其他对象与其关联。二元性可以存在于所有分布式的句法空间结构中，但每种都会采用不同的形式来反映特定的句法条件。例如，在 Z_1 或簇状句法结构中，具备二元性的对象只不过是放置所有后续对象附近的某个特殊对象。在 Z_3 或丛集句法结构中，具备二元性的对象是一些初始状态就存在的物体，它充当了生长的种子。在 Z_7 或环状句法结构中，形成了诸如 Z_5 中的某个独立的物体，但环绕该物体的不仅是个空间，而且是个外环。例如著名的奥马拉卡纳（Omarakana）的特罗布里恩群岛（Trobriand）的村庄所出现的情形。这个观点是由马林诺夫斯基（Malinowski）首先提出来的，其后许多其他作者也讨论过。[5] 当然，二元性无法用于解释非对称、非分布式的句法结构，因为系统中的初始对象已经具有二元对象的特权状态，且它包含了所有其他对象。事实上，跨越空间性似乎借用了不对称的逻辑属性，并将其应用于对称的情况，因此二元性似乎从非分布式的句法结构中借用了其逻辑属性，并将其应用于分布式的情况。

　　无论采用何种形式，不可互换性在 g 模型和 p 模型的层面都具有特定的句法效果：它将 g 模型关系扩展到对象之间的物理邻接关系之外。不可互换性的确能跨越距离的限制建立关联。与此同时，它也倾向于限制局部的空间邻接关系。强大的 g 模型意味着实质上控制局部空间关系。具有明显不可互换类型的对象通常倾向于出现在与附近其他对象缺少关联的情形中。典型的不可互换的建筑——比如一座教堂或一个主要的公共建筑——往往是自由矗立的，并运用开放空间与周边其他建筑隔离。传统城镇的经典模型完美地呈现了这一原则。强大的 g 型公共建筑将位于一个被空间围绕的区域；无论是建筑，还是空间，都呈现出独立性。另一方面，传统城镇中强大的 p 型区域是紧密连续的，且通过大量使用相邻的对外通达性的空间来定义其区域。但这当然不意味着 g 模型的建筑之间的关系较少。由于在一组物体中可以添加跨

217

越空间联系的数量没有限制,这与珠环状聚居地(p 模型远大于 g 模型)的案例明显不同,而在这个由公共建筑主导的案例中 g 模型比 p 模型要大得多。位于这两个极端的案例之间的空间系统具有强烈的描述性,但不具有跨越空间性 : 它指定了所有对象之间的所有空间关系,但也仅仅局限如此。

现在基于双卡模型,可以定义确定性和概率性结构之间的差异 ;确切地说,这是定义更具确定性和更具概率性的结构之间的差异。一方面,更具确定性的系统是相对于 p 模型的数量具有更长 g 模型的系统,即为了有效地描述这个系统,其基因型便指定了很大比例的可能出现的空间关系。另一方面,更具概率性的系统是相对于 p 模型的数量具有更短 g 模型的系统,即该系统指定了较小比例可能出现的结构,更多的则是随机的。对于不断增长的空间系统,可以通过简单的二分法来总结规律 : 短模型往往更具概率性,长模型往往更具确定性。短模型更依赖结构组织的原则 ;长模型更依赖结构组织的具体实现状态。

现在,如果将布局中的稳定性定义为 g 模型结构再生产,这是基于 p 模型进行的描述检索和重新再现。而稳定机制将根据系统是否更具概率性,还是更具确定性,而进行变化。短模型系统必须能够在大量同类型的新事件中持续具象地体现其原则 ;长模型系统必须确保新事件遵循少数类型的既有的结构。这意味着构成该布局的个体稳定行为也会有所不同。例如,当较长的 g 模型的系统中具有一系列较短的 p 模型,那么每个句法结构必须遵守许多规则,包括跨越空间规则。这种行为的极端情况就是我们所说的仪式。为了维持稳定性,强大的 g 模型系统必须控制事件。不属于 g 模型规则的事件破坏了模型的稳定性,从而使结构模糊。如果要从结构复杂的 g 模型中检索出结构,就必须排除无关事件,否则它们会混淆消息。而每个事件以及每个事件之间的关系必须携带尽可能多的信息,因此,只有 g 模型所需的事件可以发生。作为其功能 g- 稳定性的先决条件,需要消除随机性。博罗罗人村落的形式完美地说明了 g- 稳定性的特征和问题。在具有如此长的 g 模型的系统中,新添加的关系只能与系统中已有的关系一样复杂,才能被视为添加新的句法对象。新物体的随机增加将会很快地破坏系统的稳定性。不仅在主观意义上使其难以理解,而且在客观意义上,以增加双卡记录位置的方式,来增加对象本身就是更具概率性,而非确定性的做法。

p- 稳定性,或者概率性的布局,具有相反的性质。考虑到理论层面,Z_3 的扩展版本在计算机上生成。该案例的总体形式如图 121

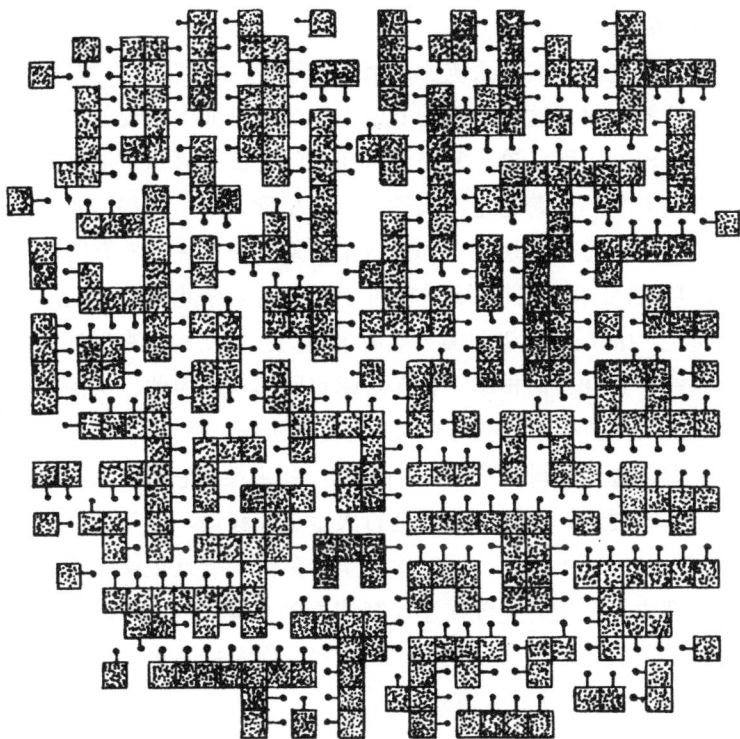

图 121 计算机生成的"珠环"界面

所示，即大量相交的珠环，每个环均在局部与封闭单元相连接，但具有相同的生成类型。这种类型的表面可以称为多中心网络，因为虽然整个系统缺乏任何形式的中心，但是在邻里和整体层面上，被视为中心的每个点都看到相同类型的系统，并因此检索出的相同类型的描述。本例中所有点的局部 p 模型将形成具有大量的变体组合类型，构成了广泛的显型，因此珠和环将被视为高阶 p 模型的中心。从系统中的任何点检索的描述将由此具有相同的概率类型，但也具有大量的局部变化。

219

　　在这样的布局中，每个新增的事件仅需服从相对较少的规则。如果它遵守本地连接的规则，那么其余的空间关系将仅由恰好可用的任何本地空间组构来确定。实际上，系统的稳定性再生产将取决于是否存在足够多样的这些本地组构模式，以具象方式再现了系统的全局描述。除规则外，其他的句法结构必须随机化，否则全局描述将无法实现和再生产。换句话说，就如同 g- 稳定性必须强调结构，p- 稳定性也必须强调随机性和多样性，以便在其描述中保持稳定性。此外，g- 稳定性必须通过控制和排除各种事件以明确其描述，而 p- 稳定性则必须生成并囊括各种事件以阐明其描述。因此，g- 稳定性的形态发生过程，倾向于为越来越少的控制事件制定越来越多的规则；而 p- 稳定性则需要越来越多相对不受控制的事件，才能实现它在时空变化中更多地描述。

220　　　　从构成这两种类型系统的局部条件来看，它们也会存在很大差异。博罗罗人村落这样稳固的 g 模型系统具有如下重要的特性：所有局部 p 模型（除了男人的房子）在空间上都是可识别的。但它们同时也具有相同的跨越空间属性，因为尽管每个个体都与其他个体不可互换，但每个本地模型都包含全局系统中存在的所有跨越空间结构信息，这要求它们与系统中每个其他的对象彼此关联。相比之下，p- 稳定性中的局部模型只需要具有最少的公共结构，来保证局部句法规则的一致性，而根本不存在跨越空间结构。因此，从控制的角度来看，两种类型系统中的局部条件显然不同。从 g- 稳定性中的一个点来看，边界控制似乎很强，而在 p- 稳定性中它看起来很弱。后者承认甚至要求跨越地方边界进行大量交往移动。这些边界可能会发生变化且局部不稳定，同时保留全局整体的统计规律。前者则将控制局部边界，作为实现描述控制的主要手段之一。跨越局域边界的不受控制的交往运动往往会破坏稳定，而对后者来说，这反而是体现其稳定性的一个重要方式。

　　　　系统对于句法事件的消失也会有不同的反应。在 p- 稳定性中，即使是大量物体的随机消失对描述的稳定性影响也非常小，前提是这个系统足够大。p- 稳定性只需继续按其原有规则运作即可重新恢复秩序。另一方面，g- 稳定性则在更大程度上依赖系统整体具象体现的秩序，因而对随机消除这类事件影响的包容度很低。局部的缺失会损害对 g- 稳定性的描述，因为对于每个句法事件以及该事件的空间和跨越空间关系，该系统均投入了更多。

　　　　原则上，这些动态空间布局的基本维度说明了模式和模式控制在句法过程中是如何相互关联的。不同系统本质上的差异来自系统展开的程度，而这又取决于生成的控制。这些程度上的差异则导致了不同的生成路径；随着系统变得庞大和复杂，这些路径越来越趋向二元对立或"反转"。人类学家和社会学家经常观察到这些维度的反转方面。例如，涂尔干（Durkheim）对"机械"和"有机"联谊系统的描述，似乎与那些与 g- 稳定性和 p- 稳定性的增长路径有关联。[6] 机械联谊可从其本地模型或片段（惯用的术语）识别出来，并往往伴随着对表达形式的依赖，主要体现了系统的 g- 稳定性方面；有机聚合则以从

221　本地模型的差异及一种化为工具形式的控制原则为特征，主要体现了系统的 p- 稳定性方面。当然，涂尔干认为两种形式的联谊系统是反转关系，同时也体现了不同社会的经验属性。因此，这些概念具有启发式，而非分析性的价值。这是由于大多数社会系统往往综合表现出

两种类型的联谊系统特征。我们则试图阐明，这些概念应该具有一个更为正式的形式结构，并发掘其分析性的潜力，因为它们既是源于不同模式的发展路径和对非随机过程的控制程度，也是空间布局模型的内部形态发生的控制维度。

可以更简单地说明，这些不同的途径对句法布局的演变有多重要。前文表明这两种途径来自对潜在随机过程的不同类型和程度的控制，从而在 p 模型和 g 模型之间产生根本不同的关系。现在假设将这两者均最小化。首先，两者的最小化意味着 p 模型和 g 模型彼此相等。因此可以写成：$(p=g)_{min}$。很明显，我们以另一种形式表述秩序最小化的句法过程公式，即为随机生成一个空间布局设置最少的控制，其中每个句法事件都独立于总体系统中所有其他的句法事件。然后，用 $(p=g)_{max}$ 表述局部 p 模型和 g 模型尽可能大，但彼此相同的情况。这正是描述性系统的意思，即对于那些句法事件尽可能包含大量生成空间描述的系统，但没有添加跨越空间关系。大片村庄的绿地、理想城镇等都属于这个极端情况。尽可能多的句法事件，都以相同的方式在彼此的本地模型中展现，构成了一个具有唯一中心的统一的空间布局系统。

其他类型的空间系统便可以通过相对于彼此不停变化的 p 和 g 来描述。$(p>g)$ 即 "p 大于 g"，意味着 p 关系的集合比规定的 g 关系大，这就是生成性布局的案例，例如珠环状聚居地或者多中心网络。$(g>p)$ 或 "g 大于 p"，则意味着相反的情况，系统中设定的生成关系多于实际存在的空间关系。这是一个跨越空间系统的案例，例如博罗罗人村落。最后需要说明的是，在给定的对象数量下 $(p=g)$，情况将出现在生成性的句法结构的所有基本空间类型中。

这四种极端类型的系统就是随机、生成、描述和跨越空间，都来自对 p 模型和 g 模型之间关系的分析，这可以与当前用于描述社会系统的一些最常见的概念联系起来。当然，随机系统本身并不是一个系统，而是拥有任何类型系统的前提条件。另一方面，生成系统是最小秩序限定的随机系统，使其得以存在一些可描述的句法布局规则。也就是说，它提供了相遇和形成社会关系的最基本模式。这个模式可以渗透到个体，确保其生物生存和繁衍的方式，而这些结构延续的时间甚至比这些个体更为长久。因此，我们可以世世代代与社会中最基本的生产保持关联。描述和跨越空间性则是以不同方式的阐述基本系统以确保其再生产。确切地说，描述指的是对描述的控制。所有的社会都有正式或非正式的机制来有意识地控制描述。如果它们是开放的，且可修改的，我们便称之为"政治"（politics）。如果它们关注的是描述控制的实施过程，我们则称之为"法律"（law）。一般而言，描述控制指的是社会中"法律政治的上层建筑"。另一方面，跨越空间是指另一个公认的维度："思想意识的上层建筑"。思想意识不是关于对描述的有意识控制和修改，而是以无意识的方式来实现描述。跨越空间意味着不可互换的复杂关系通过生活的仪式，嵌入空间模式和行为之中，来确保特定社会所需的各类系统得以再生产。

至此，以重述社会中基本结构机制的普遍观点，来结束我们对布局模型的讨论。但并未以相同的形式赘述它们。例如，我们并不认为基础和上层建筑的隐喻是指代那些明确且独立的实体。事实上，我们认为它们只是实现社会再生产过程的不同方式，也几乎只是离散系统中最为基本的关系，用于再生产那些实体，并以不同的形态来强调其内在本质特征。

第七章 相遇中的空间逻辑：一个计算机辅助的思维实验

摘要

接下来需要讨论的问题是，在前文所述理论框架下，如何构造一个简单的计算机实验，并生成一个系统；该系统既具有与社会类似的要素和特征，同时具有与社会类似的再生产逻辑。随后，我们将这个简单的想法延展为，在差异化社会联谊(differential solidarity)的概念下，如何赋予一些基本的社会观念（尤其是对于各阶级的社会观念）以空间意涵和解释。此外，必须指出的是，社会从来不是指某一种孤立的群体形态，而是不同群体形态间的关系。空间是这些差异化社会联谊的一种映射。

一个简单的实验

空间秩序作为一种"布局"（arrangement）逐渐开始获得一些明显的社会学性质和语义性质。我们应该如何定义空间的社会含义？首先，认识这一问题的一个重要方面是了解一个空间关系模式是如何被生成、被控制和被复制的。然而，这还不足以概括空间的社会含义，因为似乎空间的社会含义不仅是社会在空间中的折射，而且需要从社会本身去理解。

但究竟是什么让社会在空间秩序上呈现出复杂性和微妙性呢？答案似乎是这样一个命题：在某种意义上，社会的本质是一个物理系统。我们很可能已经假设社会对物理空间的塑造是社会联谊（social solidarity）的一种表现形式。而只有当社会联谊本身已经具有内在的空间属性，且需要在空间中呈现出特定类型时，才有可能说明上述的猜想。

什么案例能够验证上述的猜想呢？一个显而易见的答案是，研究空间出行中人们之间的相遇和交流，因为这种情况是可被观察的。同时，这也是更为复杂且抽象的概念（即"社会"）的一种时空呈现。现在，

224 相遇和交流似乎存在于某种或多或少明确定义的有序的物理空间之中。实际上，对于相遇和交流的观察结果为研究社会和空间的关系提供了一个主要出发点。

如果社会的空间呈现在某种程度上是有序的，那么显然，这种秩序一定来源于我们所说的社会本身。在这种程度上，以下两个概念自成一体：社会联谊是空间中相遇（encounter）和交流的一种组织原则；而空间中的相遇和交流则是社会关系的时空呈现。在这个意义上，相遇和交流也可被看作是一种形态学上的"语言"，能够形成某种空间上的"结构"，并具有一些动态的特性。

然而，前文的论述给我们目前建立空间和社会理论提出了一个严峻的挑战。这意味着我们需要方法，能够分析不同形式的社会关系，以便理解它们如何以及为什么需要在空间中进行不同形式的呈现。这不仅超出了目前工作的范围，而且也超出了本书作者团队的能力，因为作者不具有人类学家或社会学家关于空间社会问题理解和分析的知识储备和技能。因此，本书提出的建议将稍微中庸一些，也更易于理解和接受。关于空间，我们建议把传统的思考方式改变过来，我们并不打算观察和调研社会关系是如何决定物理空间的，而是设想我们自身直接处于真实的时空环境之中。通过这种方法，我们可以直接观察了我们所看到的在空间中的相遇者，并且在理论上思考是什么组织原则导致了可见的社会空间中行为模式的差异。实际上，我们已经注意到了一些明显的差异性，如非正式和正式相遇的差异、性别和阶层间相遇的差异、城市和非城市社会条件下相遇的差异。

即使有了这些更为明确的目标，接下来需要开展的工作可能还是会显得有点超出理解范围。然而，我们仍希望这些工作不被误解。相对而言，我们所能得到的研究数据很少，而这些数据对于我们将空间社会系统作为一门形态学语言来研究，这是必要的，所以我们不得不以一种在很大程度上说是推论的方式进行。我们的目标不完全是研究什么是所谓的"案例"，而是研究在原则上什么可以作为"案例"。而接下来的问题是，如何能获得具有不同性质"相遇"的可能性的系统，使它们在空间中有不同的表现形式？因为已经有了明确的研究目标，可以设计一个非常简单的实验（尽管看上去有些奇怪）。该实验目的被简单地阐明，即使在一个随机而简化的相遇系统中，在某种程度上，该系统中表示出来的特点与现实社会中拥有的特征总是惊人地相似。因此，这个实验——实际上是一个计算机辅助的思维实验——是在完

225 全不考虑人类社会的历史或进化起源的情况下进行的。在这个实验中，我们感兴趣的问题是，在某种意义上看起来是社会性的属性如何通过

物理空间系统产生。

例如，假设我们用一个"簇"（clump）的生成过程来解释相遇，其中空间及其连接的生成和演化成为我们研究这门"形态语言"的基础问题。这时，我们可以使用节点和连线代替空间和连接。其中，节点可以用来代表个体，而连线可以用来代表个体间的某种相遇的关系。假设研究对象有两种类型：代表男性的实心点和代表女性的空心圆，连接两个对象的线则代表"需要空间接近的重复相遇"。对于这些相遇，我们假设其在任何情况下都是随机发生的。本实验中，我们感兴趣的不是那些特定的相遇，而是由于空间上的接近而在个体间持久再现的相遇。实际上，连线表示的是某种对于已嵌入系统的相遇的"描述"（description）*。

实验中，研究的基本单位是男性和女性的联系，这种联系可以由一个实心点连接到一个在规则网格上的距离为1的空心圆上。其中，节点间的连线表示这一配对中重复的相遇，造成这种相遇的原因也许跟两性相吸有关（规则网格使系统能够清晰而简单地表示出来，尽管使用实验中的数学方法模拟得到的结果并不依赖于网格，然而该结果依赖于规则空间的理性解释，这使得实验将代表男性的实心点放置在"簇"的外围）。在本实验中，规则如下：代表女性的空心圆以随机生成的原则连接到距离为1的另一个女性空心圆上，但是不允许代表男性的实心点之间产生空间联系。所有的实心点必须与唯一的空心圆产生随机配对。换句话说，除了禁止实心点之间相互连接外，本实验相当于复制了某种珠环过程（beady ring process）的结构。事实上，我们也可以想象这样一个过程是一个空间过程，其中的"空间"是由个体（男性或女性）来表达的。

现在，让系统随机生成一组原始配对，记作第一代配对。接着，以单位距离为1生成第二代的女性空心圆节点，以及它们的配对节点（实心点）。依此类推。空心节点的代际可以理解成一种母亲和女儿的关系，而女儿与母亲在空间上的距离为1。因此，在这个实验中，我们正在试验一种系统，它具有两种需要空间接近的反复相遇的配对关系：男性和女性之间的关系，以及母亲和女儿之间的关系——但不是母亲和儿子之间的关系，也不是父亲和儿子之间的关系。

我们现在得到了一种简单的句法系统，在这个系统中，女性空心圆表现为开放的元胞（cell），而男性实心点表现为封闭的元胞。系统最初的状态如图122所示。在该基础上实验模拟我们得到的一个更复

图122　一个初始的模拟实验结果

---

*　"描述"（description）指的是由于图上节点与节点之间的联系而呈现出来的某种结构关系特征。——译者注

226　　杂的状态（图 123）。根据模拟结果可以看出，一种全新的基于拓扑距离的家庭代际关系生成了。在这个家庭关系中，个体之间表现为一种"邻居"的关系。这种基于拓扑邻近的关系超越了一开始就存在于系统中的关系，因为对于"亲密关系"的规则被定义为一种相遇的频率。这种相遇关系是系统物理实现的一个空间上的副产品。换言之，这是一种系统"结构"原则下的产物。现在也许我们更能理解这样一个事实，

227　　以这种方式生成的所谓"邻居"也可以看作是以两两配对为代表的相遇的基础。此时，我们希望在已有的模拟结果中再加入一些连线，使得整个系统成为一个相遇系统。假设我们制定一条新的规则，允许邻居的选择（连线）发生在同性之间，而不能发生在两性之间，那么这种空间的"结构"就会得到一些更有趣的特征。读者也可以这样理解，我们假设了一种"因爱生妒"的情况存在于两性之间，而这种情况往往不存在于同性之间。因此，当我们在图 123 的实验结果中加入同性之间（无论男女）的联系时，就得到图 124 的模拟结果。

　　　　如果我们进一步将系统中的男性和女性节点分离出来，然后分别图示表达（相当于在系统中不再存在男女配对的"婚姻"联系），可

229　　以发现，正如预想中的那样，女性的网络相比男性的网络而言更加密集、整合、系统化，而男性的网络相对而言更加稀疏且孤立，并且已经出现了孤立的"岛"（island）（图 125、图 126、图 127）。换句话说，如果在实验的生成过程中有一套统一的规则，会得到一系列系统化的结果，且显示出不同的模式和格局。而这些结果都来源于最初的男女配对情况。如果我们将这些模式的差异追溯到 p 模型和 g 模型的分析，那么某个可能性就产生了：如果系统可以自身复制，那么最终不同相遇模式的差异与微观个体繁衍的行为原则具有很强的关联性。在这些原则下，个体间产生了不同形式的关系。只需要根据系统的某一部分，我们就可以生成男性和女性不同的差异化模式。

　　　　必须承认的是，我们的实验有一个明显的缺陷，那就是我们忽略了个体的死亡。在系统中同时存在了几十代人时，这是非常荒谬的。将不包含死亡的总模型简化为仅包含死亡的部分代际子系统是一件非常简单的事情，当这样做时，系统的一些更有趣的特性就会被揭示出来。图 128 提取了一个由"四代际"*的男性、女性以及二者结合（婚姻）的实验模拟结果，该模拟直到节点代际的区间位于 6—9（第六代和第九代）之间时停止。实验可制成三张图，最后一个时点的图是实验的最终状态。随后，在图 129（a）—（f）中，我们将节点代际联系扩

---

* 即每一期实验结果包含跨四代际的联系。——译者注

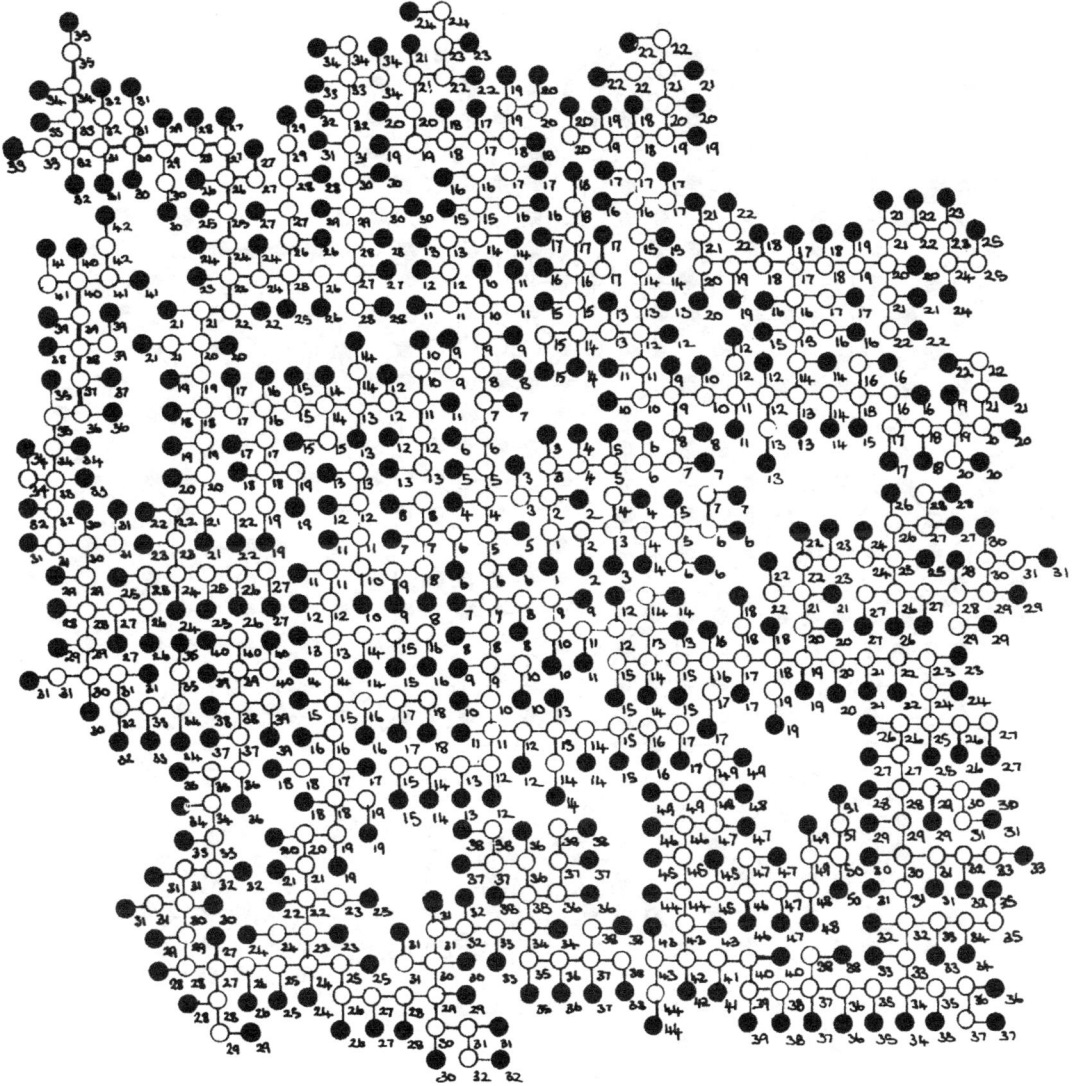

图 123 在图 122 状态基础上模拟得到的实验结果

展到了 21—24（在第 21 代和第 24 代之间），并在图 130 中总结了不同代际的数量规律。

　　这个实验中显示出一些非常明显的趋势。首先，各组别的形态在早期就形成了，重新布局并重组成为特殊的形态。其次，女性的每个群组内部节点更多，组的数量更少，内部更密集，而男性的每个群组内部节点更少，组的数量更多，内部更稀疏。这就意味着，当男性和女性形成联合群体时，女性在这个群体中"更强大"，因为她们在空间邻近的组内相遇概率要大得多。例如，女性中至少形成一个"三角"*的成员的比例保持在 70% 以上，而男性的比例则随着实验的推进迅速下降到个位数。

230

────────────

* 所谓三角，就是对于图上一个节点，至少与其他两个节点相连接。——译者注

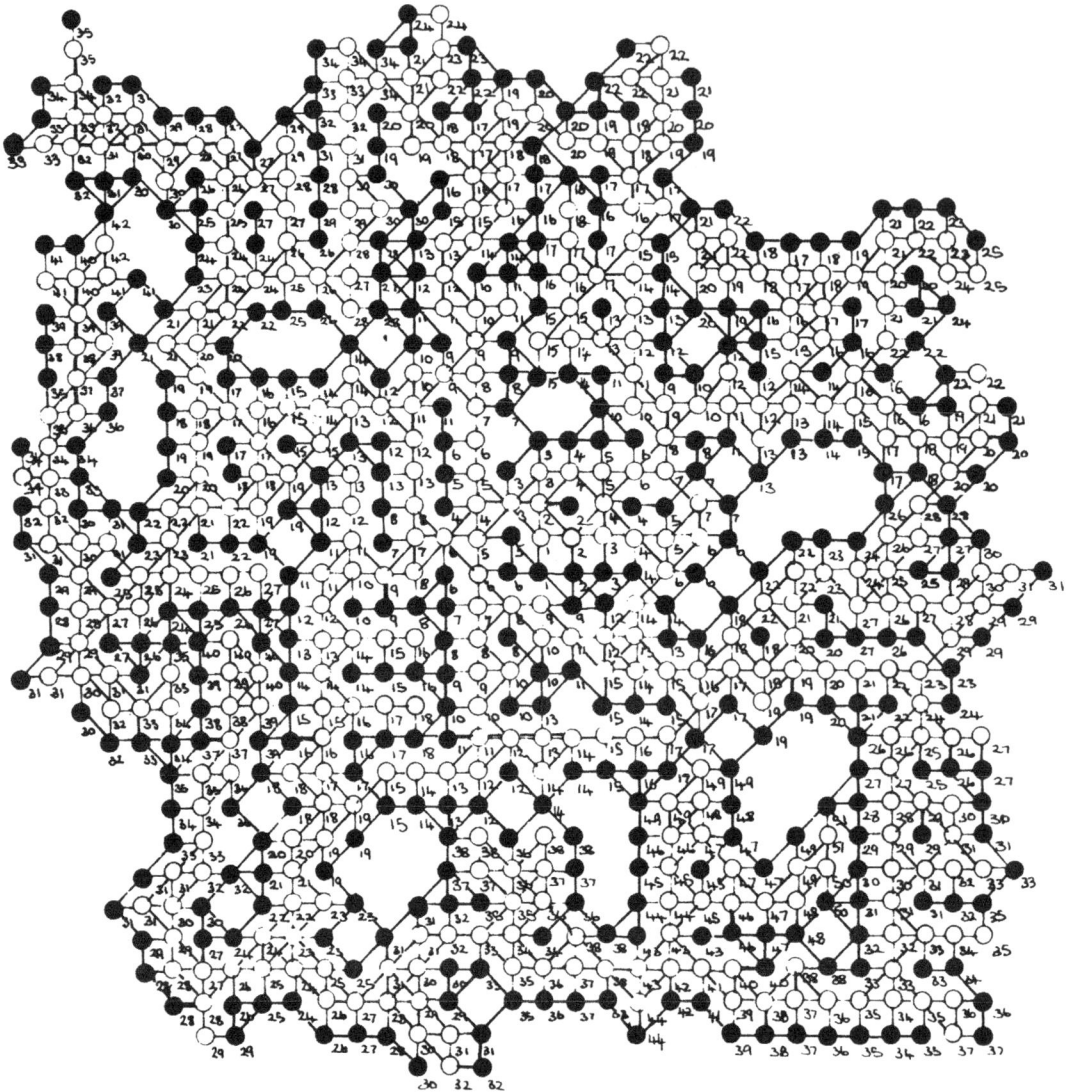

图124　在图122状态基
础上进一步加入了同性邻
居的联系

再次，当女性群体分散到更大的空间范围时[*]，女性群体的规模倾向于下
降，而不是上升，而男性群体的规模则或多或少保持不变。

　　上述是一些有趣的性质，但它们仍然纯粹是空间性质。严格来说，
231　我们仍然没有通过给予图中节点具有一定社会意义的"标签"，从而
加入跨越空间的分析维度。事实上，通过代际的编号，我们已经在一
定程度上标签化了节点。假设我们定义的"描述"被看作是检索这些
标签。可以看出，几乎没有具有相同代际标签的节点同时在空间上是
邻居。如果根据系统中的任何一个节点，无论是男性还是女性，检索
描述同一个代际的节点集合，就要识别一个组，该组成员在局部上很

---

[*]　所谓更大的范围，意味着连通图的个数增加。——译者注

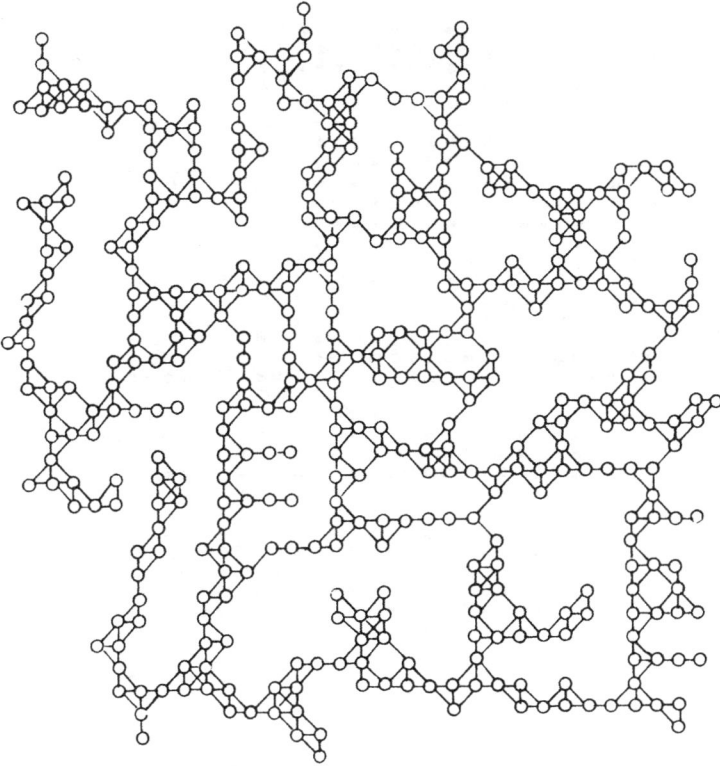

图 125　图 124 中的女性代际网络

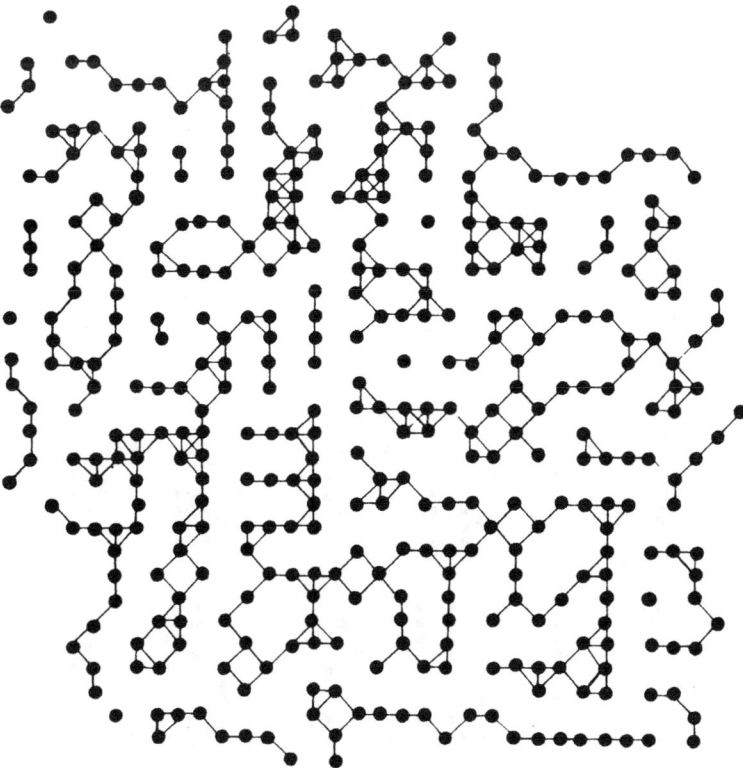

图 126　图 124 中的男性代际网络

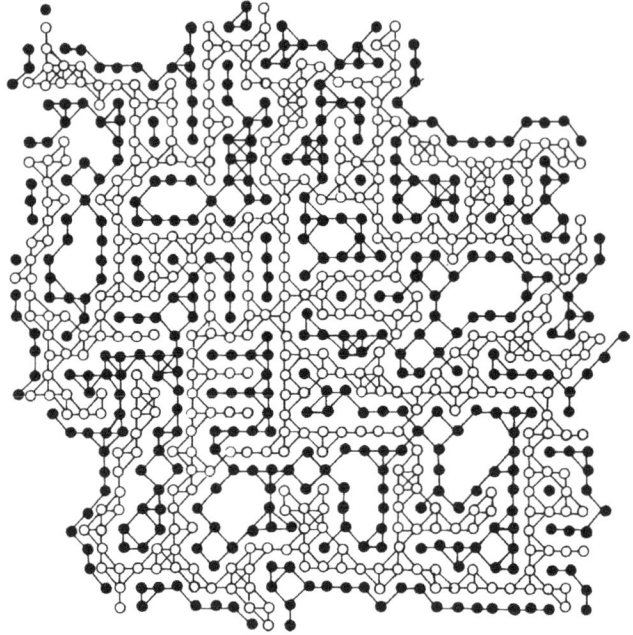

图 127 不考虑婚姻时，男性和女性的综合网络（图125 和图 126 的结合）

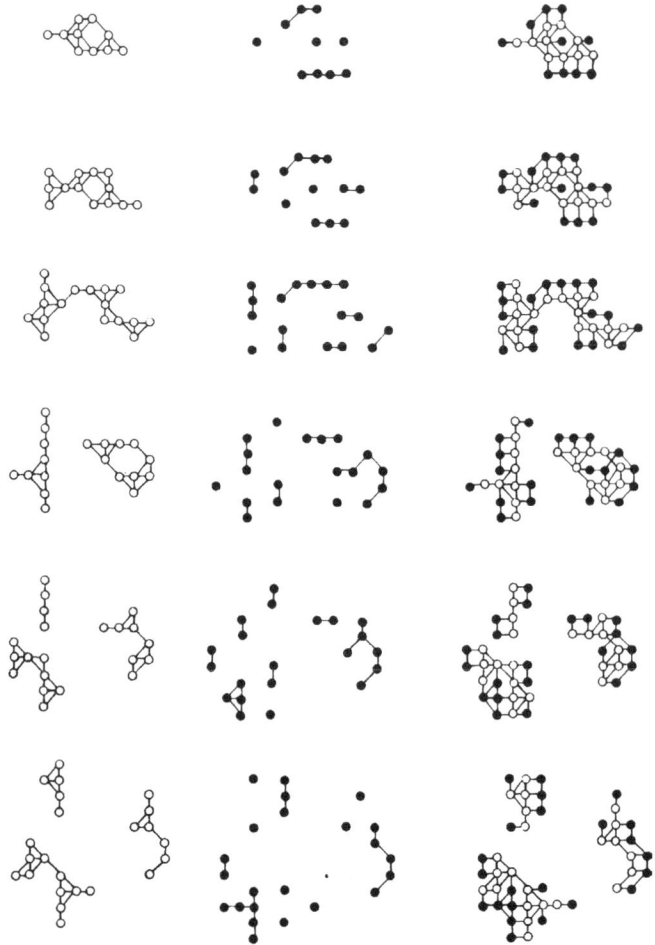

图 128 一个"四代际"的男性与女性的演化网络模拟（分离及结合）

少，却广泛地分布在整体空间之中。完全不需要对原有的系统增加任何元素，检索代际描述的客观前提是存在的，只需要每个局部复杂空间体中包含那些代表跨越空间的组群成员。换句话说，我们已经获得了某个布局，其中包含空间上和跨越空间上的组群。

假设我们将系统中的社会描述检索加以拓展，让它应用到其他的属性上：传承的线只能连接一些特定的祖先。例如，假设第四代节点中每个空心圆被赋予一个不同的标签，然后这些标签被这部分节点传给下一代节点，作为它们局部描述的一部分。在这些新加入的标签中，并未在系统中加入新的或无关的内容。由此连线对于系统来说就是完美的客观产物。然而令人奇怪的是，尽管它们具有"客观性"，但它们之所以引起形态学上的较大兴趣，主要是因为当它们被看作是一种自我复制的布局时，系统不同组成部分的描述出现了不同的呈现。简而言之，对于代表女性的空心圆，它们下一代的描述将会自动地关联到局部组群中那些至少反复遇到的空心圆，因此女性节点的标签嵌入系统中，并在这些普通的相遇中不断"重现"（re-affirmed）。然而，对于代表男性的实心点而言，代表下一代的标签与相遇无关，因此只会在有新的描述加入在系统中时才会再生产出来。关于男性的标签，一些引起我们感兴趣的问题又产生了。首先，这将是一个母系的标签——也就是说，它将根据男性的母系血统给他们贴上标签——尽管这只是一种加强系统中男性成分的机制。其次，它将是一个跨越空间的标签，因为具有相同标签组的成员更有可能分散在多个空间组群中，而不是集中出现在几个空间组群中。换句话说，我们有一个系统，其中不仅男女性别之间的相遇模式不同，而且同样性别内部的联谊（solidarity）的原则也会不同。男性将需要更多的跨越空间的接触和更强的局部 g 模型，以生产这种描述。而对女性来说，这种描述往往基于相对局部的 p 模型系统就可以产生。

然而，本实验可能会让女性处于一个相对较弱的位置，因为相对于男性，女性在系统中所占的位置更为局部性。导致这一结果的前提是，在系统中两性描述的长度一样，且系统中某些其他特征不能同样客观地出现。以第五代到第八代模拟结果中的三个女性组别为例，左边的两个组别拥有共同的祖先，因为他们从一个相同的第四代节点中演化出来。换句话说，这两个群体具有跨越空间的联系，这种联系只有通过群体内部的空间和跨越空间联谊才能得到强化。另一方面，右边的那一组具有相反的性质：它是两个祖先的后代，由女性的跨代际网络趋向于构成环（ring），从而形成了融合状态。也就是，我们有个局部的系统，它可以从局部再次描述出两条血缘的传承线，而这两种

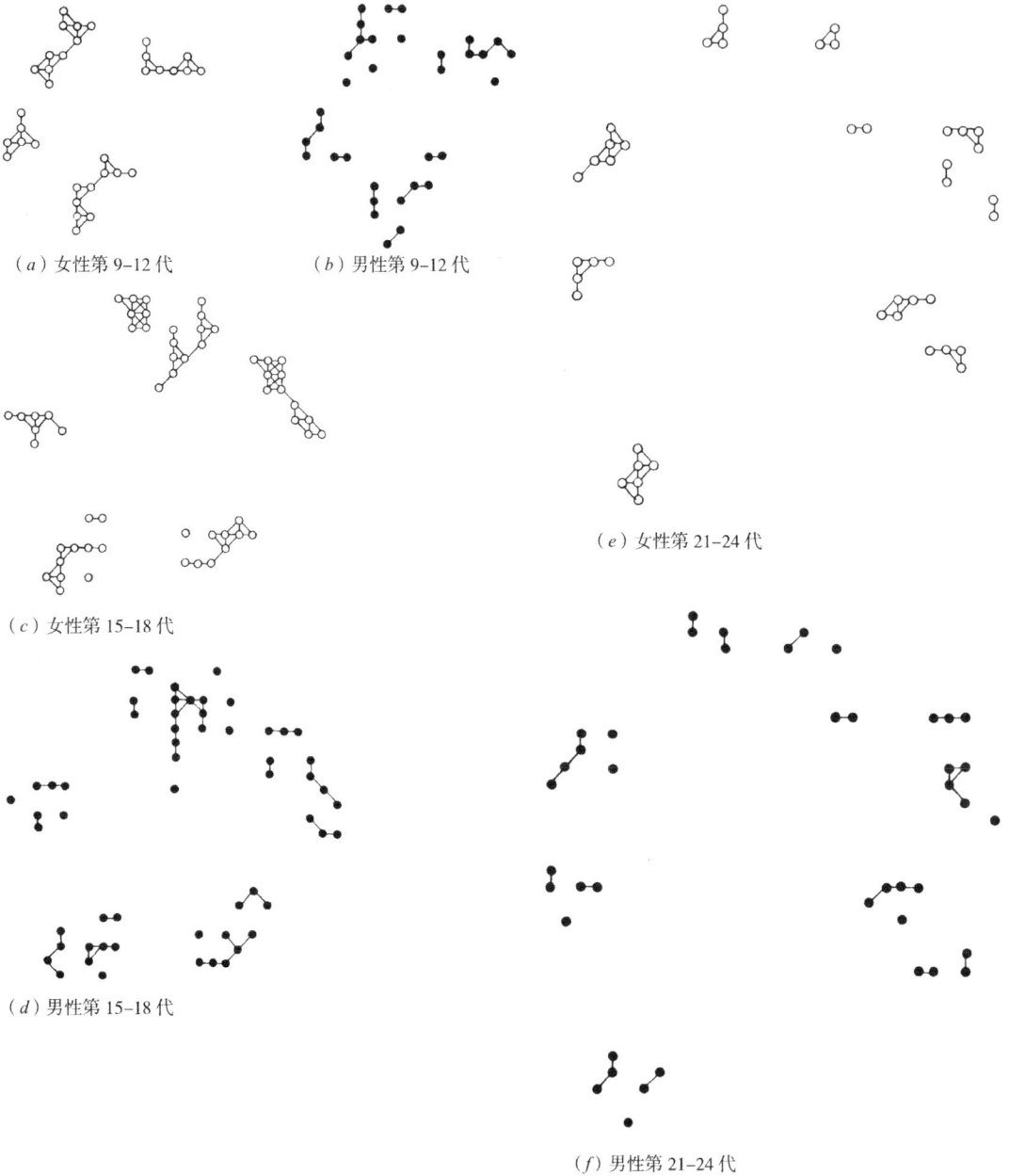

（a）女性第 9–12 代　　　　　（b）男性第 9–12 代

（c）女性第 15–18 代

（e）女性第 21–24 代

（d）男性第 15–18 代

（f）男性第 21–24 代

图 129　基于最多三代（第 21–24 代）的增长方式，所形成的图 128 的生长过程

描述也可以在别的地方被再生产出来。这两种现象的影响将使女性系统转向为一种非对应（noncorrespondence）的系统，在此环境下，p 模型联谊通过不同类型节点的连接方式，自然地从一个局部空间团体延伸到另一个局部空间团体。上述效应可称为"多焦点网络效应"（the polyfocal net effect）。它是指社会联系存在于两个维度而非一个维度：不仅局部群体的内部关系倾向于采取这种形式，而且局部群体和子群体之间的空间更广泛的关系也会采取这种形式。

代的范围	二元体的序号	组团序号			组团平均规模			点的相对非对称性的平均值		点的相对环形的平均值		
								●	○	○—●	●	○
1–4	10	1	1	5	10	10	2	0.244	0.160	0.371	0	0.467
2–5	13	1	1	6	13	13	2.2	0.161	0.225	0.312	0	0.381
3–6	17	1	1	7	17	17	2.4	0.234	0.184	0.302	0	0.310
4–7	19	2	2	8	9.5	9.5	2.4	0.274	0.197	0.288	0	0.283
5–8	21	3	3	8	7	7	2.6	0.306	0.218	0.341	0.126	0.271
6–9	23	3	3	11	7.7	7.7	2.1	0.295	0.216	0.271	0.075	0.294
9–12	34	4	4	14	8.5	8.5	2.4	0.272	0.201	0.328	0.059	0.336
12–15	5	7	7	19	7.3	7.3	2.7	0.287	0.204	0.326	0.036	0.336
15–18	58	7	9	22	8.3	8.3	2.6	0.241	0.193	0.280	0.057	0.324
18–21	53	9	11	24	4.8	4.8	2.2	0.347	0.227	0.263	0	0.346
21–4	43	9	11	21	4.8	4.8	2.0	0.363	0.240	0.271	0.019	0.372

社会作为相遇概率的系统

图 130　图 122—图 129 中的数字实验

　　然而，上述所有这些论点纯粹是形式主义，显然取决于不太可能实现的物理条件。我们所展示的是，社会类的结构原则上可以在一个空间布局系统中自然产生。为了探索这种实验方法，以进一步模拟社会联谊，使其更贴近生活，让我们假设没有那么明确的网络和空间群体存在，而只是一定数量的个体构成的系统。从概率上，其中一部分个体更倾向于与他们的相遇者聚集成为群体，而不是与其他个体聚集在一起。这将产生一种效果，将系统分隔成一系列可能被称为"半岛"（semi-islands）的地区，这些半岛内部的关系比那些半岛之间的关系更为紧密。半岛内部相遇的频繁程度与半岛之间相遇的频繁程度不一样，这被视为一种概率，被纳入起初对产生半岛的条件限制。当岛内相遇的概率接近 1 时，"半岛"将更接近自主系统，而与其他的"岛"更加分离。当"岛"内和"岛"之间的概率趋同时，"半岛"现象将消失。

　　如果从个体的方面考虑，这个系统中的相遇可分为以下两种情况：首先，半岛内部的相遇。这种节点相遇的概率相对更高且更为密集，不仅在节点 a 和节点 b 之间以及节点 b 和节点 c 之间可能相遇，而且在一定合理时间范围内节点 a 和节点 c 之间也可能相遇。其次是半岛之间的相遇，这一类相遇出现的概率相对较低，且较为分散；如果位于半岛 A 的节点 a 需要遇上位于半岛 B 的节点 b，且位于半岛 B 的节

235

点 b 需要遇上位于半岛 C 的节点 c，在一定合理时间范围内节点 a 和节点 c 相遇的概率比较低，这是由于半岛之间发生相遇的概率就比较低。

如果从系统布局的动态机制方面考虑，特别是考虑到布局的稳定性的时候，我们可以从这种布局的本质中发现一些有趣的结论。正如前面讨论过的，半岛内部的相遇并不需要系统呈现出一个很强的 g 模型，因为局部尺度上的相遇更加密集且数量足够多，使得 p 模型更加稳定。当然，前提是节点数量足够多而且相遇的概率恒定。另一方面，半岛之间的相遇系统则相对更为分散，因此越不可能基于 p 模型稳定性来运作。因此，很可能有一种普遍的趋势，即半岛内部和半岛之间的相遇集趋向于不同的两极：内部的相遇将在 p 模型稳定性的基础上维持一定的形态，因此不需要引入 g 模型的排序方式；而当系统作为一个整体，即一组"半岛"，在整个空间中呈现稳定的（描述）形态时，半岛之间的相遇将趋向于更为结构化，即扩展 g 模型的范围。

当然，这是一种比较严谨的说法，即我们有确切的理由去说明当相遇概率下降时，社会关系将变得更为明确。同样，这是个非常明显的空间影响的产物，因为半岛内部高频率及高密度的相遇只可能源于空间的压缩（spatial compression），除非存在一些限制性规则或法则去阻止空间的压缩。同理，半岛之间相对低频且分散的相遇受到了空间距离的影响。甚至可合理地将密集相遇的集合视为空间群组，而稀疏相遇的集合看作跨越空间的群组，无论它们在多大程度上构成一个个空间上彼此隔离的群组。可以预见，基于空间组织的相遇群组（无论我们如何识别出来的）将趋向于 p 模型。缺少几何秩序，且相对不受规则限制，而基于跨越空间形成相遇群组则表征为 g 模型，即更具选择性，更为明确以及更为结构化。

上述发现表明了，社会存在（social existence）的分异性的重要维度之一可能直接基于形态上和空间上的考量。一方面，系统内部的空间性和 p- 稳定性之间存在一种天然的相关性，从而导致了一种的亲密性（intimacy）的概念，以及日常生活实践中自然发生的行为，而不会导致那些被人们所关注的"规范"，以用于重新确认社会的整体性分类；另一方面，跨越空间性和 g- 稳定性之间同样存在一种天然的相关性，导致仪式性（ceremony）的概念，以及更多是被"规范"的行为而不是自然的。这种二元性只需要建立在基于不同物理距离度量的相对的相遇概率之上，而非形而上学的基础上；同时这也需要在局部和更为全局尺度上保持社会系统，这是社会作为一种特殊的物理系统的必然结果；或者更确切地说，这是由于克服自身物理特性的策略所导致的。如果社会存在本身就克服了空间，这是由于一个完整连续的系统，由在空间上离散的实体构成的，那么它们通过在不同层次上克服空间隔离，从而获得了结构。通过这种方式，社会的基本属性就可以被视为某种关于"社会是什么"这一问题的模型化的产物，而不是某种假设的心理倾向。

上述有关空间和社会的基本论述也被人类学家所阐述。其中一个最清晰的论述来自埃尔曼·塞维斯（Elman R. Service）关于原始社会演变研究的导言。对于澳大利亚中部的原住民的研究，他写道：

> 那些在各方面都处于正规且明晰社会组织之中的澳大利亚中部原居民，往往是那些人口结构在不同季节和年份上变化最大的群体。此外，成员通常是最分散的，而且联系也是最偶然的……一个更加有趣的特性是，存在一个经常发生的现象，描述的是从富裕的、多雨的、沿海的、拥有大型和相对稳定的社会组织的区域，转向到内陆的、拥有分散的、小型的且人口经常迁徙的沙漠地带，这种变化反映了一种从非正规且简单的方式向正式且复杂的方式的转变……当生存的因素导致社会成员更加分散，以至于居住条件相对较差，那么这个社会群体就会变得更加团结统一，出现了联谊会、神学等活动，并强调亲属之间的关系，这使得这个社群变得更有凝聚力。[1]

二元性在经济学的解释来源于沃尔夫（Wolf），他提出了最低能量（caloric minimum）和仪式资本（ceremonial fund）两个对立概念。前者是指人类劳动产品对个体生物生存的直接影响程度，后者是指劳动产品中用于增加社会关系的比例。这种关系确保社会在更加全局的维度上延续下去，而不是局限于基本经济群体：

> 即使人们在食物和商品上基本达到自给自足的地方，他们也必须与同伴建立社会关系。例如，他们必须与他们出生的家庭以外的人结婚，这一要求意味着他们通过潜在的或实际的姻亲发生关联……婚姻不只是指配偶从一个家庭搬到另一个家庭，还包括了成为另一个人亲属的美好体验；它是一种公开表演，其中参与者让所有人看到了婚姻双方的年龄达到了结婚要求，并且婚姻也参与到社会调整之中；它还涉及公开展示婚姻会对人们产生什么影响，以及人们在结婚后应该如何表现。所有的社会关系都被类似的仪式所涵盖，而且这些仪式必须以劳动、商品或金钱的形式支持。因此，如果人们要参与这些社会关系，他们必须努力去筹集资金，以便应付这些开支。我们称之为"仪式资本"。[2]

237

然而，不难找到一些案例，这些案例中仪式性与正式性（g 模型的强化模型）与跨越空间性之间的联系似乎并不成立。例如，某种跨越空间的关系相对来说不那么正式，或者局部的空间关系高度明晰化。然而其实并不是所有的论述都不成立，事实上，在基础模型中仍然拥有很多要点，找到这些要点需要再次回到我们的基础研究上。

空间整合和跨越空间整合的基本区别反而将这两个概念连在了一起，因为空间整合是跨越空间整合的前提条件。也就是说，识别对象的某些方法在那些对象形成类别之前就存在了，而且每次空间整合都创造了一种跨越空间整合的可能性。当我们形成某种布局时，从一组未布局的个体中创造出一个准空间整合的复合体（即一种空间布局），那么这种结构也可以成为跨越空间整合的主体。除非该空间结构是个独一无二的形态，否则将会存在其他类似的 g 空间布局（与该结构共享 g 模型），以及一个可比较的布局集合（尽管尚未形成结构）。然而，事实已经证明，这种布局的组成对象（即个体）本身仍然能够与其他布局中的个体进行跨越空间的整合，因为它们仍然与其他不同空间区域中的个体相似，无论这些个体是否同样被整合在某种布局之中。换句话说，在任何一种布局中，我们都创造了两个跨越空间整合的层次：一个是该布局本身的相对较大的层次；另一个是关于个体成分的小层次。大尺度布局的形成意味着小尺度集合的形成。

然而，在任何这样的布局系统中，除了那些跨越空间、遍布系统且未构成布局要素外，个体也构成了局部层面上的布局。由于这些布局是可比较的类型（这使我们能够首先将它们组成一个集合），那么在不同局部布局中的个体将根据它们的局部布局中的相对可比位置而进行比较。这将产生一种跨越空间整合的形式，不仅基于可比较布局组织中的成员属性，而且还基于布局中局部模型的可比性。因此，这是一个更高层面上跨越空间的整合。如果跨越空间的整合对个体具有认知上的意义，那么通过跨越空间连接那些以相似方式位于布局组织中的不同个体，从而有可能形成更为复杂的跨越空间的整合。这就是一个更有力的例子，揭示了跨越空间与空间布局的整合现象。如果我们认同跨越空间的整合是人类相互认识的一种方式——这种只是在概念上，还未落实在空间布局上——那么，这样的个体在局部的布局越多，且个体与其布局位置的对应关系越多，我们就越能从心理学的角度来预期到这种跨越空间的整合。例如，作为一家之长，拥有强大的局部社会联系，就比简单地作为父亲更能有效地与他人进行跨越空间的整合。

　　从描述性检索的角度而言，如果布局可能加强跨越空间的整合，那么这反过来也可能加强在局部布局中的空间整合。跨越空间的整合意味着局部系统中每个成员除了对应局部的 p 模型之外，它还拥有从跨越空间集合中派生出来的跨越空间的标签。这个标签加强了本地描述，使本地系统在两个尺度上运行。可以说，在概念层面上，每一组局部关系都被所涉及的跨越空间的标签所强化。当跨越空间的模型变得更强时，局部尺度上个体和相遇变得更容易被识别。

　　现在结合前文的观点，我们设想这样一个布局，在最初阶段，男性和女性的同性相遇概率比异性相遇概率更大。例如，这可能源于某种制度安排，如男人组成合作狩猎队，而女人则待在流动性相对较低的群体中。根据该理论，这将产生一个直接的后果：同性群体内的关系，即男人之间或女人之间的关系，比两性之间的关系更趋向于非正式，体现为 p 模型关系；而两性之间的关系越稀疏，就越趋向于正式，体现为 g 模型关系。

239

　　让我们补充一个相对复杂的问题，即两性之间的相遇率在时空维度上也存在差异。例如，假设由于更大的机动性，相对于半岛间的相遇，偏爱半岛内相遇的男性比女性少，甚至对此偏差不做控制。这意味着，在半岛内，每个子群的相对社会联谊将遵循不同的变化模式。女性的社会联谊会变得更像 p 模型，而男性则不那么像。前者（女性与 p 模型相似）是因为女性在半岛区域内的相遇概率更大；后者（男性与 p 模型相异）是因为男性在半岛区域外的相遇概率更大，因此更为分散而稀疏。在这种情况下，不同的子群在"空间 – 跨越空间"维度上具有不同的相遇概率，这将导致针对这两组的描述性检索的原则呈现出明显的差异性。

　　布局中描述的本质及其控制性与我们通常所说的政治联系在一起。在这里，我们拥有不同的描述和不同的原则，以具象化地体现并检索社会中两个子群体。在我们假设的社会中，女性的社会联谊局限在空间群体之中，通过密集和自然的相遇，而非稀疏和正式的相遇来实现的，其稳定性以 p 模型的方式出现。随后，女性的社会联谊通过分类关系的多中心网络，在空间中得以扩展，创造了一个两级系统，在空间和跨越空间的两个层面上均匀化地运行。这使得跨越空间的分类关系以 p 模型的方式得以实现。也就是说，这给女性提供了一定的流动性。

　　相比之下，男性之间的社会联谊更体现为俱乐部式的会员制，这种社会联谊最初更多是建立在跨越空间的基础上，通过更为稀疏，且更为正式的相遇而产生，并以 g 模型的方式稳定下来。然后，它也将生成一个两级系统，在一定程度上允许跨越空间联系，以形成局部集合或"俱乐部"的形式在局部扩展。因此，从本质而言，女性的社会联谊将强调非排他性、增长性，以及更加容易进出社群；而男子的社会联谊则强调排他性、限制、象征性的秩序以及对进出社群的控制。

240　　　这就是本章思维过程的基本二元论内涵：在空间的意涵之中加入了"日常准则"和 g 模型的排序。也即是说，在这种情况下对空间的考虑，加入了女性的 p 模型社会联谊以及日常规范，那么在政治上削弱了女性的作用，而强化了男性的作用；而一旦将 p 模型排序和日常规范扩展到跨越空间的领域，则会在政治上加强女性的作用，而削弱男性的作用。空间组群范围的缩小会使 g 模型更有可能渗透到空间领域；空间组群范围的扩大将使 p 模型更有可能渗透到跨越空间的领域。

因此将相遇的系统视为布局，我们可以通过一个相当自然的方式，得到一个针对男性和女性的"差异化联谊"（differential solidarities）的系统。对于女性而言，这是一个"局部－全局"系统，其中亲人和邻里关系被用于承载强有力的组群空间的内部联系，也折射跨越空间的更广泛的网络关系；对于男性而言，他们成为更为定制化的社团或俱乐部的成员，在局部系统之中或多或少地得以实现。在包括局部和整体两个层面的社会系统之中，上述男性或女性的系统的成功程度可以视为该社会的联谊程度的指标系统。对女性而言，过于局部化是一种弱势；对于男性来说，无法实现局部层面上的空间团体也是一种弱势。当某个系统中两个层面的社会联谊都强于另外一个系统时，社会中的不平等都将出现。

差异化的社会联谊似乎是一种非常普遍的社会特征。对理解空间而言，它也是一种至关重要的性质，因为空间也很可能是按照社会联谊之间的某种关系意象来布局的，不管这种关系是不平等的，还是平等的。在简单的社会系统中，男性和女性的社会联谊也许是塑造空间的主要力量；同样，对于现代相对复杂的社会以及其他阶层社会，这一点同样适用。

如同研究这种差异化社会联谊那样，采用空间分析和布局分析方法，社会阶层本身的关系也将被揭示出来。从空间布局的角度看，阶层社会可能在以下条件成立时才会存在，即基于同样生成性基础的个体子群体也具有不同的社会联谊形式，而这些不同的社会联谊在很大程度上利用了仪式资本来实现，目的是为了表现出特定的社会联谊，而非其他社会联谊。换句话说，相对于被统治阶层，在很大程度上统治阶层将会更热衷于描述那些明显的社会联谊的形式，这种超级的描述必然涉及对更大空间尺度和更强局部模式的分析。这种技术的优势是最大化一种描述，而最小化另一种描述，从而将对空间的讨论纳入社会阶层关系的二元讨论中。

　　从空间的角度看，处于支配地位的阶层将尽可能地寻求对空间的使用权，以降低被支配阶层对空间的使用。于是，处于支配地位的阶层往往会将被支配阶层隔离成尽可能小的社会组群，同时最大化自身的社会网络的空间范围。在某些情况下，本章所关注的男性和女性之间的关系可被视为一种社会阶层关系。差异化的社会联谊立即就成为一种工具，借此个体群体将自身纳入更大的系统之中。这种系统就是社会。同样，借助这种社会联谊的工具，系统中出现了整体性的不平衡性，我们称之为社会阶层。然而，无论采取何种形式，差异的社会联谊都将是空间秩序的一个关键组成部分：这种社会关系的表现形式是揭示真实社会的空间本质的一条重要线索。

241

第八章 社会作为空间系统

摘要

这些概念应用到特定的社会，其空间形态被很好地记录下来。从而这勾画出不同社会形态中存在一种普遍性理论，用于描述不同的空间发展路径。该理论的目标将耳熟能详的实证知识纳入前后一致的框架之中，作为今后研究的基础，而不是建立一套明确的理论。

一些社会

掌握了这些概念，现在我们也可简要地看看一些彼此差异较大的社会。这些社会要么是布置空间的方式不一样，要么是社会系统的空间逻辑不一样。显然，本书的范畴并不是穷尽那些社会案例。在此阶段，我们所做的只是选取一些熟知的案例，那些作者用于描述社会空间特征的方式，可以转化为之前章节所运用的那些概念。当然，按此方法，我们并无法为那些作者的结论增加更多的内容。我们只是使用他们的成果，去说明布局模型可提供一种新方法，从社会评论转化到空间形态分析。也许我们可从两个著名的人类学案例入手。一是福蒂斯（Fortes）[1,2] 研究的加纳北部的塔伦西（Tallensi）村庄，当地人居住在分散的院落之中；二是特纳（Turner）[3] 研究的赞比亚北部的恩敦布（Ndembu）村庄，当地人居住在环形的小村庄之中。

从规模和复杂性而言，塔伦西的院落彼此差别很大，不过它们都基于强大的底层模型，如图131所显示的两个院落的简单伽马图。

整体而言，从院落外围到中心的空间序列影响着这些院落。第一个就是院落外部的入口空间，体现为阴影婆娑的树木以及祖先崇拜物。第二个是院落内部的入口处，这儿是牲口院子，也是族长的住居场所。虽然族长很少使用该空间，然而这既是他的个人空间，也是他的财产。更为重要的是：茅屋是族长祖先精神的安息场所。院落内外的入口空间与男性的活动高度相关。这两个案例都支持这种基于超越空间的区分，一

243 个案例基于祖先崇拜物，另一个基于祖先精神。只有穿过这些空间序列，才能首先到达女性的空间，这儿总是对应着身份较高的妻子的次级院落。正如男性院落是控制内外关系的最强空间，身份较高的妻子的次级院落是控制内部关系的最强空间，这是由于从这儿开始，院落从线性的空间序列变成了树状的空间形态。实际上，男性与女性之间的关系对应于内外的线性序列，而女性之间的关系则对应于内部的树状结构。不可替代性赋予到这种非对称、非分布式（nondistributed）的树状形态之上，这是由于当院落生长扩张到更为复杂的形态时，妻子们根据她们的身份地位而选择特定的空间位置。这儿存在各种依据等级展开的社会活动，如进入女性空间领域必须向身份较高的妻子致意。这对应于空间的不可替代

244 性。又如女性在彼此分离的群体中烹饪和饮食，而不是一起协同活动，这也对应于树状的句法分离模式。粮仓是院落的焦点，位于男性和女性空间之间。谷物的分配有严格的标准，然而女性不能不获得族长的批准而私自分配。在塔伦西语言中，院落和其中的人是同一个词。根据族长祖先的关系，庄重的仪式和信仰用于管理不同房间的功能位置。当儿子们建立他们自己的家庭（塔伦西是典型的父系社会，且婚后家庭在父系那边），他们遵循同样的基本空间模式：起初会加建带有独立入口的院落，靠近父母的院落；不过之后将会完全独立，也许仍然还是靠近父母的院落。院落和场所中的文化内涵来自两部分：一是完全成熟的信念；二是那些连接个体的血缘传承和地点选择的仪式活动。

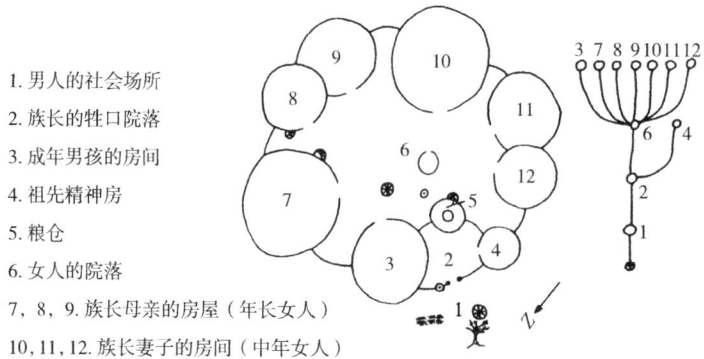

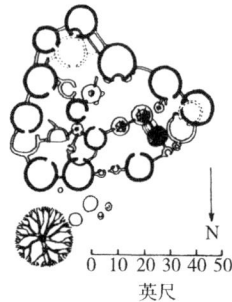

1. 男人的社会场所
2. 族长的牲口院落
3. 成年男孩的房间
4. 祖先精神房
5. 粮仓
6. 女人的院落
7，8，9.族长母亲的房屋（年长女人）
10，11，12.族长妻子的房间（中年女人）

图 131　简单却复杂的塔伦西（Tallensi）院落，根据福蒂斯（Fortes）和普鲁辛（Prussin）的绘制改绘

英尺

然而，尽管塔伦西文化和宗教中存在强烈的空间性，然而对于院落的层级，并不存在视觉可辨的空间组织。正如图 132 所示，院落以完全随机的方式，分散在田野之中。两个因素缓解了这种随机性，不过很难从纯粹视觉的角度去解释。首先，虽然院落随机地分散在独特的区域之中，然而院落聚集的次群落可视为聚集地，彼此差别较大。正如院落那样，那些聚集地之间是未开垦的荒地。基于紧密的血缘关系，那些聚集地又聚集成组。按照句法的术语，这显然是"聚集的聚集中的聚集"。其次，田野之中还存在聚集状的双重空间，它们位于两个或三个聚集地之间。这些双重空间是圣地，主要用于举办大型仪式活动，远离居住空间而靠近自然空间。

从社会学角度而言，塔伦西形成了具有等级的血缘家族系统。"每个最小的血缘家族都从属于更大的血缘家族，他们拥有共同的祖父；推而广之，溯源他们共同的祖父的祖父，更大的家族还从属于更广泛的血缘系统。"[4] 这种组织的形态原则体现在祭奠祖先的仪式之中，"（高一级的）祖先圣地的牺牲品需要体现低一级秩序的所有内容；这一规则适用于任何仪式上或法律上的血缘关系的所有协同活动。"[5] 这种翔实的血缘系统具有明显的非对称、分布式结构，显然折射到田野之中，提供了非常成熟的概念性空间秩序。与之完全不同，聚集地则明显形成了随机分布模式。

在恩敦布之中，最为突出的空间单元是村庄，而非院落。实际上，在村庄之下的层级中，口语中不存在空间的物质性秩序，只有独立的小屋（图 133）。

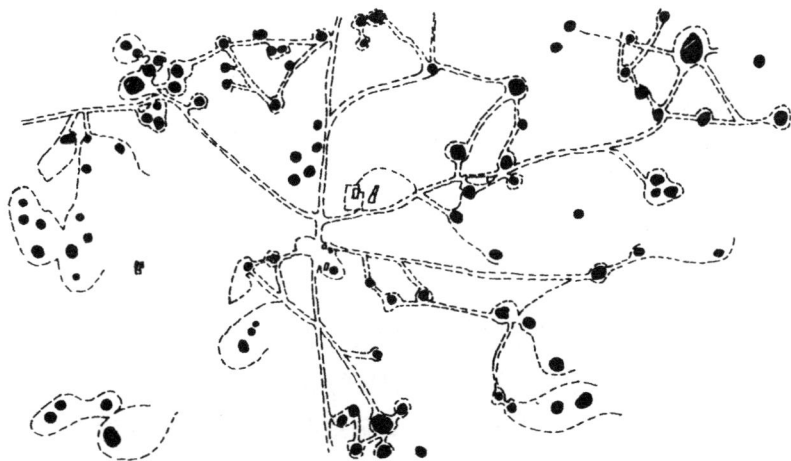

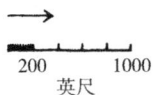

245

● 院落

→
200   1000
英尺

图 132 塔伦西（Tallensi）聚居地景观，根据普鲁辛（Prussin）的绘制改绘

姆坎扎村平面

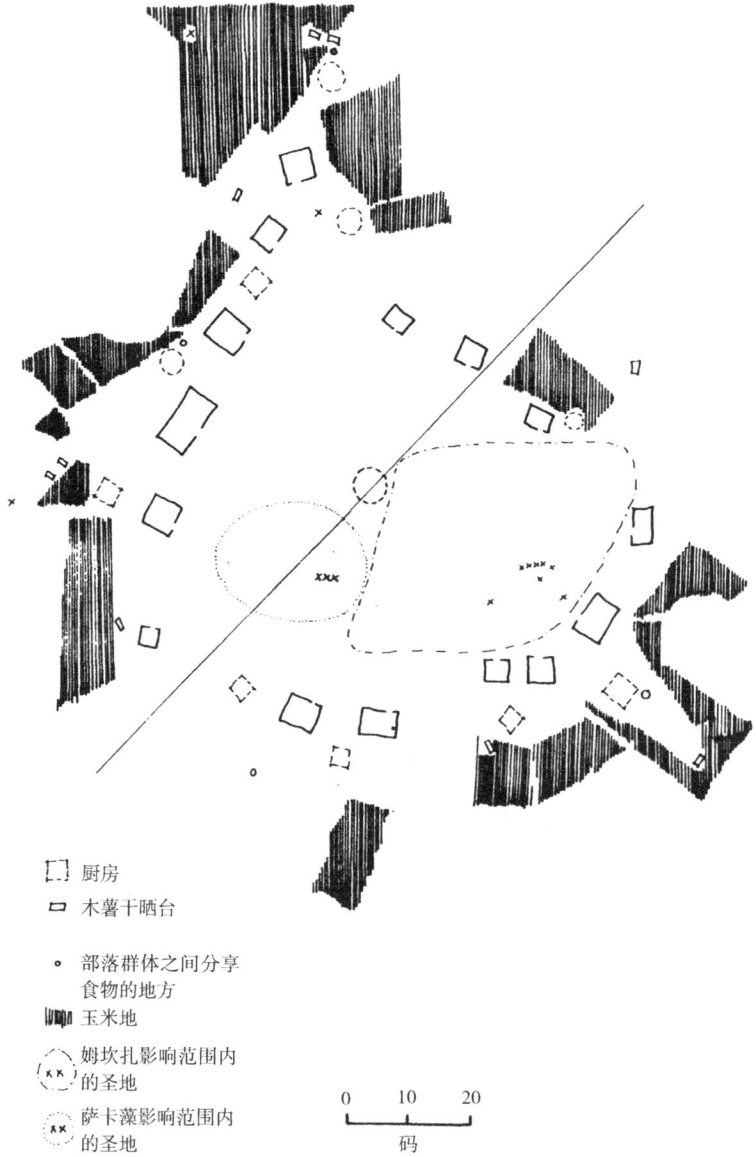

□⃝ 厨房

▭ 木薯干晒台

∘ 部落群体之间分享
　食物的地方

▩ 玉米地

⊙ 姆坎扎影响范围内
　的圣地

⊙ 萨卡藻影响范围内
　的圣地

0　　10　　20
码

图 133　恩敦布（Ndembu）
村庄，根据特纳（Turner）
的绘制改绘

　　这儿与随机布置茅草屋的博罗罗人村落（参见图 30）不一样，其
中单面开敞的男性茅草屋被布置在村庄的中心，于是双 Z_5 的模式形成。
不管茅草屋的数量和几何布局方式如何细微地变化，这个模式都是不
变的。除了这种区分男性与女性的同心圆结构，沿直径方向也区分了
上下代际，虽然其他的代际也穿插其中，村庄创始人的侄辈们也在老
一辈的茅草屋之间建立他们自己的茅草屋，而不是与他们母亲的兄弟
们毗邻建设。中心地带的周边还有不少狩猎祭祀场所，绝大部分集中

在族长的住宅之前。牺牲仪式警示妇女不要过于靠近那些祭祀场所。男性在中心的茅草屋内吃饭，而女性和小孩则在周边的茅草屋内吃饭。

　　表面上，恩敦布村庄体现了社会和空间结构相互对应的理想模式。实际上，根据特纳（Turner）的研究，不可能从该案例中得到更多的结论。普遍而言，恩敦布社会以及主要的空间载体（即村庄）是极其不稳定的。只要他们的村民有所疑惑，大部分村庄将会出现相对暂时性的群体事件。必须承认，恩敦布的理想模式基于较大村庄，并包含几代村民；然而在实际中，这种情况几乎不可能发生。这存在结构性的原因。恩敦布属于母系社会，即尊重母亲那一系，从母亲的兄弟到姐姐的儿子，他们比家中其他成员具有优先权，可以继承家族管理和财产；同时也属于随舅居的模式，即妇女与丈夫居住在一起，而她们丈夫在青年时期，从他们出生的村庄搬迁到他们舅舅的村庄之中。然而，虽然按随舅居的模式，母系社会的原则确保了社会中最强的聚集团体是表侄团体。一般而言，该团体建立村庄，同时也常常从现有的村庄之中分离出去。恩敦布的离婚率特别高，离婚之后妇女带着自己的小孩回到她们兄弟那儿。既然是母系社会，那么相对父亲和小孩的关系，母亲和小孩的关系以及母亲离婚之后回到她们兄弟所在的其他村庄之中而建立的那种关系，更为紧密；同时这也比父亲所在的村庄的家族关系更为亲密。这导致了不同村庄之间的人员流动性较高，构成了该社会的特点。

　　从社会学角度而言，这种流动性以及离婚的倾向是主要的原则，与塔伦西社会形成了截然对比，后者基于明显的边界因素，建立起他们详细的亲属血缘关系。恩敦布在村庄之上存在空间组织结构，即周边村庄共同体，然而就其村庄和村民的构成模式，该村庄共同体并不稳定。特纳的结论中关于局部和整体社会之间的关系是明确的，并在文章中反复强调几次："那些撕裂村庄次系统的冲突被最广泛的社会系统所吸纳，甚至通过血缘和亲属关系在宽广的地理范围内传播，从而推动了更大范围的社会融合。"[6] 或者，"我们也注意到恩敦布村民如何通过牺牲了村庄层面上重要的局部关系，而获得最大范围的政治统一……他们的分离和流动导致了村庄的分裂，而又把整个民族彼此连接起来。"[7] 对于分离的机制，特纳给出了更为清晰的解释："当最开始分离所带来的仇恨的消退，每个人都会对对方表示特别的友好，双方也会展开远距离的交流，甚至也许会成为对方狩猎活动的基础部分。"[8]

　　现在，我们期望划定的对比将变得清晰。恩敦布代表着典型的 p 模型，社会机制确定超越空间的相遇率可以最大化。人口的高流动性

246

247

确保了不同的半隔离地区中个体和次群体之间高频率的、直接的，且相对有效的沟通。因此，半隔离地区的效应将会最小化。正如规范性理论预测，跨越空间的 g 模型将会随之而降低效应。于是，这构成了一个案例，其中 p 模型的稳定性从空间组团内穿透出去，进入了半隔离地区之间，或体现在跨越空间的 g 模型之中。这与塔伦西构成了对比，后者极端的人口"稳定性"源于 g 模型中极其发达的地方性发展，并受益于强大而不可交互的仪式（该仪式本身就是较大的 g 模型），这需要特殊的人群去执行特别的仪式活动，否则仪式本身将会失效。

248　　　与之对比，恩敦布的仪式具有相对开放的重要特征，即至少绝大部分仪式中的一些环节都允许所有人参与。大量的村民经常参加，这也是吃喝聚餐的场所。而仪式和血缘亲属系统之间并不存在某种对应关系。换言之，仪式本身并不携带大量的外部信息，正如塔伦西村民那样。相反，在塔伦西中，"那些巫师仪式显然体现了主要的象征内容，表达了组织原则，却并不协同各个村庄"（我们自己加的重点）。[9] 这非常精准地说明了较短的 g 模式的内涵。恩敦布的仪式在村庄内举行，即处于空间组团的领域之内；然而塔伦西的绝大部分仪式与日常生活相分离，并折射到大地场景之中，具有更为广阔的空间尺度。

因此，仪式和流动性证实了恩敦布社会形态中基本的形式倾向，依据 p 模型向外发展，从空间走向非空间，在超越空间的层面上减少了对 g 模型的明显需求。可认为，该趋势让女性而非男性更为受益。在恩敦布社会之中，尽管最开始就存在着性别不平等情况，然而我们发现其性别平等程度要远远好于塔伦西社会的。塔伦西社会表明了相反的倾向：g 模型在跨越空间的层面上穿透到了空间族群之中，使得族群规模变小，也建立起强大的内部秩序。这种趋势对于女性不利，因此我们也相应发现性别之间严重不平等。

这些论点与社会系统中的句法理念相吻合。对于恩敦布社会，亲属血缘规则和家族居住规则是相互矛盾的，这导致了超越空间层面上的 p 模型相互交换原则，同时也基于最小的 g 模型运行，也就是基于母系社会的规则。这导致了跨越空间的层面上亲属血缘系统缺乏非对称性的关系。相反，表侄团体（当团体中的妇女带小孩去她们丈夫村庄时，也有可能暂时分开）之间跨越空间的句法关系是对称的、分布式的。这些团体构成了句法式连续关系，如果我们假设这些关系被绘制成横跨大地景观的线状关系，可发现句法上同构的关系，即这些母系团体的句法构成是一种高度延展的多中心网络，其中表侄团体是系统中的那些中心。对于这种多中心的网络，它只需要保持短的 g 模型，使其尽量生长而不是收缩，在超越空间的层面上提供一种高密度的相遇，不过这是非正式的结构。在这种意义上，恩敦布社会的主要句法结构位于类似岛屿之间的层面上。因此，与这种跨越空间的多中心网络相比较，表面上更为秩序化的村庄则具有政治和仪式上的不足之处。249

　　如果恩敦布系统将分布式、对称式的句法投射到超越空间的层面上，那么塔伦西系统则是相反的，它将非分布式、非对称式的句法投射到局部空间团体之中，力图使其保持较小规模，便于结构清晰且可控。该论点包括两个方面。首先，对于塔伦西，主要的政治层面是最大的空间连续团体，即院落本身。如果这种团体不具有强大的秩序，那么多层次的系统无法在此基础上建立起来，因为等级意味不可交换。多层次系统的自然结果是较小、强秩序的，且相对分离的团体。在每个层面上，它必须使得其构成元素彼此分离，不可交换，以此保持系统的等级原则。其次，宗族血缘系统的主要领域本质具有同样的模式，因为空间的占据基于非空间逻辑。鉴于宗族及其团体常常在空间上高度分散，因此形成了超越空间关系的跨越式网络，这些关系在每个空间团体内得以空间化；不过塔伦西系统是相反的，更高等级的空间服务于等级化、超越空间的血缘系统。超越空间的分类和空间团体具有高度的相关性。这体现在塔伦西的分散村庄模式之中。分散使得局部的 g 模型成为主要的形态原则。

　　上述的二元性与生物意义上的亲属关系的基本结构之间看似存在某种关系，该推论也许不太离谱。在基本的生物系统之中，繁殖是必要的，在精准的句法意义上存在对称和非对称的关系。表侄的关系是对称的，这是由于当其他亲属关系一样的情况下，a 表侄和 b 表侄的关系与 b 表侄和 a 表侄的关系是等价的。夫妻关系也是对称的（当然我们可加入非对称的因素，然而在纯粹的状态中，还是对称的），然而父母与儿女之间的关系是句法上非对称的，即 a 父母与 a 儿女之间的关系不等同于 a 儿女与 a 父母之间的关系。这并不奇怪。因此，恩敦布具有对称式、非分布式的句法，建立在对称的表侄关系之上；然而，塔伦西等级化的血缘系统则建立在非对称的父母与儿女关系之上。

　　早已说明，男性对女性的关系常常表现为一种阶层的关系，这取决于两种性别的不同的社会联谊原则在社会整体布局之中，以不同的方式得以实现的程度。塔伦西就是这样的案例。超越空间的详尽仪式250模式建立在父系家园之上，几乎完全构成了男性的领域。不同角色和管理者构成的详尽系统渗透到了日常生活和文化的方方面面，以此男性创造了某种布局，或称之为社会联谊，而女性并不存在这样的系统。相反，女性禁锢在彼此分离的家园之中，受制于日常生活中无尽的规则和约束。对于某个单独的家庭，从日常家务的彼此协同来说，某位族长的妻子们甚至在院落中都未形成完整和谐的团体。相反，她们之间的社会等级关系通过不可互换性以及与空间的对应性得以实现，并强化了她们之间的彼此竞争性和空间上的分离。塔伦西女性中的这些趋势使得她们并未形成一个团体，而是根据她们各自的男性关系得以组织在一起，因此明显体现为从属关系。

然而，恩敦布则与之不同，体现在两个重要的方面。首先，仪式模式仍然详尽，不过并不局限于男性。女性也深度参与其中。仪式进展方式高度空间化，构成了 p 模式，而这只发生在村庄内，而不是出现在整个大地的任何角落之中。其次，不同空间团体之间，女性高度流动，这使得男性试图主导空间团体的意图有所收敛，而男性往往主导村庄空间内的狩猎文化。在该案例中，女性社会联谊的基础与男性完全匹敌。因此，这儿的男女关系并不是我们上述所定义的那种阶层关系。

现在我们考虑第三个完全不同的案例：明德勒弗（Mindeleff）绘制了位于奥赖比（Oraibi）印第安人聚落的霍皮人（Hopi）社会片断的地图（图 134）[10]。该地图标示出该聚落（虽然没有地面以上的各层平面）的物质形态以及宗族的物质空间分布（氏族的空间位置）。在宗族层面上（同时也在几个宗族所组成的氏族层面上，这主要为了庆典仪式），布局完全体现了非对应的原则，这是由于每个宗族占据了一系列场所，但整个聚落也缺乏可识别的秩序。现在从相遇的角度而言，宗族具有三方面重要特征。第一，他们常常是土地的正式拥有者，并具有多种重要的狩猎和庆典的权力。第二，他们是重要的媒介，借此印第安部落的广泛庆典仪式生活得以实现。第三，宗族之中亲戚分类原则得以应用，从而聚落中所有个体都将有母亲以及兄弟等。这导
251　致了一种效应，即超越空间的系统不断地生成更大的相遇网络，并强化相遇者的情感联系以及生活实践的限制。实际上，空间系统和超越空间的系统之间的关系将使得相遇系统更为全局化，在整个部落的层面上加大相遇的概率。当然，这也同样适用于不同部落之间的关系，因为每个宗族至少占据了两个或几个村庄。

地图上所显示的地方亲戚群体是母系氏族，常常由三个或四个家
252　庭组成，每个家庭包括 6 到 7 人。只有丈夫的出现，家庭才得以确定。而这位丈夫显然来自另外一个母系氏族，因此母系氏族的核心成员是一群女性，她们都源于同一位女性祖先。亲戚分类原则只适用于当地氏族，在当地相遇空间之中的频繁接触，将会强化这种分类原则。因此，母系氏族中女性在当地相遇的空间中是非常稳定的，然而这并不存在某种母系氏族与聚居地布局之间的固定关联。相反，当母系氏族兴旺

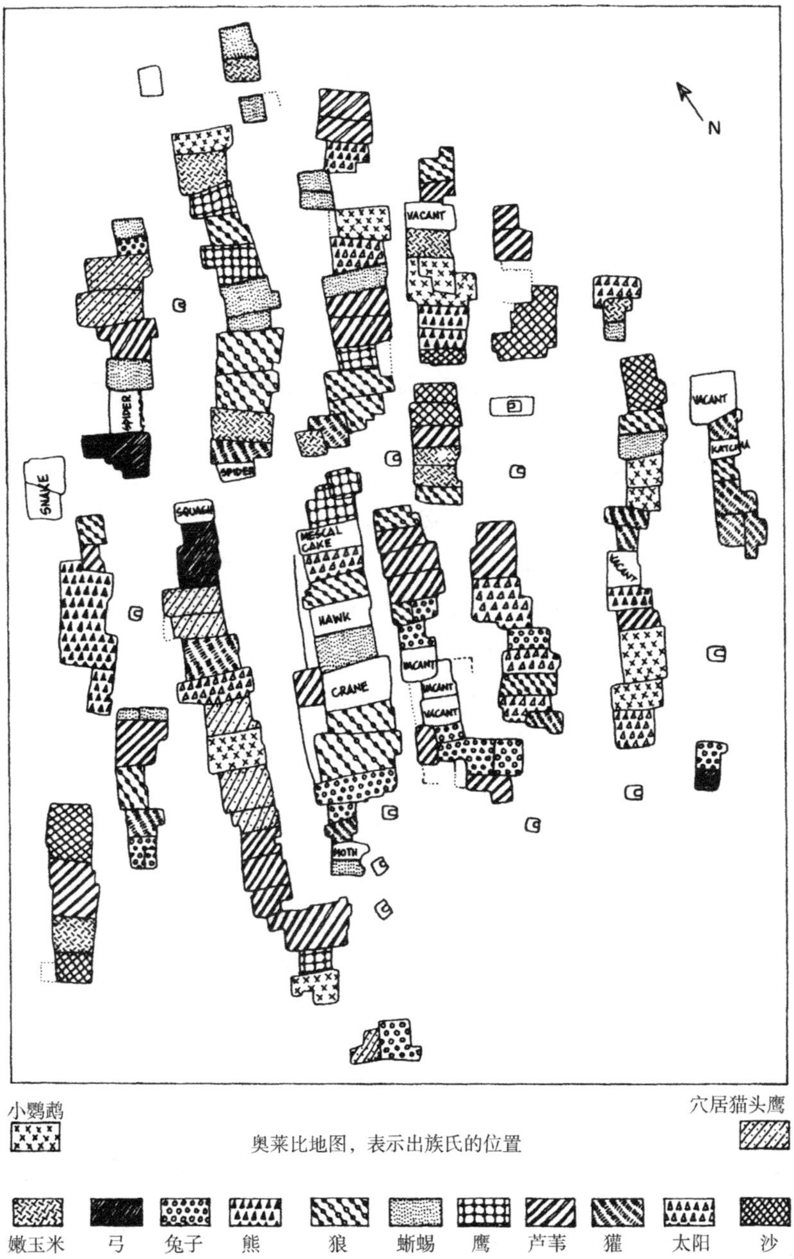
N
VACANT
SPIDER
SNAKE
SQUASH
MESCAL CAKE
HAWK
CRANE
MOTH
KATCINA
小鹦鹉
穴居猫头鹰
奥莱比地图，表示出族氏的位置
嫩玉米
弓
兔子
熊
狼
蜥蜴
鹰
芦苇
獾
太阳
沙

图 134 奥赖比（Oraibi）印第安人聚落，根据明德勒弗（Mindeleff）的绘制改绘

或衰败时，当地的空间组构是持续变化的。

在当地氏族层面上，空间与分类也是可互换的，那么超越空间的分类则不是聚居地的 g 模型的一部分。因此，在空间和超越空间的层面上，奥赖比建立的社会空间体系是分布式的（每个组群由几个不同而平等的地段来均匀构成）、对称式的（亲戚分类原则是对称要素的强化，而不是强加的结构化规则），从而空间组群和超越空间的分类并未一一对应，且 p 模型出现了两个层面上。这是由于该系统在那两

个层面上都采用密集组合的方式，而不是控制的方式。实际上，该系统是非常清晰的双层多中心网络，正如前文所说，这是整体布局的基本形态要素。

我们相信，霍皮人社会中相遇系统的两个重要方面可被清晰地解释为那些形态原则的必然结果。首先，男性与女性之间的关系是相对平等的；其次，对于两个层次多中心网络，采用相对短的 g 模型描述，而在其外部则是在每个层次上体现了混合机制的普遍性。这两方面是相互联系的。混合机制是社会实践，通过特别的空间布局，使得相遇的范围和数量得以倍增。例如，分类中亲戚关系是一种混合机制；这也是男性氏族的舞者与其他氏族的地下房屋中舞者之间的习俗关系；这还是霍皮人在家庭吃饭的习惯，他们靠近房屋入口的通道，使得通过出入口的人们可随时参与到吃饭之中。甚至，霍皮人的大量仪式在印第安部落的公共空间之中举行，这也可视为一种混合机制。还有一些仪式以及某些仪式的一部分并不属于全局性的，也许这些较小尺度的活动可与系统中 g 模型相匹配，而那些公共的仪式则与更为重要的 p 模型相匹配。社会中混合机制的出现，常常体现为相同的形态原则，隐藏在社会表象之后。在空间和超越空间的层面上最大化相遇的系统，以此使得系统的运行遵循 $p-$ 稳定性，而不是 $g-$ 稳定性。

253　　　性别的相对平等性来自空间和超越空间层面上的那些原则的运行情况。女性主导了空间团体的整合，而男性则主导了超越空间的整合。然而，高密度相遇的地区从局部空间扩展到整体空间，形成了该系统的运行方式，这就是 p 模型系统的本质，意味着空间和超越空间的整合是两股可比较的力量。虽然男性与女性的整合方式不同（男性在空间团体中是陌生者，而在氏族地下房屋中彼此交流），然而通过普遍的 p 模式原则，这两方面紧密地联系起来，这是空间团体的原则。因此，女性的整合形式遍布于整个系统之中，虽然男性对于庆典仪式生活之中占主导。在这个框架下，这看似是自然而然的，霍皮人特别密集的集体性仪式是一种整体层面上的工具，以此保持 $p-$ 稳定性的效果。在整体层面上，这将最大化不同个体村庄的相遇系统。

因此，几乎在各方面，霍皮人与塔伦西都不一样。从形态上来说，最基本的差异在于塔伦西是一致对应的社会，而霍皮人则是非彼此对应的社会。这些与恩敦布的对比更为微妙。在这两个社会之中，性别是相对平等的，这是由于男性与女性的不同整合原则具有类似的效果。然而，对于恩敦布，女性在超越空间的层面上具有优势，通过较高的离婚方式和母系氏族原则，在整体网络层面上使得女性占据中心地位。对于霍皮人，女性在局部空间层面上占有优势，这主要基于入赘原则，以及以女性为主的空间团体的延伸，使得其成为整体系统的基石。因此，在更为局部的 p 模型中，恩敦布男性赋予他们的空间以秩序，并以此牺牲了女性的利益。不过，这并没有效果，这是由于在超越空间的整合中，女性使得她自己能摆脱男性在局部空间的控制。与之对比，霍皮人赋予聚居地以秩序，这是高度分布式且高度开放式的，并尽量使得住房简单化。那么，这构成了理想的形式，使得局部网络中相遇的概率最大化，形成 p 模式，并实现 $p-$ 稳定性。因此，恩敦布女性在局部层面上是弱势的，而在整体层面上是强势的。这构成了母系氏族，意味着女性的重点是超越空间的，而非空间本身。与之对比，霍皮人的女性则是在局部层面上强势，而在整体层面上弱势。这源于空间上的入赘原则。

这些案例表明，某个社会形态（或布局）的原则需要与实现那些原则的实际社会和空间机制明确地分开来，这很有用。这形成一种对比的方法，用于识别相似点和差异点。相对于传统方法，这更为具体，也更为抽象。这是由于该方法研究特定结构背后的动态原则，而不是简单地比较结构本身。以威尔莫特（Wilmott）、杨（Young）以及其他学者[11]撰写的，伦敦东区的社区研究报告为例，虽然在那些社区的社会结构建构之中，母亲与女儿的关系尤为重要，然而这儿并不存在氏族社会中的那些入赘或母系继嗣原则。不过，运用布局的方法，可发现，即使没有那些强制性规则，这种系统代表着两个层面的多中心网络，包括其特定的 $p-$ 稳定性，这也使得霍皮人社会更有特色。该系统中个体的相遇空间具有高密度的局部网络，既包括某些血缘氏族，也包括大量的人们；他们仅仅由于彼此临近和频繁接触，才相互熟悉。在规模上，氏族系统与霍皮人社区的局部母系体系形成了对比，它们并非按照奥赖比的习俗来运行，而在超越空间的层面上运作，当然依据更非正式、更非明显的方式。不管如何，这种氏族网络的基本功能是在更大尺度上创造相遇机会，而非局限在临近的空间之中，其中亲戚和邻居彼此混合，其程度是相同的。因此，在相对较远的距离内，个体将遇到氏族的局部网络。类似于霍皮人社区，系统趋向于扩展得更大，而非关注在局部群体。

在庆典仪式以及男女性别的层面上，这两个系统也可进行比较。特色化的仪式形式是所有宗族的"联欢会"，这是超越空间的事件，甚至可吸引远方的亲戚。在特定独特的场所，如"街道庆典"，这属于联系局部街道网络的空间活动，不过采用的是聚焦方式，而非划定边界的方式。在男女性别层面上，存在相对平等的方式。一方面，这源于基于女性的局部空间网络的整合，其发展或多或少是均衡的，并借助延伸的亲戚网络，这种均衡性将在超越空间的层面上得以延伸。另一方面，男性的整合则基于酒吧和俱乐部，于是成员的社交活动出现在当地不同的酒吧，或进一步基于运动比赛的相遇等，形成了平等而良好的社交。酒吧类似于霍皮人的地下房屋，这是由于它们不仅在地方局部层面上运行，而且还作为形成更广泛秩序系统的工具。

255 　　欧洲中世纪城镇也具有相同类型的形态原则，虽然其社会机制完全不一样；不过其劳动分工与更广泛的社会系统之间的关系可用于描述那些形态原则。行会是超越空间的分类，最为重要的功能是形成高密度的相遇空间，使得人们得以必要地混合。在这种意义上，它们类似于"分散的氏族"，然而其能力更为强大，这是由于在绝大多数案例中，分散的粒度到了个人层面上，而非局部团体层面上。超越空间分类的本身就是强大系统，具有进出和运行的规则。即使如此，它们的基本功能是为两个层面的多中心网络创造超越空间的内涵，而该网络源于中世纪城镇在空间上相互依赖的密集工作模式。重要点在于，首先超越空间的系统是由基本相遇区域中发生的事件所定义；其次是它完全分散在基本相遇区域之中。在有限的重要意义上，中世纪城镇的多中心网络在空间和超越空间的两个层面上也不是一一对应的。

　　根据中根（Nakane）所描述，事实上相对立的原则也出现在日本社会的案例之中。[12] 在此，分类常常对应于她所定义的个体"框架"群体，而非"属性"群体。换言之，前者对应于空间，即功能上相互依赖的群体，而后者对应于超越空间或分散的群体。

　　　　人就业于特定职业，同时也属于某个村庄或社区。理论上，他属于两个群体：一是他的职业（属性），另外一个是他的村庄（框架）。当前者的功能更为明显时，有效的职业群体就形成了，跨越几个村庄……不过当村庄或社区内部的整合性非常强时，职业群体的成员之间的联系就会弱化。在极端的案例中，村庄单元有可能导致就业群体成员之间的沟壑。在日本社会中，这是明显而持续的现象……纵观日本历史，诸如行会的职业群体跨越不同的局部团体和机构，与中国、印度和西方相比，它们发展得相对缓慢。还需点明，日本商会常常由诸如公司的机构形成，包括不同类型的注册执业者和专家，比如工人、办公职员和工程师。[13]

　　这看来是另外一种独特体系，基于空间团体和超越空间的分类之间的对应原则。在这些案例中，我们期望群体将会按等级组织，即群体的内部结构是等级化的，其边界非常明确，而相遇空间通过非对称式和非分布式的 g 模型规则而穿越那些边界。根据中根所说，在日本社会中，该案例准确地体现在所有层面的组织之中。她认为，日本社会基于"垂直原则"，既包括相对密切群体的内部结构的层面，也包括不同群体之间的层面。图 135 中的连接线表明了垂直原则，即中根所认为的非对称式和非分布式的生成器。该原则如此普遍，以至于"在日常生活中，人们如果不知道相互级别，就不能去说话，甚至不能坐立吃喝。"[14] 此外，某个群体既缺乏内部等级秩序，也缺乏上下级别的关系。那么该群体仍然需要其成员进行单项系列的参与活动，发展他们自己熟悉的社区……如果同质群体从外界吸收成员，或接受外部的影响，那么内部区分也就是正常的结果。基于个体专业的群体之中，相同或相似专业人员的增加将会形成这种垂直的关系，因为……没有任何两人可占据相同的级别。[15]

因此，我们相信垂直原则所包含的对应原则，可适用于日本社会的方方面面，甚至可建立起家庭群体和氏族群体之间的关系，这事实上与伦敦东区的案例形成对比：

家庭群体内部的关系被认为高于其他任何人际关系。因此，来自家庭之外的某个人的妻子或儿媳妇无比重要，她们的地位远远高于这个人的姐妹或女儿，后者通过婚姻进入了其他家庭。

走向普遍理论的纲要

这些案例对比可继续展开，然而详尽的民族志案例超过了本书基本的理论探究范围。即使如此，这看似可提出有限的普遍性论断，联系空间的社会逻辑与社会的空间逻辑，部分源于实证案例，也可能部分来自布局模型的逻辑。正如我们所提出的，一种基础的形态生成机制存在于空间组团和超越空间分类的对应或非对应关系之中。如果超越空间的分类与空间组团——对应，那么这些组团的成员不会根据现有的分类，在整个大地的其他空间组团中进行空间布局安排，而是根据某种高于现有空间组团系统的逻辑，与其他组团合并在一起。在这些案例之中，空间组团的边界必须明确，这与其内部结构一样明确。这意味着明显的当地化 g 模型，从而根据明确的边界进行控制更为确定性的局部相遇空间，而非随机的空间。那么，这也许是可控制的、相对独立性的庆典仪式空间。

当超越空间的分类与空间组团之间不存在对应关系，系统的运行逻辑将大不一样。空间组团的成员已经通过分类机制在大地之上彼此联系起来，其中分类机制确保局部相遇空间的可识别性，该逻辑已经根植于系统之中。局部的空间组团既没有很好地被结构化，也没有保持明确的边界控制，这是由于在局部和庆典仪式的层面上，都没有加强相遇空间中的事件密度，以此保持系统自然稳定的趋势。两个层面上的系统中的 p 模型逻辑需要获得随机的局部相遇空间，而非决定性的空间，也需要生成一种仪式形式，从而最大化超越空间的相遇事件密度，因此这倾向于包容性的模式，而非排斥性的方式。

在何种情形下，这两种不同的路径会出现？答案看似在于不平等的问题，特别是不平等的形式。从广泛的角度而言，这是阶层的不平等所识别出来的形式，即不同的次级阶层，如男性和女性，具有不同的整合形式，以及他们获得描述整合原则的工具的能力是不一样的。然而，这并不是简单地说，这种不平等的社会中对应的模型是普遍的，而在平等的社会中不对应的模式是常见的。更为精准地说，对应模型是使得不平等的组团变得制度化，这是通过加入到有力控制的局部 g 模型之中，由此那些更为弱势的不平等伙伴方自己建设，乃至期望获得不平等的条件。实际上，对应的原则使得不平等无法感受到，同时也使其制度化。因此，在塔伦西的院落中，妻子的行为准则体现为院落中决定性的空间秩序的一部分，这实际成为一种基本的工具，从而使得男性与女性的不平等得以实现。也许在这儿，我们只是说出了常识：占据的策略就是去隔离并分开那些占据空间的人们，并建立起局部的行为方式，以此系统可以毫不费劲地复制本身。

对应与非对应系统的差别使得我们知晓系统在局部是怎样的，以及作为相遇的系统它又是如何被体验的。然而，这并未描述出系统的整体结构，即从整个世界的角度来看待社会和空间形态之间的关系。为了大致勾画出这种关系构成的机制，我们必须考虑其他两个因素：一是生长的问题，即系统变得更大时，它们是如何生产、控制以及复制其结构；二是生成、描述以及超越空间性这三者之间的关系，这大体被视为生成布局的对应方面，即政治与思想观念。

简单而言，如果所有的布局都具有离散性的空间组团以及超越空间的分类，那么这需要遵循一个原则，即它们必须同时具备局部与整体类型的秩序。当这些布局系统变大时，整体秩序将变得越来越重要，这是由于那些系统需要依赖该秩序，将其各部分整合在一起。不过，这儿存在不同的增长路径，而在不同的路径之中，对该模型的不同方面的强调程度也是不同的。那些，整体层面上社会与空间的关系准则将依赖这些不同路径的规则。

原则上，对于某个布局，我们也许考虑两种完全不同类型的增长。在第一种类型之中，诸如方格或个体的物体被加入到系统之中，而并不会增加空间组团的大小；在第二种类型之中，那些物体加入之后，将会增加空间组团的大小。第一种情况将形成分散式的聚落景观，而第二种则生成一片蔓延的形态景观。我们也许称第一种为超越空间的增长，这是由于对于任何布局，都基本上考虑彼此间隔的组团之间的联系。而第二种则被称之为空间增长路径，这是由于增加的联系物体在本质上就是大体连续的聚集。当然，这两种并不是完全截然分开的。即使在最为超越空间的系统之中，也常常存在某些规模的空间聚集；而即使在最大的空间聚集之中，也常常存在某些超越空间的联系。因此，每种系统具有两层体系，包括空间和超越空间的部分。此外，当这两种系统长大之后，它们开始彼此越来越相像，这是由于分散的景观在聚集的效益下变得更为密集，而蔓延的片状景观则需要强化不同局部片区之间的联系。这两条路径的差别常常在于对不同结构性原则的强调程度。

根据布局的基本逻辑，关注超越空间路径的系统在局部上偏向 g 模型的运行方式，这表明空间组团较小且结构化。而关注空间路径的系统则偏向于 p 模型的运行方式，这暗示生长方式缺乏控制，且内部结构并不明显。如果每个系统的原则都保持不变，那么这两种系统的扩张将会呈现出不同类型的问题。超越空间的系统必须将新成员加入到局部组团的结构之中，如果那些结构出现了。同时，它也必须保持离散分段的布局方式，以此避免局部组团变得太大。当空间系统增大的时候，它必须增加对系统的大量描述，即它必须保证空间聚集具备某种整体的结构和局部的结构，那么它需要混合的机制，去确保系统不会退化为局部的 g 模型。当然，所有这些条件都是假设系统在增长，并相对附着在某个地段上。较小而可变动的系统大致按 p 模型的方式运行。尽管该系统中的组团相对分散，然而存在混合的机制，且较大的组团将会周期性地形成。

当然，这属于固定空间的结构化过程。在上述两种扩张的系统中，那两类需求都将得以实现。采用位于边界内的逻辑，强有力的分类控制和分隔需求都可以实现。如需要，也可采用位于系统内部的逻辑，即当系统扩张时，建立一套彼此联系且可控的分类系统。当系统扩张时，通过详尽描述连续的外部空间系统，更可以采用轴线和凸空间的方式表达其布局的系统，这样整合或混合机制以及不断描述的需求可得以实现。对于那些边界内的空间，它们具有分类的秩序，比边界外部的空间更具有决定性，承载着信息，如谁可在哪儿以及什么事件在不同的位置上发生。与之对比，当外部的领域得以秩序化，这将是更为随机的领域，对比所描述的状况，也将产生更多的空间和相遇者。因此，所描述的就是描述性检索的空间，而产生的空间则是描述性具象化和可使用的空间。前者类似于涂尔干的（Durkheimian）有机联谊的整合空间，而后者则类似于涂尔干的机械联谊的分隔空间。

因此，边界的逻辑是建立布局整合的不同模式，包括两方面：在内部，存在关系分类的空间，即思想观点；而在外部，存在生产和协商的空间，也许可以说是政治。对于后者，空间之中的社会关系得以生产；而对于前者，空间之中的分类得以复制。类似于空间的"中心性悖论"遵循这样的原则：每种布局整合或社会联谊都依赖于这些原则的实现以及其他原则的退让。在明显结构化或 g 模型系统中，大量未结构化的事件（空间或相遇者）的出现将会破坏其稳定的形式。在结构化缺乏的 p 模型系统中，缺乏足够的相同类型的事件也将会破坏其稳定的形式。同样，过多的结构将会破坏 p 模型系统，而太少的结构也将破坏 g 模型系统。

社会与空间的二元性是核心，不过这不是全部。系统需要在两个层面上，而非一个层面上运作。到目前为止，我们所描述的二元性是一种社会与空间系统的属性，只要它是基于局部元素而建立的整体秩序，即从个体的角度对整体进行控制。这两种路径体现了局部到整体的现象，构成了一种系统。然而，也存在整体到局部的系统，这存在个体的层面之上，表达出系统的边界和更为集体或公共本质的空间。恩敦布村庄中男性的茅草屋、塔伦西的大地祭祀圣地，以及霍皮人的地下大屋都是那种结构的案例，这也类似于更为熟悉的城市景观中的公共建筑和教堂，或者澳大利亚土著居民（Aborigines）的"图腾景观"。[17]现在对比一下局部到整体的系统，那种整体到局部的系统具有完全相反的逻辑。建筑物外部空间之间的关系被用于建构成为一种思想观念或概念性的景观，对于这种空间关系的描述是一种再现，而不是控制。当内部空间用于界定一个领域，那么其中的描述是控制性的。在第一个案例之中，前者是祭祀圣地，后者是会议场所。在所有的案例之中，我们看到的是从局部到整体结构和从整体到局部结构之间的区别，这构成了一种方法，借此不同的社会联谊得以辨析清楚，并相互关联起来。

在导言之中，如下的图示以更为抽象的方式总结了这两个原则。基于此，可得到更为普遍而综合的原则：系统在空间和超越空间的层面上增长越快，系统逻辑就越倾向于从整体到局部的运营，而非从局部到整体的，那么系统逻辑也就越遵循相反的形式。按这些布局的术语来看，当思想观点系统由空间组团之间的概念性关系所确定时，它们并不能被发现；只有当描述的控制在更为基本的条件下不能适用于某些规模的空间组团，并在整个大地景观之中折射出来，将离散性的空间聚集整合为连续的政治领域。

260

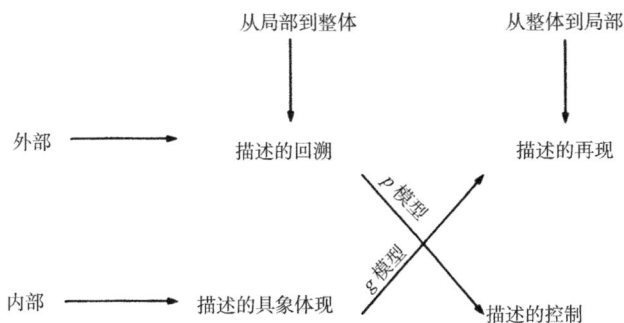

从局部到整体　　　　　从整体到局部
　　　　│　　　　　　　　　　│
　　　　↓　　　　　　　　　　↓
外部　──────→　描述的回溯　　　　　　描述的再现
　　　　　　　　　　　　╲　　　╱
　　　　　　　　　　　　　╲P模型╱
　　　　　　　　　　　　　╱╲
　　　　　　　　　　　g模型╱　╲
内部　──────→　描述的具象体现　　　→描述的控制

　　案例越是如此，从整体到局部的机制越会超越从局部到整体的机制，那么我们越可预期大地景观是由与思想观点相关的结构系统所主导的，于是越是存在用于控制交易的内部空间。在这些前提之下，内部与外部空间之间的区别成为权力与控制之间的区别，即抽象定义的一组权力类别之间的差别。当这些权力类别在折射到统一的符合体系之前，它们并不具有空间整合的形式。当关于控制和再生产的社会类别及其之间的关系用于布局系统，它们将对应于越来越特定的内部空间。[18] 从整体到局部的逻辑之中的外部空间是结构化，且不可改变的类别空间，与之对立的是从局部到整体的逻辑。不过，内部空间是个人协商和交易的空间，用于协商从整体到局部逻辑在整个系统之中不平衡分布的程度。

261

　　如果说空间是社会联谊的一种函数，这也许有些太简单。不管社会团体是否体现为阶层形式，它们以不同形式存在于所有社会之中。社会与空间系统所拥有的两种逻辑是某种方法，使得这些不同点可相互联系，或构成冲突。它们甚至可以作为一种手段，使得某些组团强于其他组团。然而，它们也可作为一种工具，使得社会联谊的平等性得以实现。这种平等不再是当今的空间逻辑，即坚持认为再现性的外部空间以及控制性的封闭内部空间。

后 记

摘要

该理论虽然较为粗略，然而它刻画了当代空间理论的纲要，并关联到发达工业国家的社会形成的基本差异。该论点的主要目标不是建立一种确定性的巨作，而是提供一种连贯一致的模型，用于将当代空间的各种"明显"现象联系起来，并能被感知到。这些现象一般被赋予了简单的功能主义或经济学的解释。不过，虽然现代空间是另外不同的类型，然而它被认为某种原则性案例，即社会中的空间组织是社会联谊的分类原则的函数，这基于它们彼此的关系，不管这是互补关系，还是目前的阶层关系。

当今空间的社会逻辑

一般认为，数学证明的艺术在于寻找某个框架，借此某位人想说的事情变得几乎显然易见。对于理论，似乎也如此。好的理论应该让观测结果之间的联系变得"几乎显然易见"，而之前这些结果貌似带来疑惑，或看似反常。当今情形的疑惑在于为什么我们应该开展如此深入的城市和局部空间结构的更新，而从最乐观的方面来看，那些空间布局的新形式所带来的效果并未具有改良性；从最坏的角度来看，它们就是破坏社会。大家常常认为，城市表征的变化来自机动车对城市的介入，以及机动车的普及。这是站不住脚的，其原因非常简单：在机动车进入城市的前50年之中，新城市表象的形态学原型就出现了。当时机动车开始只是进入到更为发达的社会区域，而那些新原型的传播却早已开始了。采用机动车这种解释方式很有趣。这源于我们普遍的倾向：对于本质上以社会为主导的过程，却进行了技术上和功能上的解释。

如果我们有能力从鸟瞰的角度，审视最近城市表面的物质形态变化，并考虑句法原则，那么一些普遍化的主题将可被识别出来。从最为普遍化的角度而言，存在最为基本的系统变迁过程，从连续的系统，即无所不在的环状、开放以及分布式的街道系统，转为非连续的系统，即一些彼此相对分离的局部地区。这种变化的本质被总结为居住术语的变化：街道是开放式且分布式的局部事物，即使在更大的开放式且分布式的系统之中，它也如此。然而，街道被普遍性的术语所替代，即它被改变为小区，即离散式、也许封闭式的局部地区，并且与周边的小区分离开来。这种语言上的变化记录下最基本的变化，按此从空间的术语角度思考我们的社会。从一种开放式、分散式的概念，演变为封闭式、非封闭式的模式。该变化有其深刻内涵：这是我们无意识思考的，而非刻意思考的。

然而，在整个转变过程之中，我们发现了一系列的变量。在一些案例中，我们发现运用物理边界作为隔离手段的强烈倾向；而在其他案例中，开放空间起到类似的作用，这些空间大规模地环绕在建筑群之外，而不是由那些建筑物所限定。同样，在某些案例中，我们发现那些封闭的领域相对较浅，缺乏内部的等级；而在其他案例之中，我们们发现在封闭的局部地区内形成了明显的（非对称）等级秩序的倾向。为什么我们社会应生成这些相同和相异的情景模式？此外，为什么这些相同和相异的对比模式看似同时存在于西方和东方，并超越了不同的社会体系？

第一步也许是识别出：尽管东西方社会系统存在非常基本性的不同之处，然而这两种社会存在某些相同的内核。它们也许可被归类为"工业化官僚体系"，这是由于它们都强有力地推动工业化生产，并支持非生产性的工作阶层，其职责为组织生产，且组织社会的再生产。非生产性阶层的这两大作用也许密切关联，并被整合在一起。在东西方之中，这种阶层看似是与其他阶层分离，并存在冲突，然而通过这些阶层，一定比例的生产成果才会被用于社会发展以及再生产。

虽然工业化官僚系统的本质将会体现为不同形式以及明确的社会价值，然而这基于两个主要的形态原则。首先，系统中存在基本的不平等，即某些人可控制生产和社会再生产形式，而某些人则缺乏那种能力。这构成了阶层形成的前提，这是由于不同群体与社会基本进程之间存在不同的关系，即很可能存在不同形式的社会联谊与整合，使得与社会基本进程联系相同的人们构成了一组群体，而联系不同的则构词了其他群体，彼此分离。其次，存在国家资助的延伸工具，可干预社会中的社会关系，其主要作用是缓解或消除这种不平等的最消极效应，采用重新分配一定比例的生产剩余价值（古代是"仪式资金"），通过这个系统的基本分配结构倾斜给那些无法获得资金的人们。因此，从字面上来说，国家干预工具的导向是减轻不平等的效应，而实际上这是该工具的内在必要组成部分，使得那些不平等得以制度化，且永久存在下去。

干预工具的中心任务很简单，就是再次生产出切实可行的社会秩序，虽然实际上整体社会的导向是增加生产物，而这很可能撕裂现有的社会关系，并损害该社会中过去传统的社会再生产形式。虽然这种社会再生产的形式变化多样，然而它们的作用又是如何实现的？工业官僚体系的西方版本是资本主义，这不是静态的系统，它最稳定的不变量是变化。本质上，这取决于剩余价值的比例，以此去加快生产率，不管是通过改善技术，还是增加工作量，从而聚集了相对较多的财富。资本主义的不同发展阶段中，产品本身在社会再生产中扮演重要的角色，这是由于系统的基本特点是某种类型的产品获得社会内涵。参与到产品消费之中，就是参与到社会之中。这不是简单地使用与交换价值之间的区别，而是产品使用价值与产品用于清晰界定社会关系和消费者地位的价值之间的区别。正是这种社会重要性在产品中的体现，使得资本主义获得了自身的稳定性，然而这仅仅存在于它具有能力去增加生产量，保持一定比率，确保足够的人们参与到消费这个社会游戏之中。

然而，当增长变慢时，生产系统提供自然而然的社会再生产工具的这种趋势也将放缓。该系统的两方面将产生拔河效果。生产系统需要使得剩余价值的分享最大化，以此对该系统再投资，保持其动态性，从而保持其稳定性。而作为国家工具的社会再生产系统，则需要更大规模的共享，以此建立稳定性的替代性基础，即对剩余价值进行明显的再分配，偏向系统中的弱势群体。生产部分的需求和再生产部分的需求之间存在冲突，这是西方二元论社会空间的主要基石之一。

现在我们也许从稍微不同的路径去研究同样的问题。与经典的城市社会比较，工业官僚体系导致了生产模式的重大结构性变化，这就是让工人与其生产工具分开来。那么，生产的物质工具进入了资本领域，实际上这具有一个新名词，即固定资产。这暗示了第二个重大变化。当工人成为专家，就拥有了他自己的工具，于是他可以使用这种特殊技能，建立起与他同行之间的关系。本质上，这是对称式和分布式。劳动力的工具化分工的基本形态就是对称式且分布式的，这是由于相互依存的关系使得非对称式和等级式不能成为生产发展的基础。专家之间的关系本质上是横向的，而不会形成非对称的结构。在资本主义下，该原则发生了变化。工人之间不再发生劳务关系；每个人与工厂所有者发生劳务关系。这些都是垂直关系。对该原则的详尽描述则自然地且必要地构成了某个系统，其中非对称式和非分布式的关系是其句法原则。

以 132 页图 7.1 为例，非对称式和非分布式的系统具有特别的形式属性。首先，该系统中完全不存在横向的联系。在每一层上，对称单元之间存在某种关系，所有这些只有由于该单元控制其上一层的两个单元。其次，该系统极其脆弱。移走该系统中任意一个联系，整个系统就至少会被分裂为两个互不连接的片段。因此，在任意这样的系统之中，针对每对非对称式关系，都存在结构性风险的威胁。然而，与之同时，系统的完整性依赖于这些非对称关系。这是一种基本的理由，以此解释为什么 g 模型这个工具可强化非对称式和非分布式的关系，如不可互换的社会地位、徽章、等级规则等。它们是强化系统的工具，避免自然的分裂趋势。与之对比，p- 稳定性系统具有对称式和分布式特征，并不需要如此的润色。系统的规模、对新元素的开放能力、连接的数量以及对元素流失的容忍程度，都能避免分裂，保持相对的稳定性。

当然，工人运动的整个逻辑是针对系统缺乏对称性和横向联系的情形，进行修复。这是由于当非对称式和非分布式的系统保持下去，每个工人都是孤立无援，毫无力量。然而，建立起对称式关系，并协同行动，该系统的逻辑将会被推翻，不再是极少数的上级控制绝大多数的下级，这些关系将会被重建。然而，生产系统中的整体偏见并不支持这种改变，而那些偏见毕竟构成了每天的真实生活，也难以去挑战那些偏见。因此，这种改变只能来源于对社会联谊的自觉意识，刻意而详尽地支持这种意识，从而避免系统的分裂。形成社会联谊的自觉意识的机制，被我们称为工会。

不过在每天生活中，虽然社会系统的社会逻辑自然而然地再次生产那些逻辑，然而这存在着主要的悖论。生产的紧迫性不仅需要工人彼此在社会上分离，而且需要同样的工人们在空间上聚集。根据我们的模型，这对系统也是危险，因为人们在空间上高密度的聚集就自然倾向形成 p 模式系统，其中占主导的是对称式和分布式的关系，而这些关系将威胁系统的句法原则。从政治上而言，它们对系统也是威胁。如果大规模的对称式社会联谊不出现在底层或在最底层，那么该系统还能运行。在这种意义上，空间是资本主义的悖论。本质上，这就是为什么 19 世纪的社会秩序的梦想体现为明显的空间形态梦想，其中资本主义的福利被认为可通过建立安静的工人阶层来实现。从罗伯特·欧文（Robert Owen）的工厂社区以及傅立叶（Fourier）的空想共产主义村庄，到霍华德（Howar）的花园城市以及勒·柯布西耶（Le Corbusier）的技术浪漫，那些梦想的基本形式都是一样的，即采用新的城市基因模式，重新设计社区的空间形式，以此获得祥和的工业生产体系。

　　该梦想具有两种主要形式，称之为硬形式和软形式。硬形式源于生产系统本身，其简单目标是在空间之中，再生产出社会系统的基本句法关系。也就是说，在生产等级体系之中，运用彼此分离的空间形式，强化工人们彼此分离的社会关系。这些硬形式强调非对称式和非分布式的句法，以此采用详细描述的方式强加于社区之上，同时也使得社区保持较大规模。这依赖于空间的分隔能力，于是采用"没有邻居"的原则，从物质形态上避免 p 模型中高密度、高频率的相遇现象。如果说高层小区都是失败的，这是错误的。对于他们消灭社区的未成文目标，那些小区是极端成功的。很不幸，对于它们的创造者，这种"成功"并不包括稳定的社会再生产。

　　城市表象的深刻转型只是从物质形态上体现了转型的原则，即从对称式且分布式的句法转向非对称式且非分布式的句法。现代小区的经典形式包括外部的边界、开放空间的障碍、较少的入口、彼此分离的高层住宅以及分隔的楼梯等，这些都是转型的范式。其形态本源仍然代表我们所都能看到的，即伦敦从 1840 年代起的慈善住宅，它们提供了空间形式的母板，在新技术的外衣之下，在 20 世纪中叶推广到世界各地。与过去社会中分布式街道系统一样，那种母板成为普遍性的空间形式。

　　硬形式的解决方法的本质是采用强有力的控制手段，从物质形态上描述较大的聚集地，从而允许其在生产场所的附近保持较大的规模。而本质上，软形式的解决方法则运用了相反的原则。它采用意义而非句法的方式，建立起思想意识的秩序，或较小规模聚集地中的 g 模型。这种生产形式的原则需要在形态上保持较小的基本组团，因为系统有可能无法形成较大规模的聚集地。该解决方法的两个原则体系了 g 模型稳定性的两个方面：较小社区的概念以及分散的概念。霍华德（Howard）的花园城市是思想意识这种软方案的范式。他认为城市的分散最为重要，其内部分隔为彼此不可互换的地区，采用体现社会秩序的外部模型来强力控制。树木与其他自然景观的良好想象服务于空间的社会逻辑，将由此形成社会的稳定，从而建立起软性的解决方案。本质上与之类似的还有郊区生活的理想，这很强调之前社会的住房特色形式，如英国村舍、美国大牧场以及西班牙的大农场等，这些住宅都是基本的象征物。理想上，社区需要小，其中很少碰到其他人。这些不是随机出现的，而有力地控制的。每天的日常生活严格地遵照 g 模型的行为，包括空间行为。这可类比于保持前院中特定的秩序，以及安排家中标准的象征性布局。

　　工业官僚体系中不同地区的行为或多或少地对应于下述简单的模型。生产系统更高于再生产系统，例如法国或巴西案例，那么硬的解决方案就优先于软的。然而，再生产系统更高于生产系统，如英国，那么软的解决方案将优先于硬的。当生产和再生产系统融合在一起，如苏联，那么城市疏解政策和硬空间方案将会被整合在一起。

　　然而，硬的和软的解决方案都具有相同的思想观点。硬的方案将大量的个人聚集在一起，不过采用非分布式的句法，将他们分散到更小的单元之中。软方案的基本理想目标是分散，即更为自然地产生小而分离的社区。这两种方案的思想基础是社会和空间群体的对应性理论，只是披上了"行为学"的外衣，这是从人类领域理论中分野出来的。原因如下：虽然硬和软的方案具有相同的基础，然而它们是不一样的；此外，建筑和规划的改良版争论都是局限在对应性理论之中。社会越分裂，空间等级越明显，更多的分离群体出现，这是由于那些政策所导致的危机而形成的。实际上，我们并不需要去论证城市社区的优点，其实过去这些城市社区的句法就是非常开放，且呈现较高程度的分布模式，由此体现出较大规模的非对应性、高频率的相遇，以及推动好奇愉悦和可持续发展的 p- 稳定性。

　　正如前言所论证的，人与环境的范式的本质及其概念性封闭的源头，都基于如下事实，即它不是建立了单一的知识观点，而是提出了两个彼此对立的观点，表面上相互依赖，而实际上则源于同样的悖论。对于空间，道理也如此。软的方案貌似逐步改进，这是由于：它并未频繁地被试验；也是官僚干预者的想法，成为创造社会关系再生产的工具；它更为清晰地揭示了小而分离的社区的背后理念，并由此对应于官僚的工业化体系。不过，软的方案并未得以更多发展。它的分离效应以及建立秩序的能力更强大，这是由于它使用所有空间资源的效率更高，而不仅仅局限在句法资源之内。硬的方案也如此。即使如此，软的和硬的方案还具有同样的目标，最终也将以相同的方式失败，也许软的方案更快地失败，这是由于硬的方案至少产生了人们的高密度聚集，其中的社区危机也许最终可通过他们的努力而加以解决。不管怎样，如果存在空间上民主的社会，那么它的基础是较大的而非较小的社区、高密度而非低密度的局部相遇空间，以及非对应性而不是对应性的社会标签；最为重要的是，它的基石是在局部和整体上都开放的城市空间，且呈现出分布式且非等级式的关系。为了着手建立这样的系统（正如我们已经开展的一系列跌跌撞撞的试验那样），我们并不能回到过去。这是由于除了社会与其空间形式的关系法则未发生变化之外，这儿不存在一条永恒的发展道路。

注 释

前 言

1. William H. Michelson, *Man and His Urban Environment: A Sociological Approach*, Addison-Wesley Publishing Company, Reading, Massachusetts, 1976 edition with revisions.
2. Claude Lévi-Strauss, *Structural Anthopology*, Basic Books, New York, 1963; Pierre Bourdieu, 'The Berber House', in Mary Douglas (ed.), *Rules and Meanings*, Penguin, Harmondsworth, Middlesex, 1973; Pierre Bourdieu, *Outline of a Theory of Practice*, Cambridge University Press, 1977; Anthony Giddens, *A Contemporary Critique of Historical Materialism*, vol. 1, 'Power, property and state', Macmillan Press, London and Basingstoke, 1981; Peter J. Ucko, Ruth Tringham and G. W. Dimbleby, *Man, Settlement and Urbanism*, Duckworth, London, 1972; David L. Clarke, *Spatial Archaeology*, Academic Press, London, 1977; Colin Renfrew, 'Space, time and polity', in J. Friedman and M. J. Rowlands (eds.), *The Evolution of Social Systems*, Duckworth, London, 1978; Ian Hodder, *The Spatial Organisation of Culture*, Duckworth, London, 1978.
3. Christopher Alexander, Sara Ishikawa and Murray Silverstein with Max Jacobson, Ingrid Fiksdahi-King and Shlomo Angel, *A Pattern Language*, Oxford University Press, New York, 1977.
4. Christopher Alexander, 'A city is not a tree', *Design Magazine*, no. 206, 1966, 46–55.
5. G. Stiny and J. Gips, *Algorithmic Aesthetics*, University of California Press, Berkeley, 1978.
6. J. H. von Thunen, *Von Thunen's Isolated State*, Pergamon, London, 1966 (edited by P. Hall from the original German edition of 1826); W. Christaller, *Central Places in Southern Germany*, Englewood Cliffs, New Jersey, 1966 (translated by C. W. Baskin from the original German edition of 1933); A. Lösch, *The Economics of Location*, New Haven, Connecticut, 1954.

导 言

1. Labelle Prussin, *Architecture in Northern Ghana*, University of California Press, Berkeley, 1969.
2. Stuart Piggott, *Ancient Europe*, Edinburgh University Press, 1965.
3. Claude Lévi-Strauss, *Structural Anthropology*, vol. 1, Anchor Books, Garden City, New York, 1967, p. 285.
4. *Ibid.*, p. 285.
5. Oscar Newman, *Defensible Space*, Architectural Press, London, 1973.

6. Elman R. Service, *Primitive Social Organisation*, Random House, New York, 1962, pp. 62–64.
7. Stanford Anderson (ed.), *On Streets*, MIT Press, Cambridge, Massachusetts, 1978.
8. B. Hillier and A. Leaman, 'The man–environment paradigm and its paradoxes', *Architectural Design*, August 1973.
9. **Babar Mumtaz, 'Villages on the Black Volta', in P. Oliver (ed.), *Shelter and Society*,** Barrie and Rockcliffe, London, 1969.
10. Emile Durkheim, *The Division of Labour in Society*, The Free Press, New York, 1964; originally in French, 1893.
11. Basil Bernstein, *Codes, Modalities and the Process of Cultural Reproduction: a model*, Department of Education, University of Lund Pedagogical Bulletins, no. 7, 1980.

第一章　空间问题

1. Hermann Weyl, *The Philosophy of Mathematics and Natural Science*, Atheneum Publishers, New York, 1949; originally published in German as part of 'Handbuch der Philosophie', R. Oldenburg, 1927.
2. G. W. von Leibnitz, in a letter to the Abbé Conti, 1715; given in Alexander Koyré, *Newtonian Studies*, Chapman and Hall, London, 1965, p. 144.
3. G. W. von Leibnitz, in *Nouveaux Essais*, 1703; given in Koyré, *Newtonian Studies*, p. 140.
4. 从广义上讲，这两个立场与韦伯（Weber）的哲学个人主义和涂尔干的隐喻有机主义之间的区别相对应。前者的一个更极端的例子连同其后来衍生出的民族方法论都可以在近期现象社会学的兴衰演变过程中找到；然而后者得到了最佳例证，也许与其说是被思想流派证明，倒不如说是被现象学家（即实证主义者）激烈攻击的对象——很大程度上是假想的思想学派证明了。然而，这两种思想流派都可以追溯到托马斯·霍布斯（Thomas Hobbes）的有机主义和约翰·洛克（John Locke）的个人主义中最早的社会科学表述——在两种情况下都明显与保守或自由的政治观点相关。然而，也有可能追溯一系列社会学思想，虽然没有对离散系统的问题提出明确的科学答案，但却避免了两个立场的哲学陷阱。该思想线索可能源于伊本·赫勒敦（Ibn Khaldun），被卡尔·马克思得以发展、之后在涂尔干的《宗教生活基本形式》以及《社会分工》的后半部分得以辨析，现今传承到了安东尼·吉登斯（Anthony Giddens）一类理论家（特别是他最近的《对历史唯物主义的当代批判》）。
5. René Thom, *Structural Stability and Morphogenesis*; first English edition published by W.A. Benjamin Inc., Reading, Massachusetts, 1975, translated by D. Fowler, p. 319. 最初于 1972 年以法文出版。
6. 此表述出自克劳德·列维 – 施特劳斯所著《原始思维》第 17 页（1966 年伦敦，Weidenfeld and Nicholson 出版社），最早由普隆出版社于

1962 年以法语名《La Pensee Sauvage》发表。该概念是作为 H·M·普罗夏斯基 W·H·伊特尔森和 L·G·里夫林编写的《环境心理学》（载于 1972 年，纽约 Holt, Rinehart and Winston 出版社，第二版）中希利尔、穆斯格罗夫和奥·沙利文的设计理论“知识与设计”的一部分而发明的。

7. W.van O.Quine. 'Identity, ostention and hypostasis', in *Form a Logical Point of View*, Harvard University Press, Cambridge, Massachusetts, 1953. 这部分很大程度上归功于奎因（Quine）教授的观点，尽管他很可能反对我们对其做出的空间解释。

8. 如前所述，例如，迈克尔·阿尔比布（Michael Arbib）的“自我复制自动机；对理论生物学的一些启示”（载于 1969 年沃丁顿编写的《走向理论生物学》（第 2 卷，论文集爱丁堡大学出版社）。

9. 这种信息与时空事件之间关系的逆转最初是由艾德里安·利曼提出的（个人通信）。

10. Emil Durkheim, *The Elementary Forms of the Religious Life*, George Allen and Unwin, London, 1915. 原文为法文。有关示例可参见精彩的引言部分。

11. D Michie, *On Machine Intelligence*, Edinburgh University Press, 1974, p. 117.

12. *Ibid.*, p. 141.

13. J. von Neuman, *The Computer and the Brain*, Yale University Press, New Haven, Connecticut, 1958, p. 82.

14. W. McCulloch, *Embodiments of Mind*, MIT Press, Cambridge, Massachusetts, 1965, p. 274.

15. March Kac and Stainislaw Ulam, *Mathematics and Logic*, Penguin, Harmondsworth, Middlesex, 1971, p.193. 最初于 1968 年收录于《大英百科全书》中。

第二章　空间的逻辑

1. Douglas Fraser, *Village Planning in the Primitive World*, Brazillier, New York, 1968.

2. 此类过程引发了许多有趣的理论问题。首先，最重要的是该过程为关于聚落形态“成因”的问题引入了额外的维度。通常这些问题是根据历史、经济和社会因素来回答的，但在此情况下，与符合规律的内部形态发展过程类似的因素显然起着更重要的作用。从纯粹意义上说，珠形 y 环基因型的“成因”在于空间组合的规律，而与可能导致其产生的任何特定历史事件或社会过程无关。另一方面，如果没有引起该过程的历史或社会过程，那么同样毫无疑问，该形态也不会存在。很容易设想可以激活相同形态发展过程的不同社会过程这一事实进一步混淆了该问题，就此情况举例而言，不同的亲属关系或继承模式同样可以有效地激活珠环发展。

　　对此，正确的解决方案可能是明确区分形态过程的合规律性和可能的外部历史和社会因素。内部形态规则可称为"正式自变量"；而在该特定情况下构建规则的外部社会机构可称为"成因"，这与该术语的正常用法一致。这意味着一种研究策略：当面对解释聚落形态的问题时，人们总是会从两个而不是一个方向考虑—— 一是符合规律的空间组合内部过程，该过程在正式意义上解释了形态学；二是引起这一过程的特定社会和生态环境。

　　另一个理论上可探索的问题在于从演化过程研究中得到的启示。通常在研究演化时，人们会研究单个聚落形态或者较长一段时间内一组聚落形态的真实历史发展情况。已经完成的类似研究少之又少，原因很简单，很难得到关于聚落形态的可靠进化数据。在所述过程中，暗示了一种不同的可能性：即使用同步数据集作为一种演化样本。鉴于在某些地区或多或少存在某种有序的聚落增长过程，该过程似乎是合理的。在增长似乎很有序的情况下，探究是否可使用同时包含不同大小的聚落的样本似乎是合理的，就好像这些聚落代表了相同遗传途径的不同演化阶段。如果此探究无成果，那么可以合理地认为，在该地区并不普遍存在任何受单一规则约束的过程。

3. 关于基本发生原因的论证是在两个维度上进行的，因为也许与外观相反，人类空间组织的三维意义与二维意义不同——原因很简单，人类不会飞，建筑物也不会飘浮在空中。人类空间实际上充满了策略，通过楼梯、电梯等把三维结构降级为人类移动和整理空间的两个维度。这并不是说第三个维度不重要，只是与二维结构不可比。多层建筑物是由逐层向上以二维方式搭接的二维结构组成的。实际上，人类空间组织植根于两个维度，并在三个维度上细致地发展。然而，空间"社会逻辑"的基本结构机制最好用两个维度来表示。

4. 即便如此，可以将这些维度写出来这一事实在适当的时候也会显得相当重要。

第三章　聚落地布局分析

1. W. Elsasser, 'The role of individuality in biological theory', in C. H. Waddington (ed.) *Towards a Theoretical Biology*, vol. 3. Drafts, Edinburgh University Press, 1970.

2. J. McCluskey, *Road Form and Townscape*, Architectural Press, London, 1979.

3. 同样,分析空间的地理方法——H·卡特（H. Carter）的"地理方法",

载于 1976 年 M·W·巴利（M. W. Barley）编写的《英格兰和威尔士中世纪城镇规划和地形》,CBA 研究报告第 14 号；M·R·G 康森（M. R. G. Conzen）的《诺森伯兰郡阿尼克：城镇规划分析研究》；1960 年英国地理学家协会出版物第 27 期；M·T·克鲁格（M. T. Krüger）的 "构建城市规模建筑连通性的方法"，载于 1979 年《环境与规划》B6（1）第 67—88 页——原则上未能解决聚落系统开放空间连续性这一问题。

4. 虽然此处提到的案例数量有限，但应该强调的是，这种分析方法绝不是未经测试的。恰恰相反，巴特莱特建筑与规划学院的理科硕士学生使用此方法来探索世界各地的多种聚落形态已经有好几年了。这些研究将成为另一卷的主题，此处所示案例就是以此作为内容充实的背景提出的。

5. Lévi-Strauss, *Structural Anthropology*, 1963.

6. 据我们所知，所有数学公式都是原始的，除了众所周知的环状公式。

7. 注意，不应计算 "普通环"，即简单地由在开放空间中相交的轴线产生的环。

8. 这些路线构成了我们所谓的局部超级网格，即 E 值大于 1 的轴线环或任何针对具有 "更高控制" 的超级网格指定的范围。

9. O. Newman, *Defensible Space*.

10. O. Newman, *Community of Interest*, Anchor and Doubleday, New York, 1980.

11. C. Alexander et al., *A Pattern Language*.

12. Newman, *Defensible Space*, p. 6.

13. C. Turnbull, *The Mountain People*, Jonathan Cape, London, 1973.

14. J. Jacobs, *The Death and Life of Great American Cities*, Penguin, Harmondsworth, Middlesex, 1961.

第四章　房屋及其基因型

1. 参见例如 O·纽曼（O. Newman）的《防卫空间》；C·亚历山大（C. Alexander）等人的《模式语言》。然而，这些想法出现的最常见形式是假设，例如：载于兰卡斯特的 MTP Construction 公司发表的《家庭住房》（1974 年英国皇家文书局出版）。

2. J. Burnett, *A Social History of Housing*, David & Charles, 1978, pp. 169 and 194.

3. D. Chapman, *The Home and Social Status*, Routledge and Kegan Paul, London, 1955, pp. 112–113.

4. Bernstein, 'Social class, language and socialisation', in *Class, Codes and Control*, pp. 184–185.

5. J. Walton, *African Villages*, van Shaik, Pretoria, 1956.

6. R. S. Rattray, *Ashanti Law and Constitution*, Oxford University Press, 1929, p. 56.

第五章 基本建筑及其变体

1. T. Faegre, *Tents: architecture of the nomads*, Anchor Books, Garden City, New York, 1979, p. 24.
2. *Ibid.*, p. 92.
3. *Ibid.*, p. 70.
4. *Ibid.*, p. 92.
5. V. Turner, *The Ritual Process*, Routledge and Kegan Paul, London, 1969, p. 96.
6. J. D. Thompson and G. Goldin, *The Hospital: a Social and Architectural History*, Yale University Press, New Haven, Connecticut, 1975, p. 7.
7. H. Jamous and B. Peloille, 'Changes in the French University–Hospital System', in J. A. Jackson (ed.), *Professions and Professionalization*, Cambridge University Press, 1970.
8. Bernstein, *Codes, Modalities and the Process of Cultural Reproduction: a model*.

第六章 布局的空间逻辑

1. See for example R. Thom, 'Structuralism and biology' in C. Waddington (ed.), *Towards a Theoretical Biology*, vol. 4, Essays, Edinburgh University Press, 1972, pp. 68–82.
2. L. Morgan, *Ancient Society*, London, 1870; pp. 13–14 in 1977 edition from Harvard University Press, Reading, Massachusetts.
3. Lévi-Strauss, 'Social structure' in *Structural Anthropology*, 1967, pp. 269–319, especially p. 275–276.
4. For a parallel critique, but with a different answer, see Bourdieu, *Outline of a Theory of Practice*.
5. B. Malinowski, *The Sexual Life of Savages in Northwestern Melanesia*, Routledge and Kegan Paul, London, 1929.
6. Durkheim, *The Division of Labour in Society*, chaps. 2 and 3.

第七章 相遇中的空间逻辑：一个计算机辅助的思想实验

1. Service, *Primitive Social Organisation*, pp. 62–64.
2. E. Wolf, *Peasants*, Prentice Hall, Englewood Cliffs, New Jersey, 1966, p. 7.

第八章 社会作为空间系统

1. M. Fortes, *The Dynamics of Clanship amongst the Tallensi*, Oxford University Press, 1945.
2. M. Fortes, *The Web of Kinship among the Tallensi*, Oxford University Press, 1959.
3. V. Turner, *Schism and Continuity in an African Society*, Manchester University Press, 1957.
4. Fortes, *Dynamics of Clanship*, p. 31.
5. *Ibid.*
6. Turner, *Schism and Continuity*, p. xxiii.
7. *Ibid.*, p. 289.
8. *Ibid.*, p. 176.
9. *Ibid.*, p. 330.
10. V. Mindeleff, *A Study of Pueblo Architecture: Tusayan and Cibola*,

Smithsonian Institute, Bureau of American Ethnology, 8th Annual Report, 1891.

11. P. Willmott and M. Young, *Family and Kinship in East London*, Routledge and Kegan Paul, 1957; also Penguin, Harmondsworth, Middlesex, 1962; especially chaps. 2 and 3, pp. 31–61; and chap. 7, pp. 104–117.

12. C. Nakane, *Japanese Society*, Weidenfeld and Nicholson, London, 1970; also Penguin, Harmondsworth, Middlesex, 1973, p. 1.

13. *Ibid.*, pp. 25–26.

14. *Ibid.*, p. 31.

15. *Ibid.*, p. 65.

16. *Ibid.*, p. 5.

17. T. G. H. Strehlow, 'Geography and the Totemic landscape in Central Australia: a functional study', in R. M. Berndt (ed.), *Australian Aborginal Anthropology*, Australian Institute of Aboriginal Studies, Canberra, 1970.

18. Bernstein, *Codes, Modalities and the Process of Cultural Reproduction: a model*.

索 引 *

---

* 索引的页码为原版书页码，标于正文边上。——编者注

correlation of space and movement 空间与交通移动的相关性，24，277

Correspondence-noncorrespondence 对应 – 不对应，6，41，141，255–261，268

D

Deep structure 深层结构，198

Defensible space 防御空间，140，269

department stores 百货商店，183

depth, syntactic 深度，句法，108 及以下

description, general problem of 表述，一般问题 26，198–199，222，259–260

description centres 描述中心，43，203 及以下

description retrieval 描述检索，37，41–44，50–51，204 及以下，206 及以下，225，231,239，259

description, as syntactic property 描述，作为句法属性，92，96，108，170

descriptions 描述

compressed 密集，53–55，76，215

control of 控制，222

pathology of 异常状态，185 及以下

perpetuation of 永久性，45

retrievability of 可检索性，45

short and long 短与长，13，208 及以下

stabilisation of 稳定性，189

descriptive system 描述性系统，212，217，221，257 及以下

design 设计

moral science of 道德科学，28

distributed 分散式，34

determination, social and economic 决定，社会和经济，199–200，206，271–272

diamond-shaped pattern 钻石模式，111，112

discourse, architectural 话语，建筑，2，3

dispersion 分散，5，249

distributed-nondistributed 分散式 – 非分散式

in building analysis 在建筑分析中，148–155，159，163–175，183–197，243

in relation to social categories 与社会类别有关，16，150 及以下，163–175，183–197，243

in settlement analysis 在聚居地分析中，94，96，106，117，132，138，253，263，266

in social relations 在社会关系中，248，255，265

doctor's surgery 医生的手术，191 及以下

duality 二元性，216–17

E

ecological areas 生态区，4

elementary formulae 基本公式，77，78，221

elementary generators 基本生成原因，12，52，66–81,216–217

elementary structures 基本结构，52

encounter patterns 相遇模式，200，222

differential 差异化，229

formal and informal 正式和非正式，224

spatial logic of 空间逻辑，223–241

encounters 相遇，18，20，222

deterministic 确定性，20，256–261，278

probabilistic 概率，20，235，253，256–261

encounters (contd) 相遇（续）

跨越空间，231，247

encounter space 相遇空间，252，254，256，268

environment 环境，37

as object 作为实体，7

as social behavior 作为社会行为，9

see also: man-environment paradigm 参见：人 – 环境范式

transformation of 转型，2

equivalence classes 等价类，88，218

estates 小区，23，28，263，266

estate syntax 小区句法，70–71，78，80

ethnic domains 民族属地，48

译后记

　　《空间的社会逻辑》是空间句法创始人比尔·希利尔教授和朱利安妮·汉森教授的成名之作，也是学习或研究空间句法的必读书籍。该书详尽地论述了空间句法的基本理论和方法，充分体现了希利尔教授及同事们的原创性想法。这不仅涵括城市和建筑空间形态的深层次社会逻辑的辨析，而且涉及空间与社会、身与心、人工智能与计算模拟、语言与行为等方面的哲学性和科学性思考。该书获得了国际上众多知名学者的认可和反复引用。例如，《模式语言》一书的作者克里斯托弗·亚历山大曾在其 2003 年《自然秩序》一书中用一个章节去重新讨论《空间的社会逻辑》对于空间生成机制的影响。又如，英国皇家科学院院士麦克·巴迪在其 2013 年《城市新科学》一书中也是用一个章节去讨论该书关于空间连接的基本理论和方法。

　　该书原文理论性很强，语言也较为晦涩，并存在不少创新性的概念，涉及哲学、人类学、语言学、计算机学、数学等广泛领域的理念。此外，原文涉及世界不同地区的历史聚居地或经典建筑物，其不同地域的地名和术语较多。因此，对于该书的翻译，我们尽量尊重原文的字意和内涵，兼顾通俗易懂，以期望能把该书的本意精准地表达出来。在翻译过程之中，我们遇到难以精准把握的概念、地名或术语等，都及时地与希利尔教授进行交流，充分地了解相关的背景以及希利尔教授原本的想法。封面图片为超现实主义画家马格里特所绘制的《光之帝国》，由希利尔教授亲自选择，英国空间句法公司的提姆·斯通纳支持。本书的导言、第一章、第二章、第三章由封晨、王浩锋翻译；第四章、第五章、第六章由盛强、庞天宇、胡彦学、郑海洋、韩洁与宋阳翻译；第七章由古恒宇翻译；第八章、后记以及注释由杨滔翻译。各章节的翻译也由杨滔统一整理了一遍，以保持相关术语和概念的前后一致性；董苏华编审对全书进行了大量精细的校核和润色工作，确保文字更为通顺、精准以及雅致。由于我们对该书的理解基于自身的有限知识，翻译工作也肯定存在不足之处。

《空间的社会逻辑》这部开创性著作的翻译也尤为及时，2019 年 7 月第十二届国际空间句法大会将首次在我国举办，结合中国建筑工业出版社于 2008 年出版的《空间是机器》一书，该书必将有助于我国读者更好地了解空间句法的起源与发展。

译者
2019 年 4 月